U0163680

"十三五"江苏省高等学校重点教材（编号：2019-2-130）

材料制备原理与技术

董晓臣　刘　斌　主编
黄啸谷　姚义俊　杨欣烨　韦　松　编

科 学 出 版 社
北　京

内 容 简 介

本书围绕材料的制备工艺、结构、性能的关系，全面介绍晶体生长、固相反应、聚合反应和烧结过程等材料制备的基本原理，并在此基础上，以微观拓扑结构为主线，详细介绍具有不同微观结构的材料——非晶态材料、纳米材料、薄膜材料和多孔材料等的先进制备技术及性能，体现了对新材料发展更好的适应性。

本书可供高等院校材料科学与工程及相关专业师生使用，也可供从事相关研究、开发及管理的人员参考。

图书在版编目（CIP）数据

材料制备原理与技术 / 董晓臣，刘斌主编；黄啸谷等编. —北京：科学出版社，2022.7

“十三五”江苏省高等学校重点教材

ISBN 978-7-03-067399-2

Ⅰ. ①材… Ⅱ. ①董… ②刘… ③黄… Ⅲ. ①材料制备－高等学校－教材 Ⅳ. ①TB3

中国版本图书馆 CIP 数据核字（2020）第 254750 号

责任编辑：许 蕾 罗 娟 曾佳佳 / 责任校对：杨聪敏
责任印制：赵 博 / 封面设计：许 瑞

科学出版社 出版
北京东黄城根北街 16 号
邮政编码：100717
http://www.sciencep.com
北京中石油彩色印刷有限责任公司印刷
科学出版社发行 各地新华书店经销
*
2022 年 7 月第 一 版 开本：787×1092 1/16
2024 年 6 月第三次印刷 印张：15
字数：355 000

定价：89.00 元

（如有印装质量问题，我社负责调换）

前　言

材料科学、信息科学和生命科学是当今新技术革命中的三大前沿科学，材料在人类社会发展长河中起着举足轻重的作用。石器时代、陶器时代、青铜器时代、铁器时代……材料使用水平成为历史前进、社会发展的里程碑。当今社会，材料科学更是日新月异地高速发展，高性能的金属材料、无机非金属材料、高分子材料、复合材料、纳米材料、生物材料、能源材料和智能材料层出不穷。材料已成为国民经济的支柱产业之一。

21 世纪后，世界各国竞相把材料科学与工程作为重大科学研究领域。材料科学与工程所研究的是材料的制备、结构、性能与适用效能以及它们之间的关系，而材料制备是基础，在材料科学领域占有举足轻重的地位。同时，当前迅猛发展的高新技术也需要新的材料制备技术并需要制定节能、洁净、经济的制备路线来开发新型材料。此外，根据我国高等院校专业学科归并的现实需求，坚持面向一级学科、加强基础、拓宽专业面，积极引导在校本科生、研究生接触学科前沿，学习新理论、新成果、新方法、新技术、新工艺，扩大知识面，奠定牢固扎实的基础，促使他们尽早做出高水平、创造性的研究成果，这已成为目前高水平、高质量、宽口径、应用型材料科学高层次人才的培养目标。

长期以来，我们一直非常重视新材料制备技术的科研和教学工作，先后为本科生和硕士研究生开设了材料制备原理与技术、功能材料的合成与制备技术等课程，积累了较为丰富的经验。本书力求深入浅出地介绍晶体生长、固相反应和烧结过程等材料制备的基本原理，注重非晶态材料、纳米材料、薄膜材料、单分散微球、多孔材料制备的新技术及其应用实例，将材料制备技术的发展趋势和我们在该领域的研究成果结合在教材中。

本书第 1 章、第 6 章由董晓臣编写，第 2 章由刘斌和杨欣烨编写，第 3 章由董晓臣和韦松编写，第 4 章和第 8 章由刘斌和黄啸谷编写，第 5 章由黄啸谷和姚义俊编写，第 7 章由姚义俊和刘斌编写，最后由董晓臣统稿。本书在编写过程中，引用了许多同仁的大量资料，因篇幅所限未能一一列出，在此谨向他们表示诚挚的谢意。本书的编写和出版，得到一些研究生的协作和帮助以及科学出版社工作人员的辛勤付出，在此一并表示衷心的感谢！

本书涉及专业知识面广，理论和工艺实践性强，全体编写人员虽辛勤努力工作，但由于编者的学术水平和知识局限，书中难免有疏漏和欠妥之处，恳请各位专家和广大读者不吝赐教，提出宝贵的意见，以便今后修改和完善。

编　者

2021 年 12 月

目　录

第 1 章　晶体生长技术

由于多晶体含有晶粒间界，人们利用多晶体来研究材料性能时在很多情况下得到的不是材料本身的性能而是晶界的性能，所以必须用单晶体来进行研究。随着生产和科学技术的发展，人们对功能单晶体的需求量越来越大，对性能要求也越来越高，如钟表业对红宝石的需求、机械加工业对金刚石的需求。自然界中出产的各种天然晶体已远远不能满足人们的需求，人工生产单晶的技术获得了日趋广泛的重视。

单晶体经常表现出电、磁、光、热等方面的优异性能，广泛应用于现代工业的诸多领域，如单晶硅、锗、砷化镓、红宝石、钇铁石榴石、石英单晶等。本章主要介绍三种常用的单晶制备方法，包括固-固平衡的晶体生长、液-固平衡的晶体生长和气-固平衡的晶体生长。

1.1　固-固平衡的晶体生长

固-固生长方法，冶金学家常称作再结晶生长方法。其主要优点如下：一是它们容许在不存在添加组分的低温下生长；生长晶体的形状是事先固定的，因此丝、箔等形状的晶体容易生长出来，取向常常容易得到控制。对单晶区具有相对试样轴的试样来说，用弯曲的办法能得到所希望的取向。二是除脱溶以外的固相生长中，杂质和其他添加组分的分布在生长前被固定下来，并且不被生长过程所改变（除稍微被相当慢的固态扩散所改变外）。但因晶体生长在固态中发生，所以有形核位错的密度高、难以控制形核以形成大单晶等缺点。

1.1.1　形变再结晶理论

1. 再结晶驱动力

用应变退火方法生长单晶，通常是通过塑性变形，然后在适当的条件下加热等温退火。温度变化不能剧烈，结果使晶粒尺寸增大。平衡时生长体系的吉布斯自由能为零；对于自发过程，生长体系的吉布斯自由能小于零；对任何过程有

$$\Delta G = \Delta H - T\Delta S \tag{1-1}$$

在平衡态时，$\Delta G = 0$，即

$$\Delta H = T\Delta S \tag{1-2}$$

式中，ΔH 是热焓的变化；ΔS 是熵变；T 是热力学温度。由于在晶体生长过程中，产物的有序度比反应物的有序度要高，所以 $\Delta S < 0$、$\Delta H < 0$，故结晶通常是放热过程。对于未应变到应变过程，有

$$\Delta E_{1-2} = W - q \tag{1-3}$$

式中，W 是应变给予材料的功；q 是释放的热，且 $W > q$。

$$\Delta H_{1-2} = \Delta E_{1-2} + \Delta(pv) \quad (1\text{-}4)$$

由于 $\Delta(pv)$ 很小，可近似得

$$\Delta H_{1-2} \approx \Delta E_{1-2} \quad (1\text{-}5)$$

而

$$\Delta G_{1-2} = W - q - T\Delta S \quad (1\text{-}6)$$

在低温下 $T\Delta S$ 可忽略，故

$$\Delta G_{1-2} \approx W - q < 0 \quad (1\text{-}7)$$

因此，使结晶产生应变不是一个自发过程，而退火是自发过程。在退火过程中提高温度只是为了提高效率。

经塑性变形后，材料承受了大量的应变，因而储存了大量的应变能。在产生应变时，发生的自由能变化近似等于做功减去释放的热量，该热量通常就是应变退火再结晶的主要推动力。

大部分应变自由能驻留在构成晶界的位错行列中，因为晶界具有界面自由能，所以它也提供过剩自由能。小晶粒的溶解度高，小液滴的蒸气压高，小晶粒的表面自由能也高。但是，只有在微晶尺寸相当小的情况下，这种效应作为再结晶的动力才是最重要的。此外，晶界界面能也依赖于彼此形成晶界的两个晶粒取向。能量低的晶粒倾向于并吞那些取向不合适的（即能量高的）晶粒而长大。因此，应变退火再结晶的推动力由下式给出：

$$G = W - q + G_S + \Delta G_0 \quad (1\text{-}8)$$

式中，W 是产生应变或加工时所做的功（W 的大部分驻留在晶界中）；q 是以热的形式释放的能量；G_S 是晶粒表面自由能；ΔG_0 是试样中不同晶粒取向之间的自由能差。

减小晶界的面积便能降低材料的自由能。产生应变的样品相对未产生应变的样品来说在热力学上是不稳定的。在室温下材料消除应变的速率一般很慢。但是，若升高温度来提高原子的迁移率和点阵振动的振幅，消除应变的速率将显著提高。退火的目的是加速消除应变，这样，在退火期间晶粒的尺寸增大，一次再结晶的发生，可以通过升高温度而加速。

使晶粒易于长大的另外一些重要因素是跨越正在生长晶界的原子黏着力和存在于点阵中及晶界内的杂质。已经证实原子必须运动才能使晶粒长大，并且晶界处的原子容易运动，晶粒也容易长大。材料应变后退火，能够引起晶粒的长大。

2. 晶粒长大

晶粒可以通过现存晶粒在退火时的生长或通过新晶粒形核，然后在退火时生长的方式长大，焊接一大晶粒到多晶试样上，并且是大晶粒并吞邻近的小晶粒而生长，就可以有籽晶的固-固生长，即

形核—焊接—并吞

晶粒长大是通过晶粒间的迁移，而不是像液-固或气-固生长中通过捕获活泼的原子或分子来实现的。其推动力是存在于晶界的过剩自由能，因此晶界间的运动起着缩短晶界

的作用，晶界能可以看作晶界之间的一种界面张力，而晶粒的并吞使这种张力减小。显然，从诸多小晶粒开始的晶粒长大很快，如图 1-1 所示。

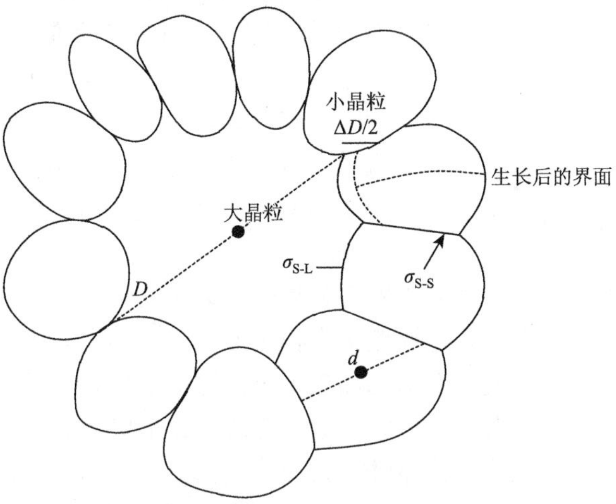

图 1-1　晶粒长大的示意图

在大晶粒并吞小晶粒而长大时，如果 $\sigma_{S\text{-}S}$ 为小晶粒之间的界面张力，$\sigma_{S\text{-}L}$ 为小晶粒和大晶粒之间的界面张力。那么要长大则有

$$\Delta A_{S\text{-}L}\sigma_{S\text{-}L} < \Delta A_{S\text{-}S}\sigma_{S\text{-}S} \tag{1-9}$$

式中，$\Delta A_{S\text{-}S}$ 是小晶粒晶界面积的变化；$\Delta A_{S\text{-}L}$ 是大晶粒和小晶粒之间界面面积的变化，如果假定晶粒大体上为圆形，大晶粒的直径为 D，则

$$\Delta A_{S\text{-}S} = \frac{\Delta D}{2} n \tag{1-10}$$

$$\Delta A_{S\text{-}L} = \pi \Delta D \tag{1-11}$$

式中，n 是与大晶粒接触的小晶粒的数目。若 d 是小晶粒的平均直径，则有

$$n \approx \frac{\pi(D + d/2)}{d} \approx \frac{\pi D}{d} \tag{1-12}$$

这是因为式中分子是作为小晶粒中心轨迹的圆周，还因为 $D \gg d$，由式（1-9）得

$$D > \frac{2\sigma_{S\text{-}L} d}{\sigma_{S\text{-}S}} \tag{1-13}$$

以上讨论中，假定界面能与方向无关。事实上，晶界具有与晶粒构成的方向以及界面相对于晶粒的方向有关的一些界面能 σ，晶界可以是大角度或小角度，并且可能包含晶粒之间的扭转和倾斜。在生长晶体时，人们注意的是晶界迁移率。晶界迁移速度为

$$V \propto (\sigma / R)M \tag{1-14}$$

式中，R 为晶粒半径；σ 为界面能；M 为晶界迁移率。当晶界朝着曲率半径方向移动时，它的面积减小，如图 1-2 所示。根据晶界和晶粒的几何形状，晶界的运动可能包含滑移、滑动及需要有位错的运动。如果还需使个别原子运动，过程将变缓慢。

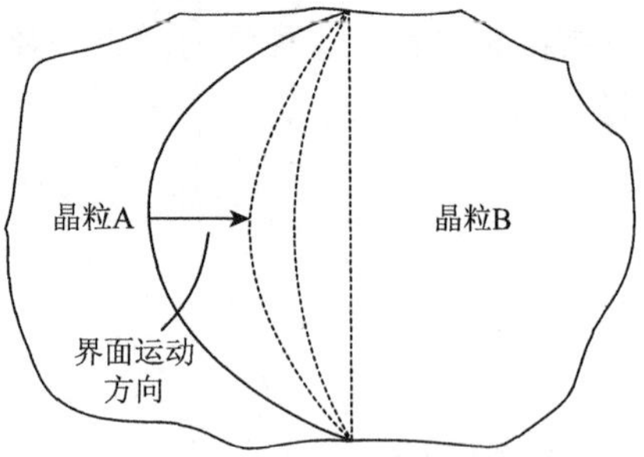

图 1-2　与晶界曲率相关的晶界运动

若有一个晶粒很细微的强烈的织构包含几个取向稍微不同的较大晶体，则有利于二次再结晶。

若材料具有显著的织构，则晶粒的大部分将择优取向。因此，再结晶的推动力是由应变消除的大小差异和欲生长晶粒的取向差异共同提供的。其原因在于式（1-8）中的 W、G_S、ΔG_0 都比较大。特别是在一次再结晶后，G_S 和 ΔG_0 仍然大得足够提供主要的推动力，明显的织构将保证只有几个晶粒具有取向上的推动力。

在许多情况下不需要形核也可以发生晶粒长大，这些情形下，通常要生长的晶核是已经存在的晶粒。应变退火生长是要避免在很多潜在的中心上发生晶粒长大。但是，在某些条件下，观察到在退火期间有新的晶粒形核，这些晶粒随着并吞相邻晶粒而长大，研究这种情况的一种办法是考虑点阵区，这些点阵可以最终作为晶核，作为晶胚的相似物，这需要特定区域长到足以成为晶核的大小，普通大小的晶粒中这种生长的推动力是由取向差和维度差引起的。位错密度差造成的内能差所引起的附加推动力也很重要，无位错网络区域将并吞高位错浓度的区域而生长，在多边化条件下，存在取向不同但又缺少可以作为快速生长晶胚的位错点阵区，在一些系统中形核所需要的孕育期就是在产生多边化的应变区内位错形核所需要的时间。图 1-3 表示在晶粒间界形核而产生新晶粒，图 1-4 表示多边化产生的可以生长的点阵区。杂质阻止晶核间接的运动，因此阻止刚刚形成的或者已有的晶核的生长，因为杂质妨碍位错运动，所以它有助于位错的固定。在有

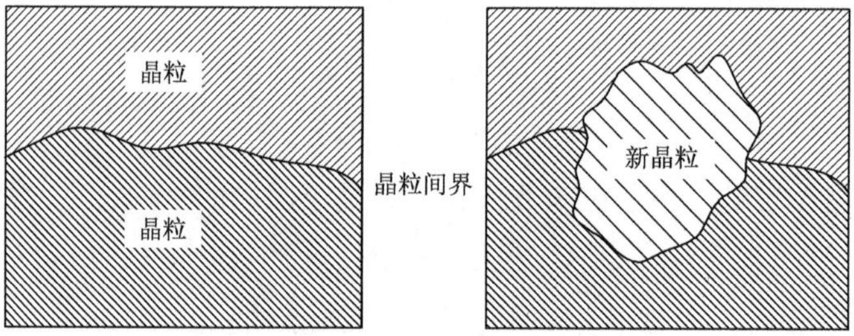

图 1-3　晶粒间界形核示意图

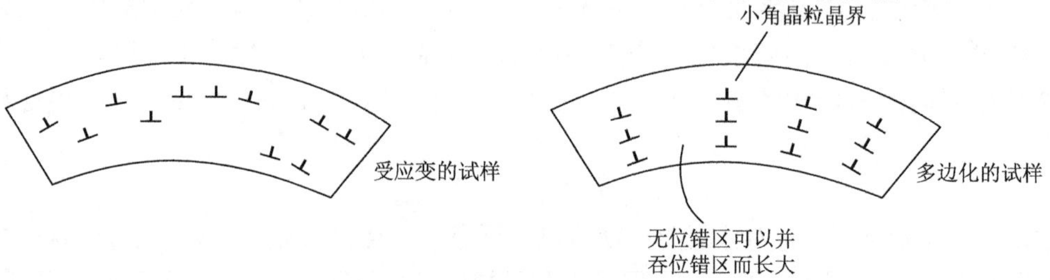

图 1-4　多边化示意图

新晶核形成的系统内，通常观察到新晶核并吞已存在的晶粒而生长。它们常常继续长大，并在大半个试样中占据优势。一旦它们长大到一定的大小，继续长大就比较困难，因为这时它们的大小和正要被并吞的晶粒的大小差不多，它们生长引起的应变能减小，也不再大于已有晶粒生长所引起的应变能的减小。若要进一步长大，则要靠晶粒取向差的自由能变化，在具有明显织构的材料中尤其如此。在这样的材料中，几乎所有旧的晶粒都是高度取向的，因此按新取向形成的新晶核容易长大。

实际上，在应变退火中，通常在一系列试样上改变应变量，以便找到退火期间引起一个或多个晶粒生长所必需的最佳应变或临界应变。一般而言，1%～10%的应变足够满足要求，相应的临界应变控制精度不高于0.25%，通常用锥形试样寻找其特殊材料的临界应变，因为这种试样在受到拉伸力时自动产生一个应变梯度。在退火之后，可以观察到晶粒生长最好的区域，并计算出该区域的应变。如图 1-5 所示，让试样通过一个温度梯度，将它从冷区移动到热区。试样最先进入热区的尖端部分，开始扩大性晶粒长大。在最佳条件下，只有一颗晶粒长大并占据整个界面，有时为了促进初始形核，退火前使图 1-5 的 A 区严重变形。

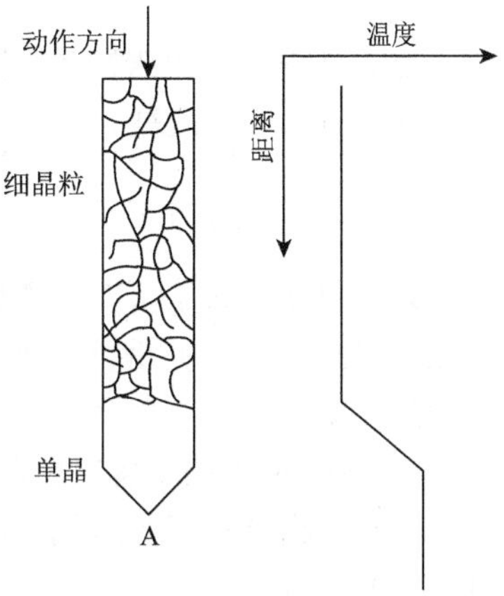

图 1-5　在温度梯度中退火

应该指出，用应变退火法生长非金属晶体比生长金属晶体困难，其原因在于使非金属塑性变形很不容易，因此通常利用晶粒大小差作为推动力，使用退火可提高晶粒尺寸，即烧结。

1.1.2　应变退火工艺介绍

1. 应变退火

应变退火包括应变和退火两个部分。对于金属构件，在加工成型过程中本身就已有变形，刚好与晶体生长有关。下面介绍几种典型的金属构件。

1）铸造件

铸造件是把熔融金属注入铸模内，然后使其凝固，借助重力或者离心力使铸模充满。晶粒大小和取向取决于纯度、铸造件的形状、冷却速率和冷却时的热交换等。铸造出来的材料不包括加工硬化引起的应变，但由于冷却时的温度梯度和不同的收缩可能产生应变，而这一应变在金属中通常很小，在非金属材料中一般很大，借助塑性变形很难使非金属材料产生应变，所以这种应变成为后来再结晶的主要动力。

2）锻造件

锻造件会引起应变，还可以引起加工硬化。锻打时，受锻打的整个面往往不是均匀加工，即使它们被均匀地加工，也存在一个从锻打表面开始的压缩梯度，因此锻造件的应变一般是不均匀的，锻造件常常不仅用于应变退火的原材料，还可用于晶体生长使材料产生应变。

3）滚轧件

使用滚轧时，金属的变形要比用其他方法均匀，因此借助滚轧可以使材料产生应变和织构。

4）挤压件

挤压可以用来获得棒体和管类，相应的应变是不均匀的，因此一般不用挤压来作为使晶粒长大的方法。

5）拉拔丝

拉拔过程一般用来制备金属丝，制得的材料经受相当均匀的张应变，晶粒生长中常采用这种方法引进应变。

2. 应变退火法生长晶体

采用应变退火法可以方便地生长单相铝合金，即多组分系统固-固生长，不存在熔化现象，因此不存在偏析，故单晶能保持原有的成分，为了更好地再结晶，退火生长需要较大的温度梯度。

1）应变退火法制备铝单晶

先产生临界应变量，再进行退火，使晶粒长大以形成单晶，通常初始晶粒尺寸在 0.1mm 时，效果较佳，退火期间，有时在试样表面就先形核，影响了单晶的生长。一般认为铝形核是在靠着表面氧化膜的位错堆积处开始的，在产生临界应变后腐蚀掉约 100μm 的表面层有助于阻止表面形核。对于特定织构取向则有利于单晶的生长，如[111]方向 40℃以内的织构取向，有利于单晶快速长入基体，具体工艺如下。

（1）先在 550℃使纯度为 99.6%的铝退火，以消除原有应变的影响和提供大小符合要求的晶粒。要使无应变、晶粒较细的铝产生 1%～2%的应变，然后将温度从 450℃升至 550℃按 25℃/d 的速率退火。

（2）在初始退火之后，较低温度下回复退火，以减少晶粒数目，使晶粒在后期退火时更快地长大，在 320℃退火 4h 以得到回复，加热至 450℃，并在该温度下保温 2h，可以获得长为 15cm、直径为 1mm 的丝状单晶。

（3）在液氮温度附近冷滚轧，然后在 640℃退火 10s，并在水中淬火，得到用于再结晶的铝，此时样品含有 2mm 大小的晶粒和强烈的织构，再经一个温度梯度，然后加热到 640℃，可得到 1m 长的晶体。

（4）采用交替施加应变和退火的方法，可以得到 2.5cm 的高能单晶铝带，使用的应变不足以使新晶粒形核，而退火温度为 640℃。

2）应变退火法制备铜单晶

采用二次再结晶可以获得优良的铜单晶，即几个晶粒从一次再结晶时形成的基体中生长，在高于一次再结晶的温度下使受应变的试样退火，基本步骤如下所述。

（1）室温下滚轧已退火的铜片，减薄约 90%。

（2）真空中将试样缓慢加热至 1000～1040℃，保温 2～3h。

应当指出，在第一阶段得到的强烈织构，到第二阶段被一个或几个晶粒所并吞，若在第二阶段中加热太快会形成孪晶。

3）应变退火法制备铁晶体

用应变退火法可以生长出优质的铁晶体，但应当指出，碳含量高于 0.05%的铁不能再结晶，必须在还原气氛中脱碳，使其碳含量下降至 0.01%，且临界应变前的晶粒度保持在 0.1mm，滚轧减薄约 50%，拉伸 3%的应变。此外，为了较好地控制形核，可以把临界应变区域限制在试样的体积内，临界应变后，还要用腐蚀法或电抛光法把表面层去掉，然后在 800～900℃内试样退火 72h。

1.1.3　利用烧结体生长晶体

烧结就是加热压实多晶体。烧结过程中晶粒长大的推动力主要是残余应变、反向应变和晶粒维度效应等。其中，后两种因素在无机材料中应该是最重要的，因为它们不可能产生太大的应变。因此，烧结仅用于非金属材料中的晶粒长大。若加热多晶金属时可以观察到晶粒长大，则该过程一般可看成应变退火的一种特殊情况，因为此时应变不是有意识引起的。

一个典型非金属材料烧结生长的实例是石榴石晶体。直径 5mm 的石榴石晶体通常是在 1450℃以上烧结多晶体钇铁石榴石 $Y_3Fe_5O_{12}$（YIG）形成的。同样，采用烧结法，BeO、Al_2O_3、Zn 都可以生长到相当大的晶粒尺寸。也就是说，利用烧结使晶粒长大一般在非金属中较为有效，这可能是因为金属可以用应变退火和其他方法生长晶体，因而较少研究金属的烧结。

无机陶瓷中的气孔比金属中多，气孔可以阻止少数晶粒以外的大多数晶粒长大，所以多孔材料中不容易出现大尺寸晶粒。在 Al_2O_3 中添加 MgO、在 Au 中添加 Ag 可以阻止烧结作用，添加物也可以加速晶粒长大，如在 Zn 中加 ZnO。这些效应的机制现在还不清楚，晶粒的原始尺寸对晶粒长大也有影响。由此看来，在 Al_2O_3 中细晶粒不受烧结的影响。籽晶生长的尝试已取得某种成功。

热压烧结是在压缩下烧结，它主要用于陶瓷的致密化。在陶瓷制作中一般不希望有大晶粒，因为小晶粒能满足材料性质与方向无关这一要求。在一般的热压烧结中，为了致密化，压力要足够高，温度也要足以提供一个合理的气孔消除速率又不引起显著的晶粒晶界运动。但是，如果在热压中升高温度，烧结引起的晶粒长大可能是显著的，或许能得到有用的单晶。式（1-8）中的 W 值可以增加到应变退火时所能达到的值。在热压中用的基本上是静水应力，但不如纵向压缩或张应力有效。1967 年由 Laudise 观察到了在压缩下退火时 $ZnWO_4$ 中的晶粒长大。Sellers 等也曾于 1967 年采用这一技术生长出达 $7cm^3$ 的 Al_2O_3 晶粒。

一般来说，有用的晶粒并不是有意用烧结法生长的。用烧结法生长的晶粒用来研究烧结过程。在陶瓷形成过程中总会在无意中形成或多或少的单晶体。

1.1.4　退玻璃化的结晶作用

很多玻璃在加热时发生局部再结晶，这一过程称为退玻璃化的结晶作用。玻璃形成过程通常是不希望发生这种结晶作用的，玻璃成分的选择应该使它不容易退玻璃化。但是，也有一些玻璃成分能加速退玻璃化，这些成分中包括形核剂。同时，为了在玻璃质基体内产生一些结晶区，必须控制退玻璃化作用。实际上，即使在退玻璃化接近完成时结晶，其晶粒尺寸也很小。这种受控退玻璃化最典型的例子是派罗赛拉姆（Pyroceram）耐热玻璃。迄今尚无用退玻璃化作用生长晶体的报道，但只要加以适当控制，此过程是有可能的。在籽晶上很难从形成玻璃的熔体中生长出晶体。因为形成玻璃的熔体不容易通过均匀形核而形成晶体，在足以使晶胚生长的高过冷度下，黏度很大，使其结构不能自行有序化。但是，巴恩斯（R. L. Barns）指出，若有籽晶存在，在足以使黏度适当降低的高温下或许能进行晶体生长。因为单组分系统不存在扩散问题，所以这种系统应该有利于晶体的形成。从一些平常被看作玻璃形成料的单组分熔体中，在籽晶上提拉晶体是一种有前景的尝试。Se 是高黏度熔体形成玻璃而阻碍了结晶的一个典型例子。但是，当升高熔点（通过加压）或者添加断链剂以减小黏度时，就能够形成晶体。

1.2　液-固平衡的晶体生长

单组分液-固平衡的单晶生长技术是目前使用最广泛的生长技术，其基本方法是控制凝固而生长，即控制形核，以便使一个晶核（最多只有几个）作为籽晶，让所有的生长都在它上面发生。通常采用可控温度梯度，使靠近晶核的熔体局部区域产生最大的过冷度，引入籽晶使单晶沿要求的方向生长。

1.2.1　从液相中生长晶体的一般理论

在单元复相系统中，相平衡条件是系统中共存相的摩尔吉布斯自由能相等，即化学势相等；在多元系统中，相平衡条件是各组元在共存的各相中的化学势相等。系统处于非平衡态，其吉布斯自由能最低。若系统处于平衡态，则系统中的相称为亚稳相，相应地有过渡到平衡态的趋势，亚稳相也有转变为稳定相的趋势。然而，能否转变以及如何转变是相变动力学的研究内容。

在亚稳相中新相能否出现以及如何出现是第一个问题，即新相的形核问题。新相一旦形核，会自发地长大，但是如何长大，或者说新相与原有相的界面以怎样的方式和速率向原有相中推移，这是第二个问题。

一般而言，亚稳相转变为稳定相有两种方式：其一，新相与原有相结构上的差异是微小的，在亚稳相中几乎是所有区域同时发生转变，其特点是变化程度十分微小，变化的区域异常大，或者说这种相变在空间上是连续的，在时间上是不连续的；其二，变化程度很大，变化空间很微小，也就是说新相在亚稳相中某一区域内发生，然后通过相界的位移使新相逐渐长大，这种转变在空间上是不连续的，在时间上是连续的。

若系统中空间各点出现新相的概率都是相同的，则称为均匀形核。反之，新相优先出现于系统中的某些区域，称为非均匀形核。这里提及的均匀是指新相出现的概率在亚稳相中空间各点是均等的，但出现新相的区域仍是局部的。

1. 相变驱动力

熔体生长系统的过冷熔体及溶液生长系统中的过饱和溶液都是亚稳相，而这些系统中的晶体是稳定相，亚稳相的吉布斯自由能较稳定相高，是亚稳相能够转变为稳定相的原因，也就是促使这种转变的相变驱动力存在的原因。

晶体生长过程实际上是晶体-流体界面向流体中推移的过程。这个过程会自发地进行，是由于流体相是亚稳相，因而其吉布斯自由能较高。如果晶体-流体的界面面积为 A，垂直于界面的位移为 Δx，过程中系统的吉布斯自由能的降低为 ΔG，界面上单位面积的晶体生长驱动力为 f，则上述过程中驱动力所做的功为

$$fA\Delta x = -\Delta G \tag{1-15}$$

也就是说，驱动力所做的功等于系统吉布斯自由能的降低，则有

$$f = -\frac{\Delta G}{\Delta v}$$

式中，$\Delta v = A\Delta x$，是上述相变过程中生长的体积，故生长驱动力在数值上等于生长单位体积晶体所引起的吉布斯自由能的变化；负号表明界面向流体相的位移引起系统能量的降低。

若单个原子由亚稳流体转变为晶体所引起吉布斯自由能的降低为 Δg，单个原子的体积为 Ω_s，单位体积中的原子数为 N，则有：$\Delta G = N\Delta g$，$\Delta v = N\Omega_s$，代入式（1-15）可得

$$f = -\frac{\Delta g}{\Omega_s} \tag{1-16}$$

若流体为亚稳相，则 $\Delta g<0$，$f>0$，表明 f 指向流体，此时 f 为生长驱动力；若晶体为亚稳相，则 f 指向晶体，此时 f 为熔化、升华或溶解驱动力。由于 Δg 和 f 呈比例关系，往往将 Δg 也称为相变驱动力。

1）气相生长系统中的相变驱动力

在气相生长过程中，假设蒸气为理想气体，在（p_0, T_0）状态下两相处于平衡态，则 p_0 为饱和蒸气压。此时晶体和气相的化学势相等，晶体的化学势为

$$\mu(p_0, T_0) = \mu_0(T_0) + RT_0 \ln p_0 \tag{1-17}$$

在 T_0 不变的条件下，$p_0 \to p$，化学势为

$$\mu(p, T_0) = \mu_0(T_0) + RT_0 \ln p \tag{1-18}$$

式中，μ_0 是温度为 T_0、压强为 p_0 时理想气体的化学势。

$p>p_0$，因此 p 为过饱和蒸气压，此时系统中气相的化学势大于晶体的化学势，则化学势增量为

$$\Delta\mu = -RT_0 \ln\left(\frac{p}{p_0}\right) \tag{1-19}$$

N_0 为阿伏伽德罗常数，考虑到 $\Delta\mu = N_0\Delta g$ 及 $R = N_0K$（K 为玻尔兹曼常量），则单个原子由蒸气到晶体引起的吉布斯自由能的降低为

$$\Delta g=-KT_0\ln\left(\frac{p}{p_0}\right) \tag{1-20}$$

令 $\alpha=p/p_0$ 为饱和比，$\sigma=\alpha-1$ 为过饱和度。当过饱和度较小时，有 $\ln(1+\sigma)\approx\sigma$，故有

$$\Delta g=-KT_0\ln\left(\frac{p}{p_0}\right)=-KT_0\ln\alpha\approx-KT_0\sigma \tag{1-21}$$

可得到气相生长系统中的相变驱动力为

$$f=-\frac{KT_0\ln\left(\dfrac{p}{p_0}\right)}{\Omega_s}=\frac{KT_0}{\Omega_s}\ln\alpha=KT_0\frac{\sigma}{\Omega_s} \tag{1-22}$$

气相系统的相变驱动力是与蒸气的过饱和度成正比的。

2）溶液生长系统中的相变驱动力

设溶液为稀溶液，在（p, T, c_0）状态下两相平衡，c_0 为溶质在该温度、压强下的饱和浓度，若溶质在晶体中的化学势相等，由亨利定律得到此时晶体中溶质的化学势为

$$\mu=g(p,T)+RT\ln c_0 \tag{1-23}$$

在温度和压强不变的条件下，若溶液中的浓度由 c_0 增加到 c，则溶液中溶质的化学势为

$$\mu'=g(p,T)+RT\ln c_0 \tag{1-24}$$

$c>c_0$，故 c 为饱和浓度，此时溶质在溶液中的化学势大于晶体中的化学势，其差值为

$$\Delta\mu=-RT\ln\left(\frac{c}{c_0}\right) \tag{1-25}$$

同样可得单个溶质原子由溶液相转变为晶体相所引起的吉布斯自由能的降低为

$$\Delta g=-KT\ln\left(\frac{c}{c_0}\right) \tag{1-26}$$

类似地，定义 $\alpha=c/c_0$ 为饱和比，$\sigma=\alpha-1$ 为过饱和度，则有

$$\Delta g=-KT\ln\left(\frac{c}{c_0}\right)=-KT\ln\alpha\approx-KT\sigma \tag{1-27}$$

若在溶液生长系统中，生长的晶体为纯溶质构成，将式（1-27）代入式（1-16）可得溶液生长系统中的驱动力为

$$f=-\frac{KT\ln\left(\dfrac{c}{c_0}\right)}{\Omega_s}=\frac{KT}{\Omega_s}\ln\alpha\approx KT\frac{\sigma}{\Omega_s} \tag{1-28}$$

式（1-28）表明，溶液生长系统中结晶驱动力与溶液的过饱和度成正比。

3）熔体生长系统中的相变驱动力

在熔体生长系统中，若熔体温度 T 低于熔点 T_m，则两相的摩尔分子吉布斯自由能不等，设其差值为 $\Delta\mu$，根据摩尔分子吉布斯自由能的定义 $\mu=h-TS$，可得

$$\Delta\mu=\Delta h(T)-T\Delta S(T) \tag{1-29}$$

式中，$\Delta h(T)$和 $\Delta S(T)$是温度为 T 时两相摩尔分子焓和摩尔分子熵的差值，它们通常是温度的函数。但在熔体生长系统中，在正常情况下，T 略低于 T_m，也就是说过冷度 $\Delta T=T_m-T$

较小，因而近似地认为$\Delta h(T)\approx\Delta h(T_m)$、$\Delta S(T)\approx\Delta S(T_m)$，当温度为$T$时，两相摩尔分子吉布斯自由能的差值为

$$\Delta\mu=-L_m\frac{\Delta T}{T_m} \tag{1-30}$$

式中，L_m为熔化潜热。

故温度为T时，单个原子由熔体转变为晶体时吉布斯自由能的降低为

$$\Delta g=-l\frac{\Delta T}{T_m} \tag{1-31}$$

式中，$l=\varphi/N_0$，为单个原子的熔化潜热；ΔT为过冷度。将式（1-31）代入式（1-16）可得熔体生长的驱动力为

$$f=\frac{l\Delta T}{\Omega_s T_m} \tag{1-32}$$

在通常的熔体生长系统中，式（1-31）和式（1-32）已经足够精确了，但在晶体与溶体的定压比热容相差较大时，或是过冷度较大时，有必要得到驱动力更为精确的表达式：

$$\Delta g=-l\frac{\Delta T}{T_m}+\Delta c_p\left(\Delta T-T\ln\frac{T_m}{T}\right) \tag{1-33}$$

式中，$\Delta c_p=c_p^l-c_p$为两相等压比热容的差值。可以看出，当Δc_p较小及T和T_m比较接近时，式（1-33）退化为式（1-31）。

4）亚稳态

在温度和压强不变的情况下，当系统没有达到平衡态时，可以把它分成若干个部分，每一部分可以近似地认为已达到区域平衡，整个系统的吉布斯自由能就是各部分的总和。而整个系统的吉布斯自由能可能存在几个极小值，其中最小的极小值就相当于系统的稳定态，其他较大的极小值相当于亚稳态。

对于亚稳态，当无限小地偏离它们时，吉布斯自由能是增加的，因此系统立即回到初态；但有限地偏离时，系统的吉布斯自由能却可能比初态小，系统就不能恢复到初态。相反，就有可能过渡到另一种状态，这种状态的吉布斯自由能的极小值比初态的还要小。显然，亚稳态在一定限度内是稳定的状态。

如果吉布斯自由能为一连续函数，在两个极小值间必然存在一极大值。这就是亚稳态转变到稳定态所必须克服的能量位垒。亚稳态间存在能量位垒，是亚稳态能够存在而不立即转变为稳定态的必要条件，但是亚稳态迟早会过渡到稳定态。例如，生长系统中的过饱和蒸气、过饱和溶液或过冷熔体，终究会结晶。在这类亚稳态系统中结晶的方式只能是由无到有，从小到大。亚稳态系统中晶体产生都是由小到大，这就给熔体转变为晶体设置了障碍，这种障碍来自界面。若界面能为零，在亚稳相中出现小晶体就没有困难。但实际上，亚稳相中一旦出现晶体，也就出现了相界面，因此引起系统中的界面能增加。也就是说，亚稳态和稳定态间的能量位垒来自界面能。

2. 非均匀形核

相变可以通过均匀形核实现，也可以通过非均匀形核实现。在实际的相变过程中，

非均匀形核更常见，而只有研究了均匀形核之后，才能从本质上揭示形核规律，更好地理解非均匀形核。均匀形核是指在均匀单一的母相中形成新相结晶核心的过程。

1）均匀形核的简要回顾

在液态金属中，时聚时散的短程有序原子集团是形核的胚芽，称为晶胚。在过冷条件下，形成晶胚时，系统的变化包括转变为固态的那部分体积引起的自由能下降和形成晶胚与液相之间的界面引起的自由能（表面能）增加。设单位体积引起的自由能下降为$\Delta G_V(\Delta G_V<0)$，单位面积的表面能（比表面能）为σ，晶胚为半径为r的球体，则过冷条件下晶胚形成时，系统自由能的变化为

$$\Delta G=\frac{4}{3}\pi r^3\Delta G_v+4\pi r^2\sigma \tag{1-34}$$

由热力学第二定律可知，只有系统的自由能降低时，晶胚才能稳定地存在并长大。当$r<r^*$时，晶胚的长大使系统的自由能增加，这样的晶胚不能长大；当$r>r^*$时，晶胚的长大使系统自由能下降，这样的晶胚可以长大；当$r=r^*$时，晶胚的长大趋势消失，r^*称为临界晶核半径。令$\frac{\mathrm{d}\Delta G}{\mathrm{d}r}=0$，则有

$$r^*=-\frac{2\sigma}{\Delta G_v} \tag{1-35}$$

由热力学可证明，在恒温恒压下，单位体积的液体与固体的自由能差为

$$\Delta G_v=-\frac{L_m\Delta T}{T_m} \tag{1-36}$$

式中，ΔT为过冷度；T_m为平衡结晶温度；L_m为熔化潜热。则由式（1-35）可得

$$r^*=-\frac{2\sigma T_m}{L_m\Delta T} \tag{1-37}$$

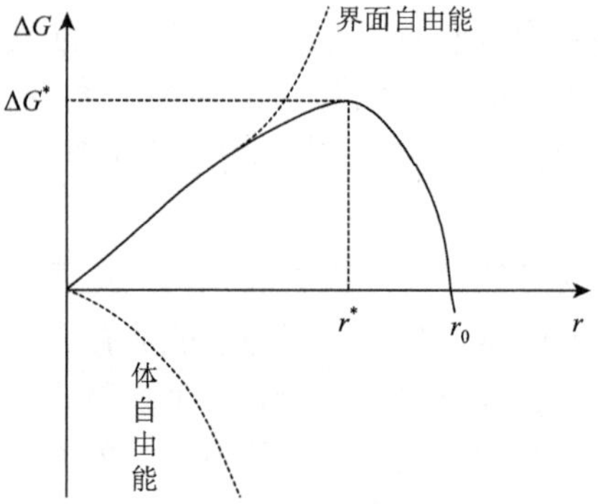

图 1-6　晶胚形成时系统自由能的变化与半径的关系

由式（1-37）可以看出，r^*与ΔT成反比，意味着随着过冷度增加，临界半径减小，形核概率增加。从图 1-6 可以看出，$r>r^*$的晶核长大时，虽然可以使系统自由能下降，但形成一个临界晶核本身要引起系统自由能增加ΔG^*，即临界晶核的形成需要能量，称为临界晶核形核功。

将式（1-35）代入式（1-34）有

$$\Delta G^*=\frac{16\pi\sigma^3}{3(\Delta G_v)^2} \tag{1-38}$$

由式（1-36）得

$$\Delta G^*=\frac{16\pi\sigma^3T_m^2}{3(L_m\Delta T)^2} \tag{1-39}$$

式（1-39）表明临界晶核形核功取决于过冷度，由于临界晶核表面积$A^*=4\pi(r^*)^2$，则有

$$\Delta G^*=\frac{1}{3}A^*\sigma \tag{1-40}$$

可以看出，形成临界晶核时，液、固相之间的自由能差供给所需要表面能的 2/3，另外 1/3 则需要由液体中的能量起伏提供。

综上所述，均匀形核必须具备的条件为：①必须过冷，过冷度越大，形核驱动力越大；②必须具备与一定过冷相适应的能量起伏 ΔG^*或结构起伏 r^*，当 ΔT 增大时，ΔG^*和 r^*都减小，此时的形核率增大。下面着重介绍均匀形核率 N。

均匀形核率通常受两个矛盾的因素控制：一方面随着过冷度增大，ΔG^*和 r^*减小，有利于形核；另一方面随过冷度增大，原子从液相向晶胚扩散的速率降低，不利于形核，因此形核率可表示为

$$I = I_1 I_2 = k\mathrm{e}^{-(\Delta G^*/RT)}\Delta\mathrm{e}^{-(Q/RT)} \tag{1-41}$$

式中，I 为总形核率；I_1 为受形核功影响的形核率因子；I_2 为受扩散影响的形核率因子；ΔG^*为形核功；Q 为扩散激活能；R 为气体常数。

图 1-7 为 I_1、I_2、I 与 T_m 和 ΔT 的关系曲线。由图可以看出，在过冷度较小时，形核率主要受形核功因素的控制，随着过冷度增大，形核率增大；在过冷度非常大时，形核率主要受扩散因素的控制，此时形核率随过冷度的增加而下降，后一种情形更适合盐、硅酸盐以及有机物的结晶过程。

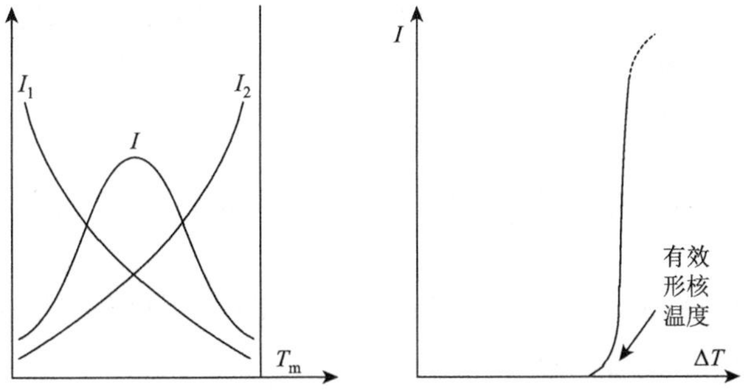

图 1-7　形核率与温度及过冷的关系

2）非均匀形核的过程和原理

多数情况下，为了有效降低形核位垒加速形核，通常引进促进剂。在存在形核促进剂的亚稳态系统，系统空间各点形核的概率也不均等，在促进剂上将优先形核，这也是所谓的非均匀形核。在晶体生长中，有时要求提高形核率，有时又要对形核率进行控制，这就要求了解非均匀形核的基本过程和原理。

（1）平衬底球冠核的形成及形核率。

在坩埚壁上的非均匀形核或异质外延时的均匀形核都可以看作平衬底 c 上的非均匀形核，形成了球冠形晶体胚团 s，此球冠的曲率半径为 r，三相交接处的接触角为 θ。如图 1-8 所示，设各界面能 γ 为各向同性，则

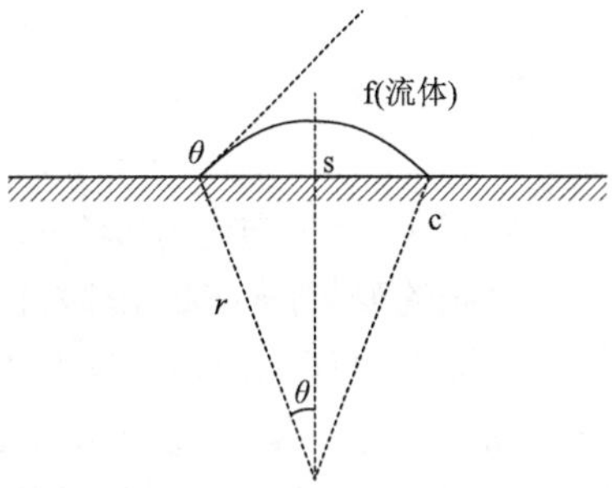

图 1-8　平衬底上球冠核示意图

$$m = \cos\theta = \frac{\gamma_{\rm cf} - \gamma_{\rm sc}}{\gamma_{\rm sf}} \tag{1-42}$$

式中，$\gamma_{\rm sf}$、$\gamma_{\rm cf}$、$\gamma_{\rm sc}$分别为图 1-8 中晶体胚团 s 与流体 f、衬底 c 与流体 f、晶体胚团 s 与衬底 c 的界面能。

这里，胚团体积 $V_{\rm s}$ 由几何关系得

$$V_{\rm s} = \frac{4\pi r^3}{3}(2+m)(1-m)^2 \tag{1-43}$$

$$A_{\rm sf} = 2\pi r^2(1-m) \tag{1-44}$$

$$A_{\rm sc} = \pi r^2(1-m^2) \tag{1-45}$$

球冠形的胚团在平衬底上形成后，在系统中引起的吉布斯自由能变化为

$$\Delta G(r) = \frac{V_{\rm s}}{\Omega_{\rm s}}\Delta g + (A_{\rm sf}\gamma_{\rm sf} + A_{\rm sc}\gamma_{\rm sc} - A_{\rm sc}\gamma_{\rm cf}) \tag{1-46}$$

式中，括号中的各项为球冠胚团形成时所引起的界面能变化。球冠胚团形成时产生了两个界面，即胚团-流体界面 $A_{\rm sf}$ 和胚团-衬底界面 $A_{\rm sc}$，使面积为 $A_{\rm cf}$ 的衬底-流体界面消失，若 $\gamma_{\rm cf}$ 较大，有

$$A_{\rm sf}\gamma_{\rm sf} + A_{\rm sc}\gamma_{\rm sc} \leqslant A_{\rm sc}\gamma_{\rm cf} \tag{1-47}$$

则界面能位垒消失，由式（1-46）可以看出，流体自由能项和界面能项都是负的，亚稳流体可自发地在衬底上转变为晶体而无须形核，这是一种极端情形。

由上述各式，还可以化简式（1-46）:

$$\Delta G(r) = \left[\frac{4\pi r^3}{3\Omega_{\rm s}}\Delta g + 4\pi r^2\gamma_{\rm sf}\right](2+m)(1-m)^2/4 \tag{1-48}$$

由式（1-48）可以看出，平衬底上球冠胚团形成能是球冠曲率半径的函数，对 r 求微商，令其为零，即 $\frac{{\rm d}G(r)}{{\rm d}r} = 0$，得到

$$r^* = \frac{2\gamma_{\rm sf}\Omega_{\rm s}}{\Delta g} \tag{1-49}$$

可见，式（1-49）与均匀形核的晶核半径表达是完全相同的，相应地有

$$\Delta G = \frac{16\pi\Omega_{\rm s}^2\gamma_{\rm sf}^3}{3(\Delta g)^2}\cdot f_1(m) \tag{1-50}$$

式中，

$$f_1(m) = (2+m)(1-m)^2/4 \tag{1-51}$$

将式（1-50）与均匀形核的球核形成能表达式相比较，可以发现两式只差一个因子$f_1(m)$。$f_1(m)$的变量$|m|=|\cos\theta|\leqslant 1$，则$0\leqslant f_1(m)<1$。可知衬底具有降低形核功（$\Delta G^*$）的通性，即在衬底上形核比均匀形核容易，这也说明温度均匀的纯净溶液或熔体总是倾向于往坩埚壁上“爬”，优先结晶。从式（1-42）和式（1-51）可以看出，$f_1(m)$的大小完全取决于衬底、流体与晶体间界面能的大小，或者说取决于三相间的接触角 θ，主要有以下规律：①$\theta=0$，$f_1(m)=0$，$\Delta G^*=0$，表明不需要形核，在衬底上流体可立即变为晶体，

这在物理上容易理解，因为 $\theta = 0°$说明晶体完全浸润衬底，在衬底上覆盖一层具有宏观厚度的晶体薄层，等价于籽晶生长或同质外延；②$\theta = 180°$，$f_1(m) = 1$，此时衬底上非均匀形核的形核功与均匀形核的形核功完全相等，衬底对形核完全没有贡献，由于 $\theta = 180°$ 是完全不浸润的情形，此时胚团与衬底只切于一点，球冠胚团完全变成球团胚团，因此与均匀形核的情况没有差别。

由此可知，在生长系统中具有不同接触角的衬底在形核过程中所起的作用不同，可根据实际需要来选择衬底。例如，要防止坩埚或容器上结晶，可使用 θ 接近 180°的坩埚材料；而在外延生长中，尽量选用 θ 近于 0°的材料作为衬底。应当指出，实际坩埚或衬底材料的选择还取决于其他工艺或设备因素。

对于气相生长系统，球冠核的表面积近似取为 $\pi(r^*)^2$，因而捕获原子的概率为

$$B = p(2\pi mkT)^{-\frac{1}{2}}\Delta\pi(r^*)^2 \tag{1-52}$$

根据式（1-49）、式（1-50）和式（1-52），可以得到平衬底上球冠核的形核率为

$$I = np(2\pi mK)^{-1/2}\cdot\pi\left[\frac{2\gamma\Omega_s}{KT\ln(p/p_0)}\right]^2\cdot\exp\left[-\frac{16\pi\Omega_s^3 r^2 f_1(m)}{3K^3T^3(\ln p/p_0)^2}\right] \tag{1-53}$$

同理，可得熔体生长系统平衬底上的球冠核的形核率为

$$I = nv_0\exp\left(-\frac{\Delta q}{KT}\right)\cdot\exp\left[-\frac{16\pi r^3\Omega_s^2T_m^2}{3KT\ln^2(\Delta T)^2}\cdot f_1(m)\right] \tag{1-54}$$

可以看出，衬底对形核率的影响也是通过 $f_1(m)$起作用的。

（2）平衬底上表面凹陷的影响。

实际上，衬底上往往存在一些表面凹陷，对非均匀形核的影响较大。下面根据近似模型来说明它们对形核的影响。

如前所述，在衬底上形成胚团时，一部分衬底与流体的界面将转变为衬底与晶体的界面。若 γ_{cf} 大于衬-晶界面能 γ_{sc}，由式（1-46）可知，形成的衬-晶界面面积 A_{sc} 越大，则胚团的形成能越小。衬底上的表面凹陷能有效增加晶体与衬底间的界面面积，因此能有效地降低胚团的形成能，使胚团在过热或不饱和的条件下得到稳定。

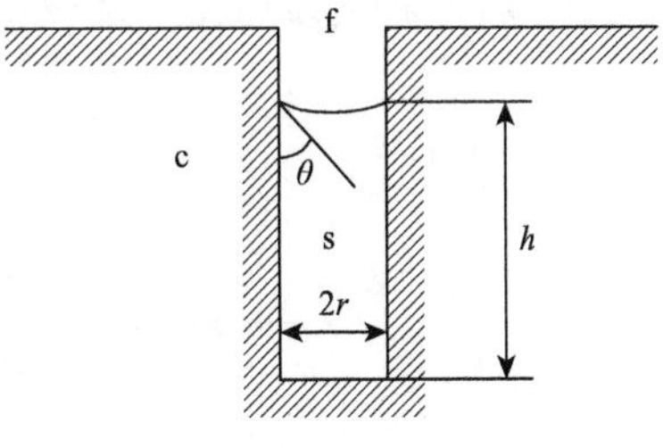

图 1-9　表面凹陷的柱孔模型

为了说明衬底上的凹陷效应，考虑图 1-9 所示的模型，胚团体积 V_s、胚团-流体界面面积 A_{sf} 和胚团-衬底界面面积 A_{sc} 分别为

$$V_s = \pi r^2 h \tag{1-55}$$

$$A_{sf} = 2\pi r^2(1-\sqrt{1-m^2})/m^2 \tag{1-56}$$

$$A_{sc} = 2\pi rh + \pi r^2 \tag{1-57}$$

将式（1-57）代入式（1-46），利用式（1-51），则得柱形空腔中胚团的形成能为

$$\Delta G = \frac{\pi r^2 h}{\Omega_s}\Delta g + 2\pi r\gamma_{sf}\cdot\left[r\left(\frac{1-\sqrt{1-m^2}}{m^2}\right) - m\left(h+\frac{r}{2}\right)\right] \tag{1-58}$$

由于 r 固定，ΔG 是 h 的函数。由式（1-58）可看出，若 h 足够大，则表面能项可为负值；若流体为过冷或过饱和流体，即 $\Delta G<0$，则随着 h 的增加，ΔG 总是减小，因而胚团将自发长大，这等价于籽晶生长的情况；若流体为不饱和或过热流体，即 $\Delta G>0$，则胚团也可能是稳定的。事实上，$\Delta G>0$ 时，若 ΔG 随 h 增加而减小，则

$$\frac{\mathrm{d}\Delta G}{\mathrm{d}h}<0 \tag{1-59}$$

胚团就是稳定的。由此可得胚团的稳定条件为

$$\frac{\pi r^2}{\Omega_\mathrm{s}}\Delta g-2\pi r m\gamma_\mathrm{sf}<0 \tag{1-60}$$

或

$$r<\frac{2m\Omega_\mathrm{s}\gamma_\mathrm{sf}}{\Delta g} \tag{1-61}$$

由此可见，空腔的半径越小，胚团越稳定。

（3）衬底上的凹角形核。

衬底上的凹角形核已有过不少应用，如用贵金属沉积在碱金属卤化物的表面台阶的凹角处，可以显示单原子高度的表面台阶，研究台阶运动的动力学。

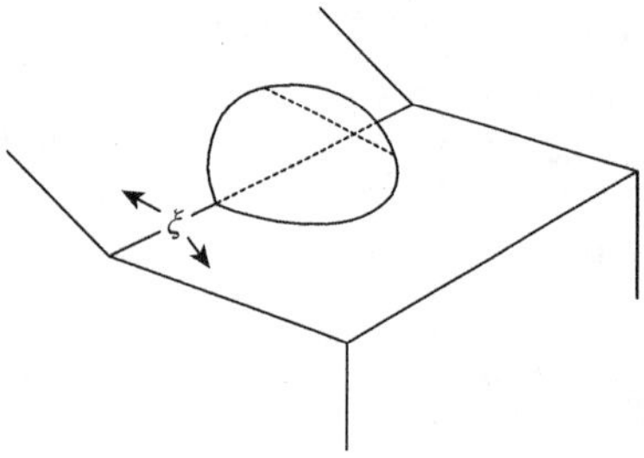

图 1-10　凹角处球冠胚核的形成

考虑一球冠胚团在凹角处形核，用 ξ 表示凹角的角度，如图 1-10 所示。当 $\xi=90°$时，存在解析解，即凹角处球冠胚团的晶核半径和球冠形核能分别为

$$r^*=\frac{2\Omega_\mathrm{s}\gamma_\mathrm{sf}}{\Delta g},\quad \Delta G^*=\frac{16\pi\Omega_\mathrm{s}^2\gamma_\mathrm{sf}^3}{3(\Delta g)^2}\cdot f_2(m) \tag{1-62}$$

式中，$f_2(m)$仍为接触角的余弦函数，即

$$f_2(m)=\frac{1}{4}\left[(\sqrt{1-m^2}-m)+\frac{2}{\pi}m^2(1-2m^2)^{1/2}+\frac{2}{\pi}m(1-m^2)\arcsin\left(\frac{m^2}{1-m^2}\right)^{1/2}\right.$$
$$\left.-m(1-m^2)-\frac{2}{\pi r^*}\int_{m\gamma^*}^{(1-m^2)^{1/2}\gamma^*}\arcsin\left(\frac{r^*m}{r^*-y^2}\right)\mathrm{d}y\right] \tag{1-63}$$

进一步可得凹角处球冠胚团的形核率，与平衬底上球冠胚团形核率表达式相似，为了便于比较，这里给出两者的比值：

$$\ln\left(\frac{I_{凹}}{I_{平}}\right)=\frac{16\pi\Omega_\mathrm{s}^2\gamma_\mathrm{sf}^3}{3\Delta g^2}\cdot[f_1(m)-f_2(m)] \tag{1-64}$$

综上所述，可以认为，在光滑界面上孪晶的凹角处，台阶的二维形核比较容易，这可用来解释蹼状晶体的生长。

（4）悬浮粒子的形核。

考虑悬浮粒子大小的影响，将悬浮粒子看作半径为 r 的球体，忽略界面的各向异性，同样按上述方法分析，可以得到

$$\Delta G^* = \frac{16\pi\Omega_s^2\gamma_{sf}^3}{3\Delta g^2}\cdot f_3(m,x) \tag{1-65}$$

$$x = \frac{r}{r^*} = \frac{r\Delta g}{2\gamma_{sf}\Omega_s} \tag{1-66}$$

$$f_3(m,x) = 1 + \left(\frac{1-mx}{g}\right)^3 + x^3\left[2-3\left(\frac{x-m}{g}\right)+\left(\frac{x-m}{g}\right)^3\right] + 3mx^2\left(\frac{x-m}{g}-1\right) \tag{1-67}$$

这里，$g=(1+x^2-2mx)^{1/2}$，m 仍为接触角的余弦，如果要求得每个悬浮粒子上的形核率，那么

$$I = np(2\pi mKT)^{-\frac{1}{2}}\cdot 4\pi r^2\left[\frac{2\Omega_s r}{KT\ln(p/p_0)}\right]^2\cdot\exp\left[\frac{-16\pi\Omega_s^3 r^2}{K^3T^3(\ln(p/p_0))^3}\cdot f_3(m,x)\right] \tag{1-68}$$

弗莱彻对不同 m 值的粒子，求得了 1s 内形成晶核所应有的临界饱和比与粒子半径的关系，即一个悬浮粒子要成为有效的凝化核，这个粒子不但要相当大，而且其接触角要小。

（5）晶体生长系统中形核率的控制。

在人工晶体生长系统中，必须严格控制形核事件的发生。通常采用非均匀驱动力场的方法，该驱动力场按空间分布。而合理的生长系统的驱动力场中，只有晶体-流体界面邻近存在生长驱动力（负驱动力或 $\Delta g<0$），而系统的其余各部分驱动力为正（即熔化、溶解或升华驱动力），并且在流体中越远离界面，正的驱动力越大。同样，为了晶体发育良好，还要求驱动力场具有一定的对称性。下面举例说明。

在直接法熔体生长系统中，要求熔体的自由表面的中心处存在负驱动力（熔体具有一定的过冷度），熔体中其余各处的驱动力为正（为过热熔体），并且越远离液面中心，其正驱动力越大，并要求驱动力场具有对称性。在这样的驱动力场中，若用籽晶，就能保证生长过程中不会发生形核事件；若不用籽晶，也能保证晶体只形核于液面中心，并且生长成单晶体而不生长成其他晶核。在这样的驱动力场中，可以用金属丝引晶，并用产生颈缩的方法来生长第一根（无籽晶）单晶体。由熔体生长系统中的生长驱动力表达式可以看出，生长驱动力与熔体中的温度场相对应，因而可以用改变温度场的方法获得合理的驱动力场。采用驱动力场设计不合理的直接法生长系统，在引晶阶段有时出现“漂晶”，即液面上的小晶体往往形核于液面。这是因为该处不能保持正的驱动力（熔体过热），导致在熔体中的漂浮粒子上产生了非均匀形核。

在气相生长系统中或溶液生长系统中，对驱动力场的要求原则上与上述相同。驱动力场取决于饱和比，由于饱和蒸气压以及溶液的饱和浓度与温度有关，故调节温度场可使只在局部系统区域的蒸气或溶液过饱和，而使其他区域饱和。这样就能保证只在局部区域形核及生长，这对通常助熔剂生长晶体过程尤为重要。因为在这种生长系统中若不控制形核率，则所得晶体甚多，但晶体的尺寸很小。如果在同样的条件下，精确控制形核率，使之只出现少数晶核，这样就能得到尺寸较大的晶体。

总之，通过温度场改变驱动力场，借以控制生长系统中的形核率，这是晶体生长工艺中经常应用的方法。然而要正确地控制，还必须减少在坩埚上和悬浮粒子上的非均匀

形核，使用坩埚壁光滑无凹陷，坩埚壁和底部间不出现尖锐的夹角，或是采用纯度较高的原料以及在原料配制过程中不使异相粒子混入。

3. 晶体的平衡形状

1）Walff 定理

一般来说，晶体的界面自由能 σ 是晶体学取向 n 的函数，而且反映了晶体的对称性。若已知界面自由能关于取向的关系 $\sigma(n)$，可求出给定体积下的晶体在热力学平衡态时应具有的形状。由热力学理论可知，在恒温恒压下，一定体积的晶体（体自由能恒定的晶体）处于平衡态时，其总界面自由能最小。也就是说，趋于平衡态时，晶体将调整自己的形状以使本身的总界面自由能降至最小，这就是 Walff 定理。根据 Walff 定理，一定体积的晶体的平衡形状是总界面自由能为最小的形状，故有

$$\oiint \sigma(n)\mathrm{d}A = 最小 \tag{1-69}$$

显然，液体的界面自由能是各向同性的，与取向无关，故 $\sigma(n) = \sigma =$ 常数。由式（1-69）可知，液体总界面能最小就是其界面面积最小，故液体的平衡形状只能是球状。而对于晶体，其所显露的面将尽可能是界面能较低的晶面。

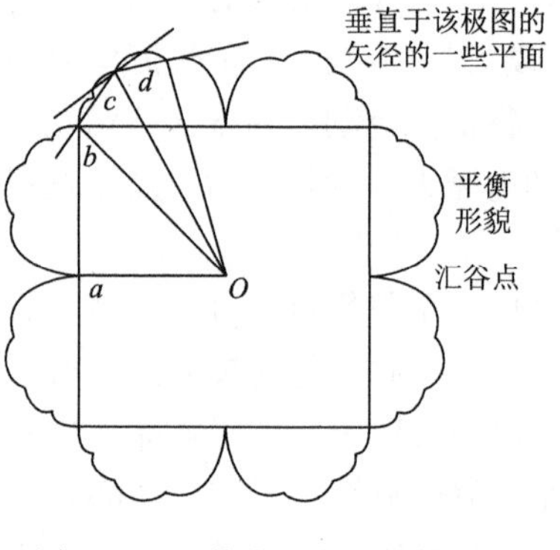

图 1-11　晶体表面自由能的极图

2）晶体表面自由能的几何图像法

图 1-11 是假想的 Walff 图。从原点 O 作所有可能存在的晶面法线，取每一法线的长度正比于该晶面的界面能大小，这一直线族的端点综合表示界面能对于晶面取向的关系，称为界面自由能极图，离开原点的距离与 σ 的大小成比例。在极图上每一点作垂直于该点矢径的平面，这些平面所包围的最小体积就相似于晶体的平衡形状。也就是说晶体的平衡形状在几何上相似于极图中体积最小的内接多面体。

如果形成一个图 1-12（a）所示的特定晶面，这个晶面的生长速率（与距离 1-2 成比例）比别的晶面如 BC（BC 生长速率与距离 3-4 成比例）的速率快，那么生长快的晶面的面积将随时间而减小（$A'B' < AB$），而生长慢的晶面面积将随时间而增大（$B'C' > BC$）。最后，生长快的晶面消失，图 1-12 为二维示意图。在真实晶体中，除晶面之间的相对生长速率外，它的几何关

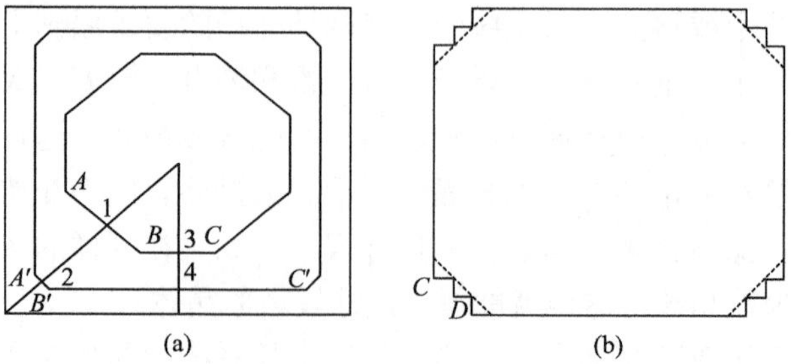

图 1-12　晶体生长时的中间形貌

系亦将取决于一给定晶面是否消失。但是，其面积随时间增大的晶面总是比随时间减小的晶面长得慢。这样，倘若晶体生长在平衡态附近进行，那么图 1-11 和图 1-12（a）中离开中心点的距离与 σ 生长速率均成比例。在晶面与图 1-12（a）中自由能表面相交的地方垂直于矢径的平面而构成的体积最小的封闭图应该是晶体的平衡形貌，它将包含生长速率比其他形貌都慢的晶面，由于表面自由能表面上的汇谷点一般具有最短的矢径（即联系一个低的 σ 表面），故晶面应出现在矢径交于 Walff 图上的汇谷点或马鞍点的地方。

小晶体的平衡形貌较易实现，因为仅在大量待结晶物质被运输很远的距离时才发生形貌的显著变化，这种运输所需要的能量大于晶体长大而得到的表面自由能的减小。而大晶体则不然，即使没有一种组态接近 Walff 图所给出的最小自由能。探讨比较晶体中相邻组态的自由能问题也是重要的，对于一些相邻的组态，人们分析了它们的 Walff 图，得出以下结论。

（1）若晶体一个给定的宏观表面在取向上与平衡形貌边界上某一部分不一致，那么总存在图 1-12（b）中 *CD* 那样自由能比较平坦、表面低的峰谷结构。反之，若给定表面的平衡形貌出现，那么峰谷结构会更加不稳定。

（2）当 Walff 图的自由能表面位于通过矢径和表面的交点画出的和表面相切的球面以外时，晶体表面是弯曲的；若自由能表面总处于该球面以内的任何地方，则晶体面为结论（1）中所描述的峰谷结构所界限。

（3）在平直的边缘相交处，通过边缘的变圆可以使表面自由能最小，这种变化小得几乎觉察不到。

4. 直拉法生长晶体的温场和热量传输

为了得到优质晶体，在晶体生长系统中必须建立合理的温度场分布。在气相生长和溶液生长系统中，饱和蒸气压和饱和浓度与温度有关，因此生长系统中温度场分布对晶体行为有重要的影响。而在熔体生长系统中，温度分布对晶体生长行为的影响更加明显。事实上，熔体生长中应用最广的方法是直拉法生长，下面着重讨论直拉法生长晶体的温度分布和热量传输。

1）炉膛内温场

通常，单晶炉的炉膛存在不同介质，如熔体、晶体以及晶体周围的气氛等，不同的介质有不同的温度，即使在同一介质内，温度也不一定均匀分布。显然，炉膛内的温度是随空间位置而变化的。在某确定的时刻，炉膛内全部空间中每一点都有确定的温度，而不同的点上温度可能不同。这种温度的空间分布称为温场。一般说来，炉膛中的温场随时间而变化，也就是说炉内的温场是空间和时间的函数，这样的温场称为非稳温场。若炉膛内的温场不随时间而变化，这样的温场称为稳态温场。若将温场中温度相同的空间各点连接起来，就形成了一个空间曲面，称为等温面。

在直拉法单晶炉温场内的等温面族中，有一个十分重要的等温面，该面的温度为熔体的凝固点，温度低于凝固点时熔体凝固，温度高于凝固点时熔体仍为液相。因此，这个特定的面又称为固相与液相的分界面，简称固-液界面。

固-液界面有凹、凸、平三种形式，其形状直接影响晶体质量。一方面，改变固-液界面形状直接影响晶体的质量；另一方面，固-液界面的微观结构又直接影响晶体的生长机制。

在晶体生长过程中，通过实验可以测定温场中各点的温度。例如，晶体中的温度通常通过将热电偶埋入晶体内部来进行测量，或在晶体的不同位置钻孔，将电偶插入，再将晶体与熔体接起来，以备继续生长时测量。

对于具体的单晶炉，用上述方法可测定熔体、晶体和周围气氛中各点的温度，再根据测定值画等温面族，并使面族中相邻等温面之间的温差相同，得到温差为常数的等温面族。根据等温面的形状推测温场中的温度分布，同时根据等温面的分布推测温度梯度。显然，等温面越密处温度梯度越大，越稀处温度梯度越小，习惯上用液面邻近的轴向温度和径向温度来描述温场。

若炉膛中的温场为稳态温场，则炉膛内各点的温度只是空间位置的函数，不随时间而改变，因而在稳态温场中能生长出优质晶体。应当指出，单晶炉内温场的温度梯度、热量流和热量损耗会使稳态温场发生变化，因此要建立稳态温场，就要补偿炉内的热量损耗。

2）晶体生长中的能量平衡理论

（1）能量守恒方程。在温场中取一闭合曲面，此闭合面可以包含固、液或气相，也可以包含相界面，如固-液界面、固-气界面或气-液界面等。设闭合曲面中的热源在单位时间内产生的热量为 Q_1，该项热量包括电流产生的焦耳热和由物态变化所释放的汽化热、熔化热、溶解热。若在热能传输时间内净流入闭合曲面中的热量为 Q_2，则这两项热量之和必须等于闭合曲面内单位时间温度升高所吸收的热量 Q_3，即

$$Q_1 + Q_2 = Q_3 \tag{1-70}$$

式（1-70）表明，闭合曲面中单位时间内产生的热量与单位时间内流入此曲面的热量之和等于闭合曲面单位时间内温度升高所吸收的热量。

若闭合曲面内的温场是稳态场，即温度不随时间变化，$Q_3 = 0$，则

$$Q_1 = -Q_2 \tag{1-71}$$

式中，$-Q_2$ 代表单位时间内净流出闭合曲面的热量，对闭合曲面而言，即热量损耗。也就是说，式（1-71）是建立稳态温场的必要条件。

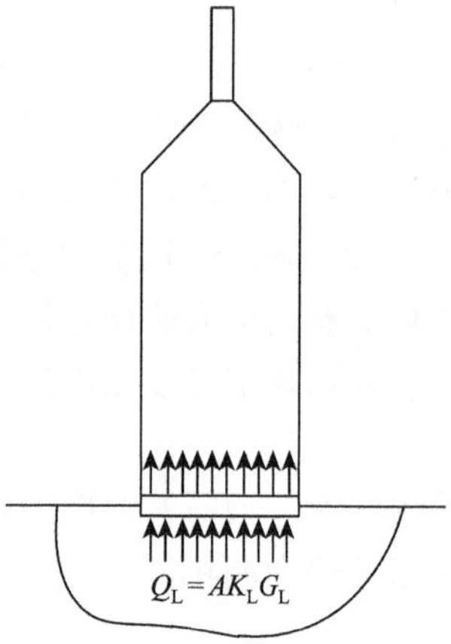

图 1-13　固-液界面处的能量守恒

（2）若不考虑晶体生长的动力学效应，固-液界面就是温度恒为凝固点的等温面，如图 1-13 所示。令此闭合柱面的高度无限地减小，闭合柱面的上下底就无限接近固-液界面。固-液界面的温度恒定（为凝固点），因此闭合柱面内因温度变化而放出的热量 Q_3 为零，故在此闭合柱面必然满足能量守恒方程（1-71）。通常，晶体生长过程中，在闭合柱面内的热源是凝固潜热，若材料的凝固潜热为 L，单位时间内生长的晶体质量为 m，于是单位时间内闭合曲面内产生的热量 Q_1 为

$$Q_1 = Lm \tag{1-72}$$

固-液界面为平面，温度矢量是垂直于此平面的，故

此闭合曲面的柱面上没有热流，热量只沿柱面的上底和下底的法线方向流动，于是净流出此闭合柱面的热量$-Q_2$为

$$-Q_2 = Q_S - Q_L \text{ 或 } -Q_2 = AK_SG_S - AK_LG_L \tag{1-73}$$

式中，A 为晶体的截面面积；K_S、K_L 分别为固相和液相的热传导系数；G_S、G_L 分别为固-液表面处固相中和液相中的温度梯度。

将式（1-72）和式（1-73）代入式（1-71），有

$$Lm = Q_S - Q_L \quad \text{或} \quad Lm = AK_SG_S - AK_LG_L \tag{1-74}$$

式中，Q_S 为单位时间内通过晶体耗散于环境中的热量，这就是热损耗；Q_L 为通过熔体传至固-液界面的热量，是正比于加热功率的。式（1-74）称为固-液界面处的能量守恒方程，适用于任意形状的固-液表面。

3）晶体直径控制

晶体生长速率等于单位时间内固-液界面向熔体中推进的距离。在直拉法生长过程中，如果不考虑液面下降速率，则晶体生长速率 u 等于提拉速率 V，于是单位时间内新生长的晶体质量为

$$m = AV\rho_s \tag{1-75}$$

式中，ρ_s 为晶体的密度，将式（1-75）代入式（1-74）可得

$$A = \frac{Q_S - Q_L}{LV\rho_s} \tag{1-76}$$

通常，可以使用四种方式来控制晶体生长过程中的直径，即控制加热功率、调节热损耗、利用佩尔捷效应（Peltier effect）和控制提拉速率。下面分别做简要介绍。

（1）控制加热功率。由于式（1-76）中的 Q_L 正比于加热功率，若提拉速率及热损耗 Q_S 不变，调节加热功率可以改变所生长的晶体截面面积 A，即改变晶体的直径。由式（1-76）可以看出，增加加热功率，Q_L 增加，晶体截面面积减小，相应地晶体变细；反之，减小加热功率，晶体变粗。例如，在晶体生长过程中的放肩阶段，希望晶体直径不断长大，因此要不断降低加热功率；又如，在收尾阶段，希望晶体直径逐渐变细，最后与熔体断开，则往往提高加热功率。同样，在等径生长阶段，为了保持晶体直径不变，应不断调整加热功率，弥补热损耗 Q_S。

（2）调节热损耗 Q_S。通过调节热损耗 Q_S 的方法也能控制晶体直径。图 1-14 给出了生长铌酸锶钡（BSN）单晶装置。氧气通过石英喷嘴流过晶体，调节氧气流量，可以控制晶体的热量损耗，从而控制晶体的直径。使用这种方法控制氧化物晶体生长直径时，还有两个突出的优点：降低了环境温度，增加了热交换系数，从而增加了晶体直径的惯性，使等径生长过程易于控制；晶体在富氧环境中生长，可以减少氧化物晶体因氧缺乏而产生的晶体缺陷。

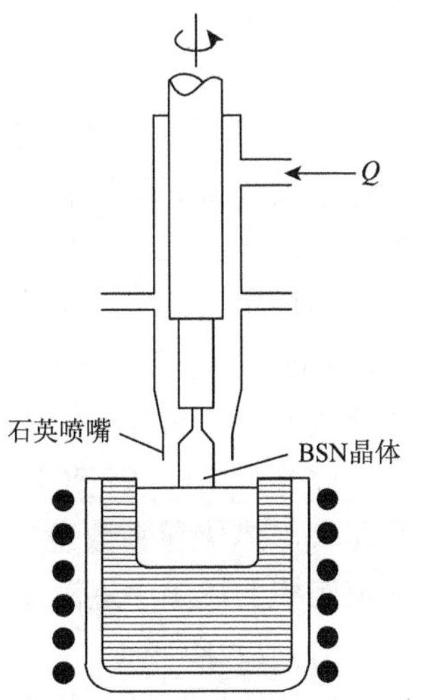

图 1-14　生长铌酸锶钡单晶装置

（3）利用佩尔捷效应。利用气流控制晶体直径的佩尔捷效应是与热电偶的温差电效应相反的效应。由于在固-液

界面处存在接触电位差，当电流由熔体流向晶体时，电子被接触电位差产生的电场加速，固-液界面处有附加的热量放出（对通常的焦耳热来说是附加的），即佩尔捷致热。同样，当电流由晶体流向熔体时，固-液界面处将吸收热量，这就是佩尔捷致冷。若考虑固-液界面处的佩尔捷效应，则在界面处所作的闭合圆柱内，单位时间内产生的热量 Q_1 为

$$Q_1 = Lm \pm q_i A \tag{1-77}$$

式中，q_i 为佩尔捷效应固-液面的单位面积上单位时间内所产生的热量。用式（1-77）代替式（1-72），可以得到

$$A = \frac{Q_S - Q_L}{LV\rho_s \pm q_i} \tag{1-78}$$

可见，当保持加热功率、热损耗和提拉速率不变时，调节佩尔捷致冷（$-q_i$）或佩尔捷致热（$+q_i$）都能控制晶体直径。

佩尔捷致冷已用于直拉法制备锗单晶生长的放肩阶段，佩尔捷致热已用于等径生长中的“缩颈”和“收尾”阶段。在锗单晶长为 1～2cm 时，直径偏差小于±0.1%，并且利用该效应还能自动地消除固-液界面处的温度起伏。

（4）控制提拉速率。由式（1-76）可以看出，在加热功率和热损耗不变的条件下，提拉速率越快则直径越小。原则上可以用调节提拉速率来保证晶体的等径生长，但提拉速率的变化将引起溶质的瞬态分凝，从而影响晶体质量，故通常晶体生长实践中不采用调节提拉速率的方法来控制晶体直径。

4）晶体的极限生长速率

将式（1-75）代入式（1-74）中，有

$$V = \frac{K_S G_S - K_L G_L}{\rho_s L} = u \tag{1-79}$$

可以看出，当晶体中温度梯度 G_S 恒定时，熔体中的温度梯度 G_L 越小，晶体生长速率越大，当 $G_L = 0$ 时，晶体的生长速率达到最大值，故有

$$u_{max} = \frac{K_S G_S}{\rho_s L} \tag{1-80}$$

若 G_L 为负值，生长速率更大，此时熔体为过冷体，固-液界面的稳定性遭到破坏，晶体生长变得无法控制。由式（1-80）还可以看到，最大生长速率取决于晶体中温度梯度的大小，因此稳定晶体中温度梯度是可以提高晶体生长速率的，但是晶体太大也将引起过高的热应力，引起位错密度增加，甚至引起晶体的开裂。

Runyan 进一步考虑了晶体侧面辐射损耗，从而估计了硅单晶的极限生长速率。其理论估计值为 2.96cm/min，而实验测绘单晶体的极限生长速率为 2.53cm/min，两者大体吻合。

此外，由式（1-80）可知，晶体的极限生长速率还与晶体热传导系数 K_S 成正比。一般而言，热传导系数是按金属、半导体、氧化物晶体的顺序减小的，因而其极限生长速率也应按上述顺序逐渐减小。

5）放肩阶段

在晶体生长处于放肩阶段时，维持提拉速率不变，晶体直径一般呈非均匀增大趋势，这个过程仍然可以用能量守恒来说明，如图 1-15 所示。

由式（1-74）知道，热损耗 Q_S 是单位时间内通过晶体耗散于环境中的热量，在放肩过程中，Q_S 的一部分沿着提拉轴散于水冷籽晶中，近似为常数 B_1，Q_S 的另一部分通过肩部的圆锥面耗散，正比于圆锥面积。由初等几何可知，圆锥面积 $\pi r \times r/\sin\theta$，其中 θ 为放肩角，则有

$$Q_S = B_1 + B_2 r^2 \tag{1-81a}$$

由于 $Q_L = AK_L G_L$，当 G_L 不变时，则有

$$Q_L = B_3 r^2 \tag{1-81b}$$

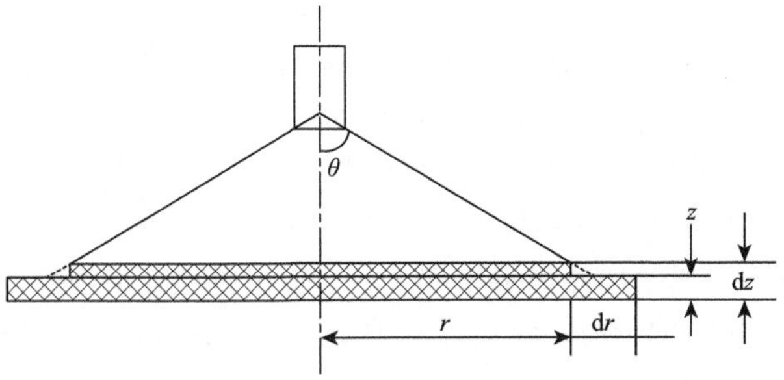

图 1-15　放肩阶段

放肩阶段，在 dt 时间内凝固的晶体质量为

$$\mathrm{d}m = (\pi r^2 \mathrm{d}z + 2\pi r \mathrm{d}r \cdot z)\rho \tag{1-82}$$

式中，第一项是半径为 r、高为 dz 的圆柱体积；第二项是指内径为 r、宽为 dr 的圆锥环的体积；z 为圆锥环的等效厚度，假设 z 与提拉速率 dz/dt 无关，则

$$m = \frac{\mathrm{d}m}{\mathrm{d}t} = \pi r^2 u\rho + 2\pi r\frac{\mathrm{d}r}{\mathrm{d}t}\cdot z\rho \tag{1-83}$$

将式（1-81a）、式（1-81b）和式（1-83）代入式（1-74）中，整理得

$$r\cdot\frac{\mathrm{d}r}{\mathrm{d}t} = B_4 r^2 + B_5 \tag{1-84}$$

相应的解为

$$r^2 = B_6 \exp(2B_4 t)\cdot B_5 / B_4 \tag{1-85}$$

可以看出，在提拉速率和熔体中温度梯度不变的情况下，肩部面积随时间按指数规律增加。其物理原因在于，随着肩部面积增加，热量耗散容易，而热量耗散容易促进晶体直径增加。因此，在晶体直径达到预定尺寸前要考虑肩部自发增长的倾向，提前采取措施，才能得到理想形状的晶体，否则一旦晶体直径超过了预定尺寸，熔体温度过高，在收肩过程中就会容易出现“葫芦”。

6）晶体旋转对直径的影响

晶体旋转能搅拌熔体，有利于熔体中溶质混合均匀，同时增加了熔体中温场相对于晶体的对称性，即使在不对称的温场中也能生长出几何形状对称的晶体，晶体旋转还能改变熔体中的温场，因此可以通过晶体旋转来控制固-液界面的形状。

从能量守恒来分析，若晶体以角速率 ω 旋转，固-液界面为平面，后面邻近的熔体因

黏滞力作用被带动旋转，流体在离心力作用下被甩出去，则界面下部的流体将沿轴向流向界面填补空隙，类似于一台离心抽水机。由于直拉法生长中熔体内的温度梯度矢量是向下的，离开界面越远，温度越高，晶体旋转引起液流总是携带了较多的热量，而且晶体转速越快，流向界面的液流量越大，传递到界面处的热量越多，即 Q_L 越大，晶体直径越小。

从上述分析可以看出，改变晶体转速可以调节晶体的直径。

1.2.2　定向凝固法

布里奇曼（Bridgman）于 1925 年首先提出通过控制过冷度定向凝固以获得单晶的方法。1949 年，斯托克巴杰（Stockbarger）进一步发展了这种方法，故这种生长单晶的方法又称为 Bridgman-Stockbarger 方法，简称 B-S 方法。

定向凝固法的构思是在一个温度梯度场内生长晶体，在单一固-液界面上形核。待结晶的材料通常放在一个圆柱形的坩埚内（图 1-16（a）和（b）），使坩埚下降通过一个温度梯度（图 1-16（h）），或使加热器沿坩埚上升。很多时候，把坩埚固定在一个能产生近似线性梯度的温度剖面的炉子内，然后冷却炉子（图 1-16（i））。通常在炉内出现的一段温度梯度（图 1-16（j）中的 $a\sim b$ 段）可能对于借冷却而生长晶体是足够线性的。无论坩埚下降还是加热器上升，均使垂直于坩埚轴的等温线足够缓慢地移过坩埚，以便使熔体界面随之移动。通常，整个坩埚内起初是熔融态的，首先形核的是几个微晶。使这些微晶之一控制固-液界面所采用的各种方法如下所述。

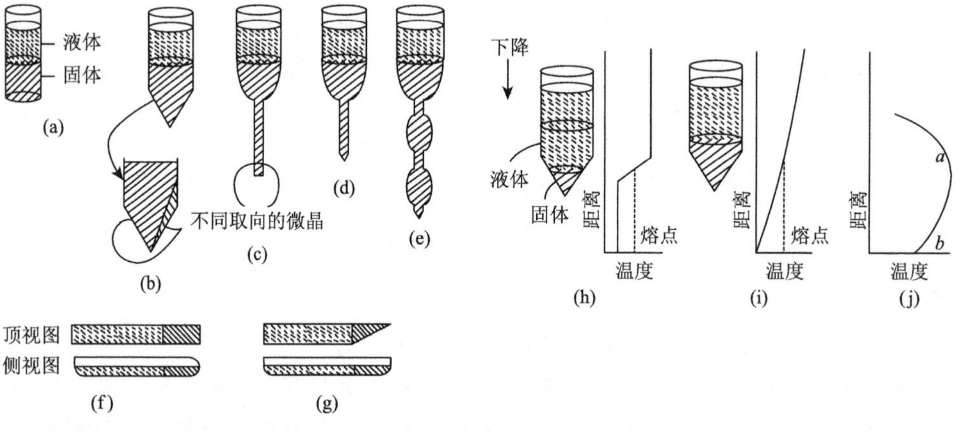

图 1-16　定向凝固法中使用的各种结构

（1）坩埚的端部是圆锥形的（图 1-16（b）），因此一开始只有少量的熔体过冷。这样只形成一个晶粒（或者最差的情况也只有几个）。如果一个晶核的取向合适，它将“一统”该生长界面。

（2）坩埚的端部是毛细管状的（图 1-16（c）），一开始只有很少的熔体过冷。如果形成几个微晶，生长界面通过毛细管时，有较多的机会使一个微晶一统界面。

（3）坩埚的端部是圆锥形的（图 1-16（d）），圆锥区通过一毛细管和坩埚主体连接起来。这种方法具有方法（1）和（2）的优点。

（4）坩埚的端部是圆锥形的（图 1-16（e）），圆锥区张开呈喇叭状。喇叭区通过毛细管和坩埚主体连接起来；或者它和另一喇叭区相连，而此喇叭区再和坩埚主体通过毛细管连接。也有研究者认为是许多球泡-毛细管组一级级串联在坩埚主体上。这种装置促使在一个很小的体积内（圆锥形端部）发生初始形核，并且有利于从小球泡内选择一块单晶区作为在毛细管内生长的籽晶。显而易见，图 1-16（a）～（e）的几何条件适于在敞口的料舟中生长晶体（图 1-16（f）和（g））。这时，炉子的轴是水平的不是垂直的。一个单晶是否在界面上占据优势，将取决于首先形核的微晶初始取向和这些微晶之间的晶粒间界的取向。这些因素在实际的定向凝固生长中没有详细地研究过，因为几乎总有可能凭经验寻找坩埚的几何形状、温度梯度和下降速率（或冷却速率），以便在坩埚内产生单晶或至少产生大的单晶区。不过很显然，这种生长法中的形核可能是在坩埚壁上的非均匀形核，所以非均匀形核理论有助于估计晶核取向。同样，关于取向函数的晶粒晶界能理论可以帮助预计单个晶粒是否能够一统界面。当然，在定向凝固生长中有意识地放置籽晶是可能的，只要把一枚呈单晶体的籽晶放在坩埚端部并且安排温度剖面不使籽晶熔化即可。但是，这在实验上往往很麻烦。因为在通常的定向凝固法生长的设备中，温度既不是已知的，也没有控制到这种程度；还因为坩埚材料和炉体材料一样都是不透明的，所以不可能用肉眼观测。

定向凝固法中常遇到的困难是沿坩埚的温度梯度太小，熔体在形核前必然明显地过冷，如果熔体足够过冷，温度梯度又相当小，往往在第一凝固体形核前整个试样均在熔点以下，在这样的条件下形核时，穿过剩余熔体的生长很快，使得小晶体或不完整的多晶体成为不可避免的产物。大的温度梯度保证整个试样尚未处在熔点以下之前即开始初始形核。这样，当熔点等温线穿过试样时，生长在可控的条件下进行。

1. 定向凝固法生长单晶的设备

定向凝固通常需要：①特定结构的坩埚；②温度梯度护体；③程序控温设备；④坩埚传动设备。图 1-16（a）～（e）形状的坩埚可以生长具有中等挥发性的化合物单晶，能够控制生长气氛，一般要求坩埚不能与熔体发生反应。因此，用于制作坩埚的材料通常是派热克斯（Pyrex）玻璃、维克（Vycor）玻璃、石英玻璃、氧化铝、贵金属或石墨等材料。其中，石英玻璃的软化点约为 1200℃，用于低熔点晶体生长毫无问题，而石墨在非氧化气氛中使用温度为 2500℃。

定向凝固法常用的炉温梯度有两类，如图 1-16（h）、（i）、（j）所示。其中图（i）是借助冷却整个炉子使温度梯度通过坩埚的情形；图 1-16（j）为用电阻丝绕制，线路均匀隔开的情形，这种结构可以保证最热区位于炉子中心，a～b 区附近的为线性梯度，坩埚穿过炉子时通过两个等温区，等温区之间有一温度梯度，这样就可以做到在生长后晶体退火而不致由于过大的温度梯度引起大的热应变。

2. 定向凝固法的应用

最常采用定向凝固法生长的三类材料是金属、半晶体和卤化物以及碱土卤化物。生产中最大量应用的是生长卤化物及碱土卤化物。Bridgman 的首篇报道（1925 年）即是关于金属铋的。在该技术的早期，研究者的兴趣都集中在金属上。1936 年，Stockbarger 生长了 LiF 和 CaF_2。他首创的定向凝固法为大量生产光学卤化物晶体奠定了基础。激光器的出现迫切需要光学级的卤化物晶体，而且需要光散射极低的掺稀土的卤化物。Guggenheim 研究出减小氟化物散射和有控制地掺入确定的氧化态稀土的技术。半导体晶体可用改进的水平舟式定向凝固技术制备，很多有机材料用改型料舟和常规技术制备。

1）金属和半导体

Bi 的熔点约为 271℃，可以在 4mm/h 或 60cm/h 的速率下生长。相应的定向凝固工艺步骤如下。

（1）确定坩埚内的温度分布，建立炉内的温度梯度。

（2）确定界面移动的速率，即坩埚下降速率或冷却速率。

（3）确定晶体生长的取向，使用籽晶时还要说明籽晶的取向。

（4）确定原料纯度，生长晶体化学组成及其杂质含量。

（5）确定坩埚材料、控温精度等因素。

利用定向凝固技术同样可以生产熔点较高的金属晶体，图 1-17 为一种在真空中生长高熔点金属铜单晶的设备。炉内温度梯度为 1.2℃/mm，坩埚下降速率为 3.3cm/15min，铜料纯度为 99.999%，石墨纯度大于 99.75%，可生长出 9.5mm×3.2mm×88.5mm 的单晶，对单晶的测定结果证实，样品为完整性较好的单晶。

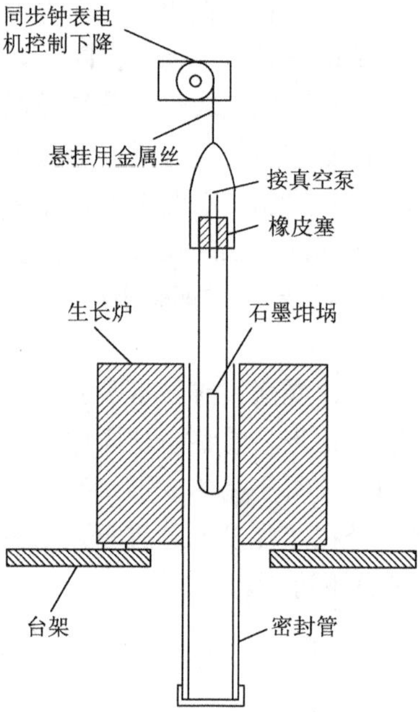

图 1-17　铜的定向凝固生长

采用图 1-17 所示的设备，同样可以制备 PbS、PbSe 和 PbTe 单晶，在 133.3Pa 下的 As 气体中，还可以生长 GaAs 单晶。

硒镓银（$AgGaSe_2$）晶体是一种具有优异的红外非线性光学性能的 I-III-VI族三元化合物半导体，黄铜矿结构，常温下呈深灰色，红外透明范围为 0.73～21μm。$AgGaSe_2$ 晶体具有吸收小、非线性系数大、适宜的双折射等特点，可用于制作倍频、混频和宽带可调谐红外参量振荡器等。在 3～18μm 红外范围提供多种频率的光源，而且在相当宽的范围内连续可调。它在激光通信、激光制导、激光化学和环境科学等方面有广泛用途。

$AgGaSe_2$ 单晶体采用改进的 B-S 方法生长，生长装置及其温度场分布如图 1-18 所示。图 1-18（a）是一台竖直两温区坩埚旋转下降单晶生长炉，该生长炉上、下两个温区分别用一组炉丝加热，两区域中间的间隙可调。实验中通过调整上、下两区域的温度差以及中间间隙的高度，可控制中间结晶区域的温度梯度。采用精密数字温控仪可以进行控温程序设计。

将 $AgGaSe_2$ 多晶粉末装入经镀碳处理的石英生长安瓿内，抽真空封结后放入生长炉内，缓慢升温至 950～1050℃，开启旋转系统，保温后开始下降，生长中保持固-液界面附近

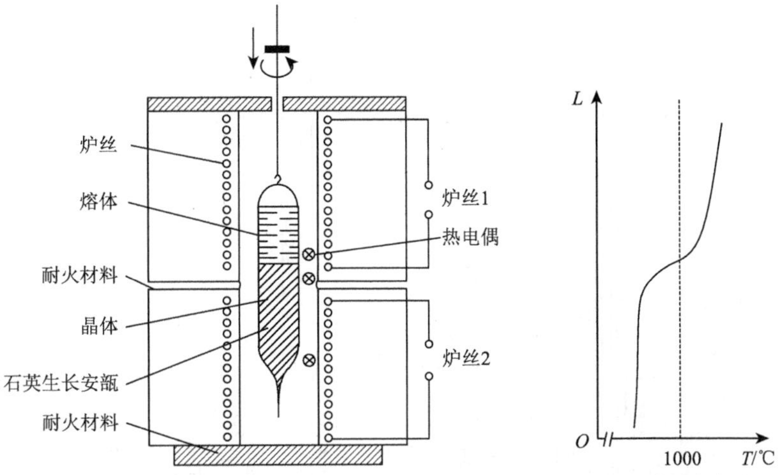

(a) 生长炉示意图 (b) 温度场分布图

图 1-18 $AgGaSe_2$ 晶体生长装置及其温度场分布图

的温度梯度为30～40℃/cm，下降的速率为0.5～1.0mm/h。经过大约两周时间，便可以生长出外观完整的 $AgGaSe_2$ 单晶锭。

2）非金属

定向凝固法还常用于生长低熔点非金属，如 Cr、Mn、Co、Ni、Zn、Tb 以及 Ca 等元素的氟化物。为了制备优质的 CaF_2，需防止 CaO 生成，原料要干燥，避免表面氧化，通常使用 HF 处理 $CaCl_2$，反应式如下：

$$CaCl_2 + 2HF \longrightarrow CaF_2 + 2HCl \tag{1-86}$$

为了防止过冷，对于 CaF_2，温度梯度至少为7℃/cm，LaF 温度梯度至少为30℃/cm，坩埚下降速率一般为1～5mm/h，图1-19给出了定向凝固生长 CaF_2 的一种典型设备。

3. 单晶高温合金的生长

单晶高温合金一般采用定向凝固法制备，而定向凝固法又可分为选晶法（自生籽晶法）和籽晶法。选晶法的原理是具有狭窄截面的选晶器只允许一个晶粒长出它的顶部，然后这个晶粒长满整个铸型腔，从而得到整体只有一个晶粒的单晶部件，图1-20是几种常用的选晶器。选晶法有许多缺陷，如只能控制铸件的纵向取向在〈001〉方向的15°之内，不能控制横向取向，制备模壳比较困难等。籽晶法如图1-21所示。材料和与铸造部件相同的籽晶安放在模壳的最下端，它是金属和水冷却铜板接触的唯一部分，具有一定过热的熔融金属液在籽晶的上部流过，使籽晶部分熔化，避免籽晶表面不连续或加工后残余应力引发的再结晶所造成的等轴形核。同时，过热熔融金属的热量将模壳温度升高到合金熔点以上，防止在模壳上形成新的晶粒。然后在具有一定温度梯度的炉子中抽拉模壳，金属熔液就在剩余的籽晶上发生外延生长，凝固成三维取向和籽晶相同的单晶体。可见，籽晶法克服了选晶法的诸多缺陷。

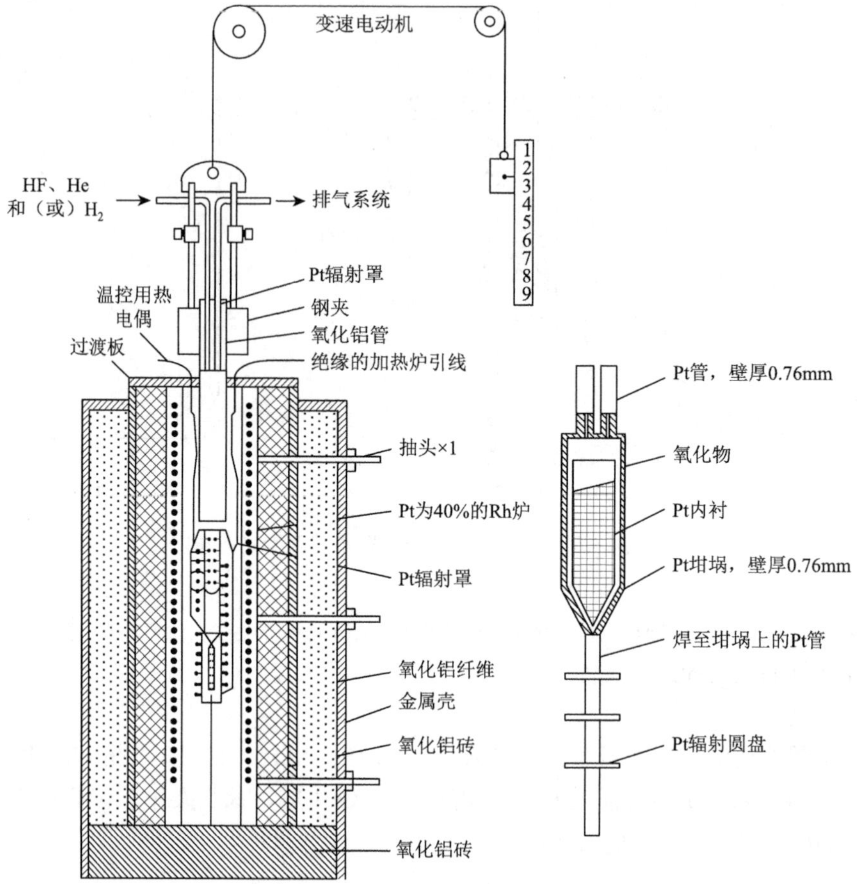

图 1-19　CaF_2的定向凝固生长设备

为了提高单晶高温合金的综合性能，提高铸件的生产率和合格率，要尽可能提高定向凝固法炉内的温度梯度。采用热等静压（hot isostatic pressing，HIP）可以压合铸件中的显微疏松，提高材料的致密度，减少裂纹源，提高材料的蠕变和疲劳性能。

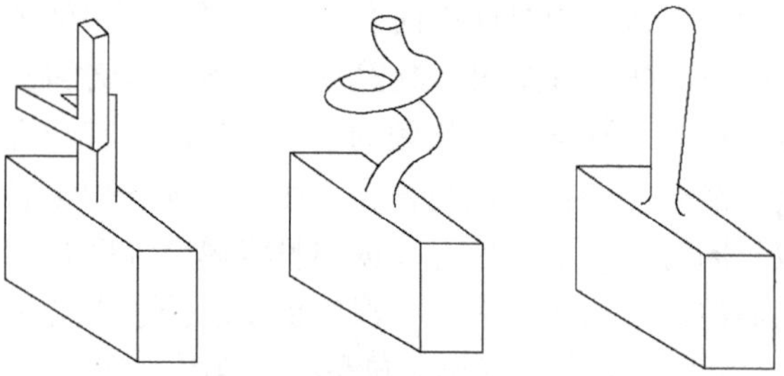

图 1-20　几种典型的选晶器

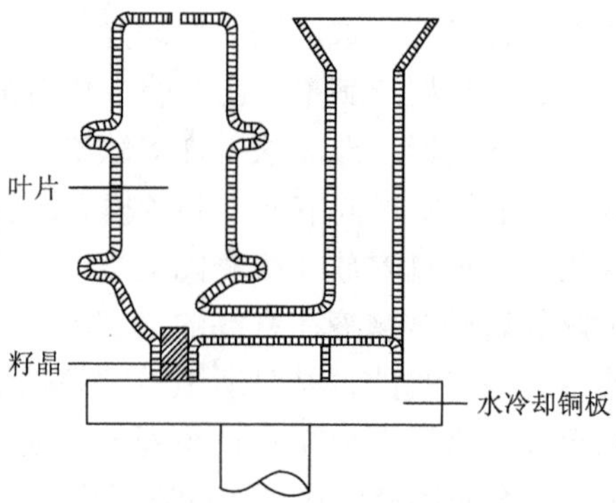

图 1-21　籽晶法制备单晶高温合金叶片

1.2.3　提拉法

从熔体中提拉晶体的技术也称为丘克拉斯基（Czochralski）技术，是一种常见的晶体生长方法，可以在较短时间内生长大而无位错的晶体。晶体生长前，使生长的材料在坩埚中熔化，然后将籽晶浸到熔体中，缓慢向上提拉，同时旋转籽晶，即可以逐渐生长单晶。其中，旋转籽晶的目的是获取热对称性。为了生长高质量的晶体，提拉和旋转的速率要平稳，熔体的温度要精确控制。晶体的直径取决于熔体的温度和提拉速率，减小功率和降低提拉速率时，晶体的直径增加。图 1-22 是提拉法示意图，提拉法生长晶体必须注意如下几点。

（1）晶体熔化过程中不能分解，否则会引起反应物和分解物分别结晶。

（2）晶体不得与坩埚或周围气氛反应。

（3）炉子及加热元件的使用温度要高于晶体熔点。

（4）确定适当的提拉速率和温度梯度。

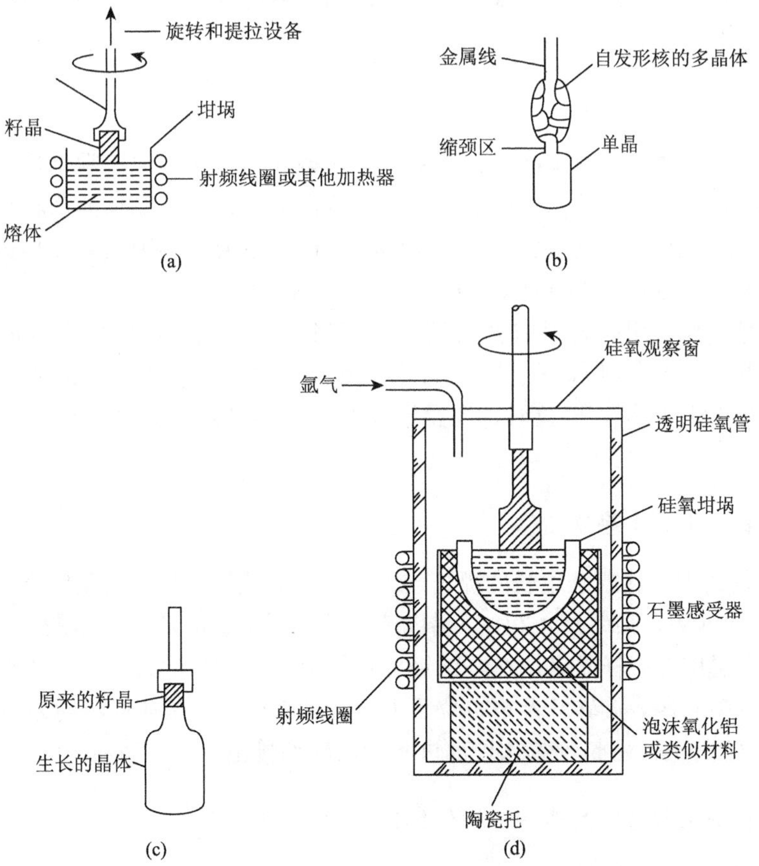

图 1-22　提拉法示意图

1. 提拉法工艺设备

提拉法一般需要加热、控温及产生温度梯度的设备、盛放熔体的设备、支撑旋转和提拉的设备、气氛控制设备。

1）射频加热源

射频加热源要求熔体或坩埚导电性良好，与射频场耦合，常用频率为450kHz，功率为5～10kW，甚至20kW。对于绝缘体可用高频加热，频率为3～5MHz。

2）射频加热温度控制

将热电偶置于坩埚附近与坩埚里面，利用热电偶的热电势控制发生的功率。或者采用能在射频线圈中保持恒定功率的电路，使恒定功率电路对线圈电压的变化进行补偿。

3）温度梯度设计

将铜管做成工作线圈，绕成一个间隔均匀的圆柱体。有时将特定形状的线圈引入加热器中，以产生温度梯度，线圈中通入循环水。

4）提拉设计

要求提供恒定的均匀上升运动和无振动的搅拌，提拉速率要与晶体生长速率匹配，生长速率一般为每小时几厘米，搅拌速率通常为每分钟几转到几百转，对难结晶的材料要采用较慢的提拉速率。

2. 晶体生长的一般原则

提拉法的要求之一就是平衡提拉速率和加热条件，从而实现正常生长。在籽晶附近沿坩埚向上的温度梯度和垂直于生长界面的温度梯度，在确定晶体的形状和完整性方面是有重要意义的。通常，垂直于生长界面的温度梯度主要控制因素有加热器结构、热量向环境的释放、坩埚内熔体的温度、提拉速率和熔化潜热。

为了开始生长，引入籽晶时要使熔体温度略高于熔点，从而熔去少量籽晶以保证在清洁表面开始生长，即保证能均匀地外延生长。对于蒸气压低的晶体，可以用 He、Ar、H_2、N_2 等保护气氛。提拉时，还要设计适当的冷却速率，避免冷却太快引起晶体应变。

3. 用提拉法生长半导体晶体

图 1-22 是适用于锗或硅生长的提拉装置。炉子的能量由加热石墨感受器的振荡器提供，其功率为10kW，频率为450Hz，借助流过熔融石英管的流动气体来控制气氛。石英管密封于水冷铜片内，籽晶夹持在不锈钢旋转杆上，旋转杆通过一个受压缩的聚四氟乙烯 O 型圈进入生长腔，旋转杆及电机位于上方的升降台上。熔体体积约为100cm^3，晶体生长速率为10^{-2}cm/s。生长气氛从顶部进入，由底部排出。

4. 用提拉法生长光学晶体——掺钕钇铝石榴石（Nd:YAG）

Nd:YAG 晶体是制作中小型固体激光器的主要材料，它具有阈值低、效率高、性能稳定的特点，用其制作的激光器广泛应用于军事、工业、医学和科研领域。

Nd:YAG 晶体采用熔体提拉法生长，其生长装置如图 1-23 所示。采用 200kHz 的高频感应加热，射频感应圈为矩形紫铜管绕成的双层圈，内圈比外圈高出一圈，坩埚盖的高度处于第一圈和第二圈之间，可以使生长界面附近有较大的温度梯度。生长过程中晶体的提拉速率为 1.2～1.6mm/h，晶体转速为 40～50r/min，较低的提拉速率有助于改善晶体质量。采用大直径、小高度的铱坩埚可以减小液面下降引起的生长条件变化，减小对流引起的温度波动，并增加温度梯度，减小坩埚对熔体的污染。掺钕一般认为 5%（质量分数）合适。

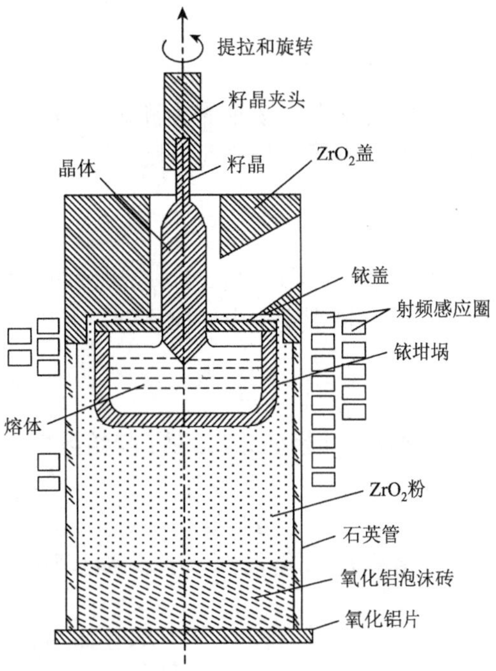

图 1-23　Nd:YAG 生长装置示意图

1.2.4　区域熔化技术

1952 年，区域熔化技术用于提纯，此后，有人采用区域熔化技术来生长晶体，即在多晶-单晶转化时可以考虑使用区域熔化技术，这里区域熔化的目的是在生长界面附近产生一个温度梯度，从而生长单晶体，图 1-24 是区域熔化的各种结构。

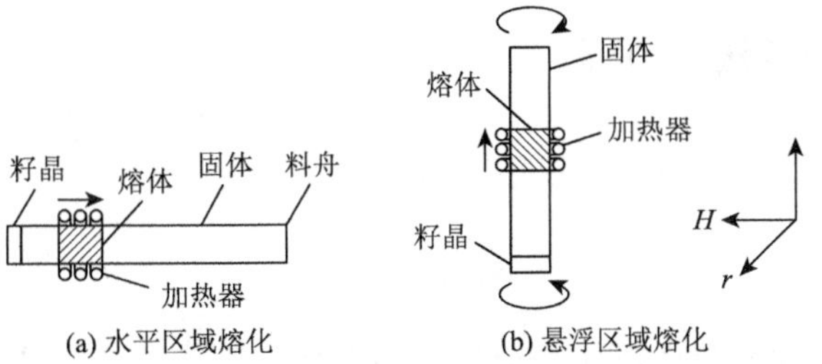

图 1-24　区域熔化的结构示意图

1. 水平区域熔化

熔化区由左向右，籽晶置于料舟最左端，籽晶须先部分熔化，然后向右推移，热源可以是熔体、料舟或受感器耦合射频加热，生长中，容器必须与熔体相接，熔体和料舟不起反应，如图 1-24（a）所示。

2. 悬浮区域熔化

该方法于 1953 年由 Keck 和 Golay 提出，当时是为了提纯硅，借助表面张力支持试样的熔化液区，试样轴是垂直的。其特征是无坩埚，不存在试样污染问题，如图 1-24（b）所示。

3. 熔区稳定条件

设作用力只有表面张力和重力场，熔体和固体完全浸润，熔体体积变化不大，界面垂直于试样和重力场平面，则有

$$\lambda = l\sqrt{\frac{dg}{\sigma}} \tag{1-87}$$

式中，λ 为与熔区最大长度 l 成比例的参数；d 为液体宽度；σ 为表面张力；g 为重力加速度。由于料棒密度与半径成比例，有

$$\rho = r\sqrt{\frac{dg}{\sigma}} \tag{1-88}$$

当 r 增加时，λ 接近 2.7。为了使熔区稳定，设 $l \approx r$，要求

$$l = \frac{1}{2.7} \cdot \frac{\sigma}{dg} \tag{1-89}$$

若 σ/d 足够大，l 将很大，足以使悬浮区熔化实现。

1.3　气-固平衡的晶体生长

在晶体生长的方法中，从气相中生长单晶材料是最基本和常用的方法之一。因为这种方法包含大量变量，生长过程较难控制，所以用气相法来生长大块单晶通常仅适用于那些难以从液相或熔体中生长的材料，如Ⅱ-Ⅵ族化合物和碳化硅等。

1.3.1　气相生长的方法和原理

气相生长的方法大致可以分为以下三类。

1. 升华法

升华法是将固体在高温区升华，蒸气在温度梯度的作用下向低温区输运结晶的一种生长晶体的方法。有些材料具有图 1-25 所示的关系，在常压或低压下，只要温度改变就能使它们直接从固相或液相变成气相，此即升华，且还能还原成固相。一些硫化物和卤化物，如 CdS、ZnS 和 CdI_2、HgI_2 等，可以采用这种方法生长。

2. 蒸气输运法

蒸气输运法是在一定的环境（如真空）下，利用运载气体生长晶体的方法，通常用卤族元素来帮助源的挥发和原料的输运，可以促进晶体的生长。有人在极低的氯气压力下观察钨丝，钨从较冷的一端转移到较热的一端上。又如，当有 WCl_6 存在时，用电阻加热直径不均匀的钨丝时，钨丝直径会变得均匀，即钨从钨丝较粗的（较冷的）一端输运到较细的（较热的）一端，其反应为

$$W + 3Cl_2 = WCl_6 \tag{1-90}$$

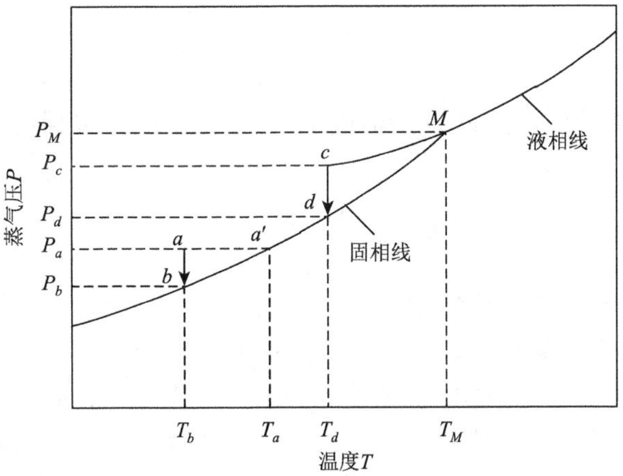

图1-25 从液相或气相凝结成固相的蒸气压-温度关系图

许多硫属化物（如氧化物、硫化物和碲化物）以及某些磷属化物（如氮化物、磷化物、砷化物和锑化物）可以用卤素输运剂从热端输运到冷端，从而生长出适合单晶研究用的小晶体。在上述蒸气输运中，所用到的反应通式为

$$2MX_{固} + I_2 \longleftrightarrow 2MI_{气} + 2X_{气} \tag{1-91}$$

需要指出的是，蒸气输运并不局限于二元化合物，碘输运法也能生长出 $ZnIn_2S_4$、$HgCa_2S_4$ 和 $ZnSiP_2$ 等三元化合物小晶体。

3. 气相反应法

气相反应法是利用气体之间的直接混合反应生成晶体的方法。例如，CaAs 薄膜就是利用气相反应来生成的。目前，气相反应法已发展成工业上生产半导体外延晶体的重要方法之一。

气相生长的原理可概括成：对于某个假设的晶体模型，气相原子或分子运动到晶体表面，在一定条件（压力、温度等）下被晶体吸收，形成稳定的二维晶核。在晶面上产生台阶，再俘获表面上进行扩散的原子，进行台阶运动、蔓延横贯整个表面，晶体便生长一层原子高度，如此循环反复即能生长块状或薄膜状晶体。

1.3.2 气相生长中的输运过程

气相生长中的输运过程是很复杂的，涉及的因素很多，在此只能就一些重要的因素加以讨论。

气相生长中原料的输运主要靠扩散和对流实现，实现对流和扩散的方式虽然较多，但主要还是取决于系统中的温度梯度和蒸气压力或蒸气密度。

假设气相输运中的反应为

$$aA + bB + \cdots \longleftrightarrow gG + hH + \cdots \tag{1-92}$$

其中，G 是希望生成的结晶物，其他反应物是气体。平衡常数为

$$K=\frac{[\mathrm{G}]_{平衡}^{g}+[\mathrm{H}]_{平衡}^{h}+\cdots}{[\mathrm{A}]_{平衡}^{a}+[\mathrm{B}]_{平衡}^{b}+\cdots} \tag{1-93}$$

式中，$[\,]_{平衡}$表示平衡活度。固体 G 的活度可以取为 1，且可以用压力作为气相系统中活度的近似值，所以

$$K\approx\frac{[p_{\mathrm{H}}]_{平衡}^{h}\cdots}{[p_{\mathrm{A}}]_{平衡}^{a}[p_{\mathrm{B}}]_{平衡}^{b}\cdots} \tag{1-94}$$

这里，p_{A}、p_{B}、p_{H}分别是反应物和生成物的平衡压力。通常，希望挥发物的浓度适当高些，以便使物质向生长端输运比较快，这就要求 K 值要小。然而，人们为了生长单晶，常需要在系统的一部分使 G 挥发，而在另一部分让它结晶。为此，常借助温度或反应物浓度的不同而使平衡改变。为使 G 易挥发，希望 A 和 B 的平衡浓度大，这便要求 K 值要小。为了获得一个可逆的反应，要求 K 值应接近 1。这样，由于自由能的变化（驱动力）

$$\Delta G^{\ominus}=-RT\ln K \tag{1-95}$$

有

$$\Delta G=\Delta G^{\ominus}+RT\ln Q \tag{1-96}$$

式中，$Q=[a]_{实际}^{-1}$，$[a]_{实际}$是 A 在过饱和状态下的实际活度。因为压力是活度很好的近似，所以对于气相生长，式（1-95）是成立的。其中，Q 还可以由式（1-97）计算：

$$Q=\frac{[\mathrm{G}]_{实际}^{g}+[\mathrm{H}]_{实际}^{h}\cdots}{[\mathrm{A}]_{实际}^{a}+[\mathrm{B}]_{实际}^{b}\cdots} \tag{1-97}$$

其中，$[\,]_{实际}$表示实际活度，式（1-97）可以近似为

$$Q\approx\frac{[p_{\mathrm{H}}]_{实际}^{h}\cdots}{[p_{\mathrm{A}}]_{实际}^{a}[p_{\mathrm{B}}]_{实际}^{b}\cdots} \tag{1-98}$$

这里，$[p_i]_{实际}$是实际压力。在反应过程中晶体生长的驱动力可表示为

$$\Delta G=-RT\ln\frac{K}{Q} \tag{1-99}$$

式中，K/Q 相当于相对饱和度或过饱和度。如果反应过程中的焓变 $\Delta H>0$（吸热反应），那么可在系统的热区进行挥发而在冷区结晶。如果 $\Delta H<0$，反应自冷区输运至热区。ΔH 的大小决定 K 值随温度的变化，并且决定生长所需的挥发区与生长区之间的温度差。对于小的$|\Delta H|$值，采用大的温差可以得到可观的速度；但是，如果$|\Delta H|$太大，只有用很小的温差才能防止形核过剩，结果使温度控制很困难；如果 K 值相当大，生长反应基本上是不可逆的，输运过程是不可实现的。总体来说，如果满足下列条件，输运过程比较理想。

（1）反应产生的所有化合物都是挥发性的。

（2）有一个在指定温度范围内和所选择的气体种类分压内，所希望的相是唯一稳定的固体产生的化学反应。

（3）自由能的变化接近零，反应容易成为可逆反应，并保证在平衡时反应物和生成物有足够的量；如果反应物和生成物浓度太低，将很难形成材料从原料区到结晶区适当的流量。在通常所用的闭管系统内尤为如此，因为该系统中输运的推动力是扩散和对流，在很多情况下，还伴随有多组分生长的问题，如组分过冷、小晶面效应和枝晶现象。

（4）ΔH 不等于零。这样，在生长区平衡朝着晶体的方向移动，而在蒸发区，由于两

个区域之间的温度差，平衡被倒转。因此，ΔH 决定了温度差 ΔT。ΔT 不可过小，否则温度控制比较困难；但也不能太大，太大虽然有利于输运，但动力学过程将受到阻碍，影响晶体的质量。因此，需要选择一个合适的 ΔT。

（5）控制形核，要求有在合理的时间内足以长成优质晶体的快速动力学条件。适当选择输运剂，输运剂与输运元素的分压应与化合物所需理想配比接近。

在气相系统中，通过可逆反应生长时输运可以分为三阶段。

（1）在原料固体上的复相反应。

（2）气体中挥发物质的输运。

（3）在晶体形成处的复相逆向反应。

气体输运过程因其内部压力不同而主要有三种可能的方式。

（1）当压力小于 10^2Pa 时，气相中原子的平均自由程接近或者大于典型设备的尺寸，那么原子或分子的碰撞可以忽略不计，输运速度主要取决于原子的速度，根据气体分子运动论，原子的速度为

$$v = \sqrt{\frac{3RT}{M}} \tag{1-100}$$

式中，v 为方均根速度；R 为气体常数；T 为热力学温度；M 为分子量。

输运过程可以是限制速度的，实现这种情况的理想方案可以采用图 1-26 所示的方式。在低气压可假定气体遵从理想气体定律，因此输运速度 $\tilde{R}$（以每秒通过单位管截面上的原子数计算）由下式给出：

$$\tilde{R} = \frac{pv}{RT} \tag{1-101}$$

式中，p 为压力。把式（1-100）代入式（1-101）可得

$$\tilde{R} = p\sqrt{\frac{3}{RTM}} \tag{1-102}$$

式（1-102）可以用来产生晶体生长的准直分子束。

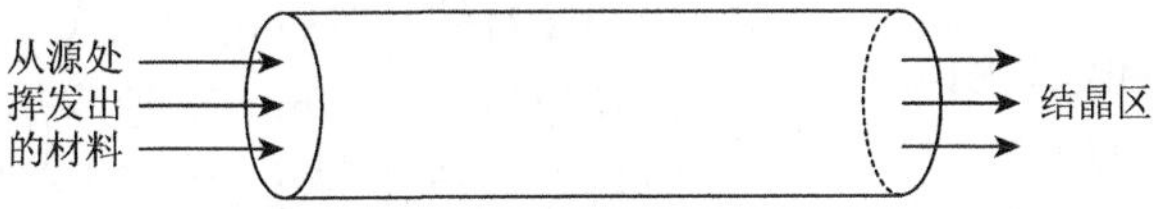

图 1-26　输运限制速度的晶体生长示意图

（2）如果在 10^2～3×10^5Pa 的压力范围内操作，分子运动主要由扩散决定，菲克（Fick）定律可描述这种情况。若浓度梯度不变，扩散系数随总压力的增加而减小。

（3）当压力大于 3×10^5Pa 时，热对流对确定气体运动极其重要。正如谢菲尔指出的，由扩散控制的输运过程到对流控制的输运过程的转变范围常常取决于设备的结构细节。

在大多数实际气相晶体生长中，输运过程由扩散机制决定，而输运过程又限制生长速率。因此，若假定输运采用扩散形式，并且和实际的输运速度进行比较，那么计算得到的输运速度常用来检验一个系统的行为是否正确。

1.3.3　碘化汞单晶体的生长

碘化汞（α-HgI_2）晶体是 20 世纪 70 年代初发展起来的一种性能优异的室温核辐射探测器材料，它具备组元原子序数高、禁带宽度大、体电阻大、暗电流小、击穿电压高和密度大的特点，具有优良的电子输运特性，在室温下对 X 射线和 γ 射线的探测效率高于 Si、Ge 和 CdTe，能量分辨率优于 CdTe，是制造室温核辐射探测器的极好材料。HgI_2 晶体在 127℃时存在一个可逆的破坏性相变点，127℃以上为黄色正交结构（β-HgI_2）。β-HgI_2 晶体不具有探测器材料的性质。

α-HgI_2 晶体可以采用溶液法和气相法生长。HgI_2 在常温下不溶于水，但溶于某些有机溶剂，如二甲亚砜和四氢呋喃。因此，可以用温差法或蒸发法生长单晶，但生长的单晶尺寸小，易含有溶剂夹杂物，电子输运特性较差，不适合用来制作探测器件。通常采用气相生长法来生长 α-HgI_2 单晶体，可分为动态和静态升华法、强迫流动法、温度振荡法和气相定点形核法四种。气相定点形核法是我国自行研制出的一种碘化汞单晶体生长方法，它具有设备简单、易于操作、便于形核和稳定生长、长出的晶体应力小、容易获得完整性好的适用于探测器制作的优质 HgI_2 单晶体等特点。

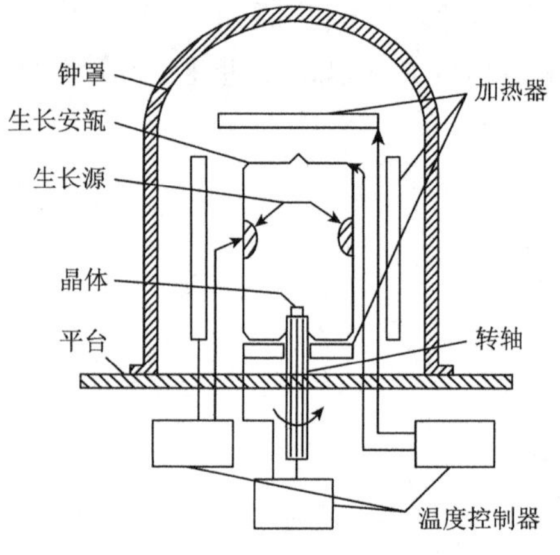

图 1-27　碘化汞气相定点形核法生长装置示意图

气相定点形核法生长装置如图 1-27 所示，由生长安瓿、加热器和温度控制器等组成。加热器由罩在生长安瓿周围的纵向加热器和设置在生长安瓿底部的横向加热器组成，各自与一台数字精密温度控制器相连，可按要求调节形成一个纵向和横向的温度分布。生长安瓿底部中心有一个基座，支撑在一个导热良好的金属转轴上，转轴由电动机带动旋转。整个系统用钟罩罩住，构成一台立式炉。

生长晶体时，先将 200～300g 纯化后的 HgI_2 原料装入 ϕ20×25cm 玻璃生长安瓿中，抽真空至 10^{-3}Pa 封结，然后置于立式生长炉中的转轴上，生长安瓿以 3～5r/min 的速率旋转。开启加热器，将原料蒸发到生长安瓿的侧壁上稳定聚集。缓慢降低生长安瓿底部温度，至基座中心温度接近晶体生长温度 $T_c = 112$℃，保持源与基座表面之间 2～5℃的温差以利于蒸气分子的扩散。当碘化汞分子运动到基座上温度最低点时，自发形成一个 c 轴平行于基座表面的红色条状晶核。逐渐有规律地降低生长安瓿底部温度或升高源的温度，晶体便继续长大。用这种方法可以生长出几百克的 HgI_2 单晶体。

1.3.4　气相晶体生长的质量

对于气相生长，如果系统的温场设计比较合理，生长条件掌握得比较好，仪器控制比较灵敏精确，长出的晶体质量将很好，外形比较完美，内部缺陷也比较少，是制作器件的良好材料。但是如果生长条件选择不合适，温场设计不理想等，生长出的晶体就不完美，内部缺陷如位错、枝晶、裂纹等就会增多，甚至长不成单晶而是多晶。因此，严格选择和控制生长条件是气相生长晶体的关键。

思　考　题

1-1. 简述再结晶驱动力研究对单晶体制备工艺的理论意义和应用价值。

1-2. 试推导气相和熔体生长系统的相变驱动力。

1-3. 简述 Walff 定理的基本内容。

1-4. 试说明布里奇曼-斯托克定向凝固法生长晶体的基本思想。

1-5. 试说明直拉法生长晶体过程中晶体直径的主要控制因素。

1-6. 简述气相生长的原理和方法。

参 考 文 献

曹茂盛. 2005. 材料合成与制备方法. 哈尔滨：哈尔滨工业大学出版社.

崔春翔. 2010. 材料合成与制备. 上海：华东理工大学出版社.

马景灵. 2016. 材料合成与制备. 北京：化学工业出版社.

汤酞则，吴安如. 2003. 材料成形工艺基础. 长沙：中南大学出版社.

吴建生，张寿柏. 1996. 材料制备新技术. 上海：上海交通大学出版社.

谢希文，过梅丽. 1999. 材料工程基础. 北京：北京航空航天大学出版社.

徐洲，姚寿山. 2003. 材料加工原理. 北京：科学出版社.

朱世富. 1993. 材料制备工艺学. 成都：四川大学出版社.

第2章 固 相 反 应

固相反应（solid state reaction）在固体材料的高温过程中是一个普遍的物理化学现象，它是一系列材料（包括各种传统或新型的金属材料及无机非金属材料）制备中所涉及的基本过程之一，直接影响这些材料的生产工艺及性能。狭义上的固相反应通常是指固体与固体间发生化学反应生成新的固体产物的过程，反应直接发生在两相界面上，而且没有液相或气相参与。但从广义上讲，凡是有固相参与的反应都可称为固相反应，它包括固体材料中所有由物理与化学作用而引起的物质转移现象及物质间的相互反应。该定义并不将液相或气相排除在固相反应之外，如固体的热分解、氧化（气相参与）以及固体与固体、固体与液体之间的化学反应（液相参与）等，都属于固相反应的范畴。

本章所讨论的固相反应采用后一种定义，包括固相与固相、固相与液相、固相与气相之间三大类的反应现象和反应过程。研究固相反应的动力学及热力学过程、传质机理与途径、反应进行条件与影响控制因素等，对材料制备工艺与性能的控制无疑是十分重要的。

2.1 固相反应概述

2.1.1 固相反应理论

早期对于固相反应的研究侧重于纯固相体系。塔曼（Tammann）等很早就研究了 CaO、MgO、PbO、CuO 和 WO_3 的反应，他们分别让两种氧化物的晶面彼此接触并加热，发现在接触面上生成着色的钨酸盐化合物，其厚度 x 与反应时间 t 的关系为 $x = K\ln t + C$。在确认了固态物质间可以直接进行反应，并对反应进行了详细研究后，塔曼等总结出以下结论。

（1）固态物质间的反应是直接进行的，气相或液相没有或不起重要作用。

（2）固相反应开始温度远低于反应物的熔融温度或系统的低共熔温度，通常相当于一种反应物开始呈现显著扩散作用的温度（该温度也称为塔曼温度或烧结温度）。

（3）当反应物之一存在多晶转变时，该多晶转变温度通常也是反应开始变得显著的温度。

塔曼等的观点主要建立在对纯固相体系进行研究的基础之上，并长期为化学界所接受。但金斯特林格（Kuenstlinger）等通过研究多元、复杂体系后发现，许多固相反应的实际速率比塔曼理论计算的结果快得多，而且有些反应（如 MoO_3 和 $CaCO_3$ 的反应）即使反应物不直接接触也仍能较强烈地进行。对此，金斯特林格等提出：在固相反应的高温条件下，反应物体系中的部分固相物质与液相或气相物质之间存在相平衡，这导致某一固相反应物可转为气相或液相，从而可通过颗粒外部扩散到另一固相的非接触表面，完成固相反应过程。因此，气相或液相也能对固相反应过程起重要作用，这种作用取决于反应物的挥发性和体系的低共熔温度。金斯特林格等的这一研究工作修正了塔曼等在纯固相体系中所得出的局限性结论（结论（1）），对拓展固相反应理论起到重要作用。

2.1.2 固相反应的特征

结合塔曼和金斯特林格等在纯固相及多元复杂固相体系研究中的结论，可得出固相反应一般具有如下几方面的基本特征。

1）固相反应是非均相反应体系

从反应体系特征上看，通常的液相、气相反应是均相体系。而固相体系大都由微米、亚微米，甚至纳米尺寸的固体颗粒组成。固相颗粒之间、固相颗粒与液相或气相之间存在明显的界面，因此固相反应体系属非均相反应体系。此外，也正是由于固相反应发生在非均相体系中，传热和传质过程都对反应速率有重要影响。反应进行时，反应物和产物的物理化学性质将会发生变化，并导致反应体系温度和反应物浓度分布及物性的变化，这都可能对传热、传质和化学反应过程产生影响。例如，2.1.1 节中所述结论（3），当反应物之一存在多晶转变时，该转变温度往往也是固相反应开始明显加速的温度。这一规律也称为海德华定律（Hedvall's law）。

2）固相反应通常需要在高温下进行

固体质点（原子、离子或分子）间具有很强的作用键力，因此在低温时固态物质的反应活性通常较低，反应速率也较慢，这使得固相反应一般需要在高温下才能进行。反应开始温度与反应物内部开始有明显扩散作用的温度是一致的，通常称为塔曼温度或烧结温度（见 2.1.1 节中所述结论（2））。该温度通常远低于固相反应物熔点或反应体系的低共熔点温度。并且不同物质的塔曼温度与体系特性有关，即与体系熔点（T_m）之间存在一定的对应关系。例如，金属塔曼温度为 $0.3T_m$～$0.4T_m$，盐类和硅酸盐塔曼温度则分别为 $0.57T_m$ 和 $0.8T_m$～$0.9T_m$。

3）固相反应过程具有复杂性

固相反应大都为发生在两相界面上的非均相反应，因此固相反应一般都包括界面上的化学反应和物质的扩散迁移两个过程。其中，参与固相反应的固相颗粒必须和固相颗粒、液相、气相等进行相互接触，这也是固相反应的反应物之间发生化学反应作用和进行物质输运的前提条件。图 2-1 描述了固相物质 A 和 B 进行固相反应生成 C 的反应历程：反应一开始是反应物颗粒 A 和 B 之间的混合接触，并在表面发生化学反应形成细薄且含大量结构缺陷的新相 C，随后发生产物新相的结构调整和晶体生长。当在两反应颗粒间所形成的产物层 C 达到一定厚度后，进一步反应将依赖于一种或几种反应物穿过产物层 C 的扩散而得以进行，这种物质的输运过程可能通过晶体晶格内部、表面、晶界、位错或晶体裂缝进行，直到体系达到平衡状态。因此，固相反应往往涉及多个物相体系，其中的化学反应过程和扩散过程同时进行，反应过程的控制因素较为复杂，不同阶段的控制因素也千变万化。固相反应可认为是一种多相、多过程、多因素控制的复杂反应过程。

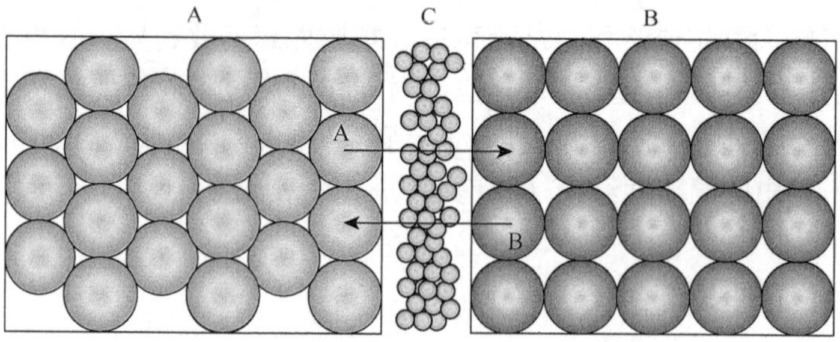

图 2-1　固相物质 A 和 B 发生固相反应过程的模拟

4）影响固相反应速率的因素多

和一般的化学反应一样，影响固相反应速率最重要的因素是反应温度。由于反应发生在非均一体系内，传质与传热过程都对反应速率有重要影响。当反应进行时，反应物和产物的物理化学性质将会发生变化，并导致反应体系温度和反应物浓度分布及物性的变化。因此，固相反应的热力学参数和动力学速率将随反应进行程度的不同，不断地发生变化。此外，由于固相反应过程的复杂性，控制反应速率的因素也不仅限于化学反应本身，反应所产生新相的晶格缺陷调整速率、晶粒生长速率以及反应体系中物质和能量的输送速率等都将影响反应速率。所有环节中速率最慢的一环，将对整体反应速率起决定性作用。

2.1.3　固相反应的分类

在固相反应的实际研究中常常将固相反应根据参加反应物质的物相状态、反应的性质或反应进行的机理等进行分类。

（1）按照参与固相反应的原始反应物的物相状态，可以将固相反应大致分成固-固反应、固-液反应、固-气反应三大类。

（2）按照固相反应涉及的化学反应类型不同，可以将固相反应分成合成反应、分解反应、置换反应、氧化还原反应等类型。

（3）按固相反应的产物空间分布尺度，可以将固相反应分为（界面）成层反应、（体相）非成层反应两大类。

（4）按照固相反应的反应控制速率步骤，可以将固相反应分成化学反应控制的固相反应、扩散控制的固相反应、过渡范围控制的固相反应等类型。

分类的研究方法往往强调了问题的某一方面，以寻找其内部的规律性，实际上不同性质的反应，其反应机理可以相同也可以不同，甚至不同的外部条件也可导致反应机理的改变。因此，要真正了解固相反应所遵循的规律，应在分类研究的基础上进一步综合分析。

2.1.4　固相反应的微观过程

由于固相反应种类繁多，其反应机理也有较大差异，但不同类型的固相反应也有共同点。从反应的过程看，固相反应一般都包括以下三个最基本的反应阶段。

（1）反应物之间的混合接触并产生表面效应。

（2）进行化学反应和生成新物相。

（3）晶体生长和结构缺陷校正。

这些阶段是连续进行的，并且有交叉，同时还伴有体系物理化学性质的变化。实际研究中，可通过观测并测量这些变化，对其反应过程进行详细研究。以 ZnO 与 Fe_2O_3 反应生成尖晶石的过程为例，根据反应体系 X 射线衍射（X-ray diffraction，XRD）图谱、显微结构以及物化特性等的变化数据，可将整个反应过程大致分为图 2-2 所示的六个阶段。

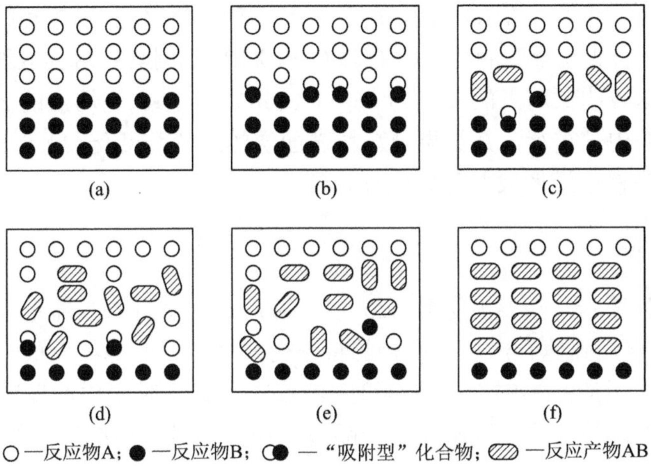

图 2-2　固相物质 A 和 B 合成 AB 化合物的反应过程示意图

1. 隐蔽期

如图 2-2（a）所示，对 ZnO-Fe_2O_3 生成尖晶石的反应来说，随着温度的逐渐升高，当温度达到约 300℃时，参与反应的物质在混合时已相互接触，反应物活性增加，此时在界面上质点间形成了某些弱的键，试样的吸附能力和催化能力都有所降低，但晶格和物相基本上无变化。一般熔点较低的反应物性质在该阶段隐蔽了另一反应物的性质，此阶段称为隐蔽期。反应体系隐蔽期的温度与各反应物的熔点有直接关系，其温度的高低主要是由反应物中熔点较低的那个反应物所决定的。

2. 第一活化期

如图 2-2（b）所示，随着温度的继续升高，反应体系进入第一活化期。对于 ZnO 与 Fe_2O_3 的反应，其温度为 300～450℃。此时质点的可动性增大，在两相接触的表面将形成吸附中心，两种物质开始相互吸引形成“吸附型”化合物。由于“吸附型”化合物不具有化学计量产物的晶格结构，且有严重缺陷，故该阶段混合物的 XRD 衍射峰强度没有明显变化，也未出现新的特征衍射峰，即无新相形成，但由于缺陷众多而呈现出极大活性，宏观上表现为混合物催化活性增强。

3. 第一脱活期

如图 2-2（c）所示，进一步升高温度至 450～500℃后，体系进入第一脱活期。该阶段试样的催化活性和吸附能力下降，这主要是由于反应产物层的厚度逐渐增大，在一定程度上对质点的扩散起到阻碍作用。并且反应物表面上质点扩散加强，使局部反应物形成化学计量产物，但尚未形成正常的晶格结构。

4. 第二活化期

如图 2-2（d）所示，升温至 500～620℃后，体系到达第二活化期。该阶段的特征是试样的催化活性再次增强，XRD 衍射峰强度开始有明显变化，高熔点物质的 XRD 特征衍射峰发生变化，首先观察到的是反应物 ZnO 的 XRD 衍射峰出现弥散现象，但仍未显示出现新相谱线。这表明低熔点的反应物 Fe_2O_3（1565℃）渗入高熔点的 ZnO（1975℃）晶格，且反应在颗粒内部进行，其结果是颗粒表面层的疏松和活化。此时未出现新化合物，但可认为新相的晶核已经形成并开始生长。

5. 晶体生成期

如图 2-2（e）所示，当温度达到 620～750℃后，体系进入晶体生成期。在该阶段，XRD 图谱上已可以清晰地看出反应产物的特征衍射峰，表明晶核已成长为晶体。此时，随着温度的升高，反应产物的衍射峰强度逐渐增强。但此时生成的反应产物结构还不够完整，存在一定的晶体缺陷。同时，由于晶体颗粒的形成，系统的总能量降低。

6. 反应产物晶格校正

如图 2-2（f）所示，温度高于 750℃后，反应体系就进入固相反应的最后阶段。该阶段由于形成的晶体还存在结构上的缺陷，故继续升高温度将具有使缺陷校正而达到热力学上稳定状态的趋势，从而导致缺陷的消除，晶体逐渐长大，形成正常的尖晶石结构。

上述六个阶段并不是分开的，而是连续地相互交错进行，且并非所有固相反应系统都会经历以上全部六个阶段。如果有液相或气相参与，则反应不局限于物料直接接触的界面，而可能沿整个反应物颗粒的自由表面同时进行。此时，固相与气相、液相间的吸附和润湿作用的影响也将变得很重要。

2.2 固相反应动力学

固相反应动力学属于化学反应动力学范畴，其基本任务旨在通过反应机理的研究，提供有关反应体系、反应随时间变化的规律性信息，分析各种因素对反应速率的影响。由于固相反应本身的复杂性和多样性，其反应过程除了界面上的化学反应、反应物通过产物层的扩散等方面之外，还可能包括升华、蒸发、熔融、结晶、吸附等物理化学变化过程。对于不同类型的固相反应，乃至同一反应的不同阶段，动力学关系通常也是不同的。因此，研究特定的固相反应时，一般可认为某一固相反应过程是由几个最基本的物理化学过程所构成的，而整个反应的速率将受到其所涉及的各个动力学阶段速度的共同影响。从反应机理的研究和实际应用角度考虑，对控制整个反应速率及进程快慢的动力学阶段的研究往往是固相反应动力学讨论的重点。

动力学研究的另一要务是把反应量和时间的关系用动力学方程这一数学形式表示出来，从而定量地获得在某个反应温度与反应时间的条件下，反应进行到什么程度，反应要经过多少时间完成等重要数据。对于未知的固相反应，通过实验测定其不同温度、不同时间条件下的反应速率，并与具体的动力学方程进行对比分析，可发现其反应规律与机理，进而寻找反应的控制因素。

2.2.1 一般动力学关系

如上所述，某一特定的固相反应可看作由几个简单的物理化学过程构成。显然，在这些基元反应中，反应速率最慢的一步决定了整体反应的速率。该反应过程称为速率控制步骤，简称“速控步”。正如从酒瓶中倒酒时，决定酒流速的是瓶颈的直径，速率控制步骤对于整个化学反应的速率也有类似的效应。

现以金属氧化过程为例，建立整体反应速率与各阶段反应速率间的定量关系，其反应方程为

$$\mathrm{M(s)} + \frac{1}{2}\mathrm{O_2(g)} \longrightarrow \mathrm{MO(s)} \tag{2-1}$$

图 2-3 给出了该固相反应的简单示意图。反应首先在金属 M 和 O_2 的界面上进行，形成了一层 MO 氧化物膜。经 t 时间反应后，金属 M 表面产物层 MO 的厚度达到 δ，进一步的反应将由 O_2 通过产物层 MO 扩散到 M-MO 界面和金属 M 氧化两个过程所组成。

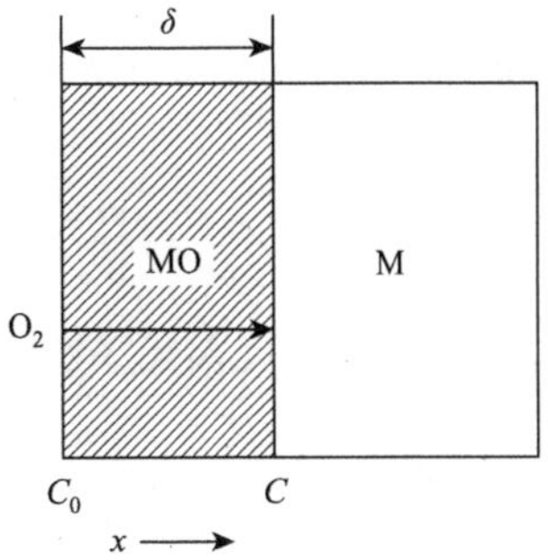

图 2-3 金属氧化反应示意图

根据化学反应动力学原理，反应速率一般可以通过单位时间内反应物的减少量（或产物的增加量）来表示。对于式（2-1）这样的简单反应，其化学反应速率 V_R 可写作

$$V_{\mathrm{R}} = \frac{\mathrm{d}Q_{\mathrm{R}}}{\mathrm{d}t} = KC \tag{2-2}$$

式中，$\frac{\mathrm{d}Q_{\mathrm{R}}}{\mathrm{d}t}$ 为单位时间内反应消耗的氧气量；K 为化学反应速率常数；C 为 M-MO 界面处氧气浓度。

对于 O_2 通过产物层 MO 扩散到 M-MO 界面的扩散速率 V_D，根据扩散第一定律可以得出

$$V_{\mathrm{D}} = \frac{\mathrm{d}Q_{\mathrm{D}}}{\mathrm{d}t} = -D\left.\frac{\mathrm{d}C}{\mathrm{d}x}\right|_{x=\delta} = D\frac{(C_0 - C)}{\delta} \tag{2-3}$$

式中，$\frac{\mathrm{d}Q_{\mathrm{D}}}{\mathrm{d}t}$ 为单位时间内扩散到 M-MO 界面的氧气量；D 为氧气在产物层中的扩散系数，C_0 为 O_2-MO 界面上的氧气浓度。

按影响固相反应速率的关键步骤可分为如下三种情况进行讨论。

1. 化学反应速率远大于扩散速率（$V_R \gg V_D$）

此时整个固相反应进程由通过产物层的扩散速率所控制，属扩散控制动力学范畴。由于化学反应速率远远大于扩散速率，可以认为反应物 O_2 一扩散到反应界面 M-MO 上就立刻被反应掉，因此在反应界面上有 $C=0$。固相反应速率 V 表示为

$$V = V_{D(max)} = D\frac{(C_0 - C)}{\delta} = D\frac{C_0}{\delta} \tag{2-4}$$

2. 扩散速率远大于化学反应速率（$V_D \gg V_R$）

此时整个固相反应速率由界面上的化学反应速率控制，属于化学反应控制动力学范畴。由于扩散速率远远大于化学反应速率，O_2 与金属 M 的氧化反应很慢，来不及将扩散到 M-MO 界面处的 O_2 反应掉，因此可以认为反应界面 M-MO 上 O_2 的浓度 C 趋近于 C_0。此时固相反应速率 V 可表示为

$$V = V_{R(max)} = KC = KC_0 \tag{2-5}$$

3. 化学反应速率等于扩散速率（$V_R = V_D$）

此时整个反应体系达到稳定的平衡状态。由式（2-2）和式（2-3）可得

$$V_R = KC = D\frac{(C_0 - C)}{\delta} = V_D \tag{2-6}$$

即

$$C = \frac{C_0}{1 + \frac{K\delta}{D}} \tag{2-7}$$

将式（2-7）代入式（2-2），得到整个反应体系达到稳定时整体反应速率 V 为

$$V = KC = \frac{1}{\frac{1}{KC_0} + \frac{\delta}{DC_0}} = \frac{1}{\frac{1}{V_{R(max)}} + \frac{1}{V_{D(max)}}} \tag{2-8}$$

即由扩散和化学反应构成的固相反应，其整体反应速率的倒数为扩散最大速率倒数和化学反应最大速率倒数之和。若将反应速率的倒数理解成反应的阻力，则式（2-8）将具有大家所熟悉的串联电路欧姆定律所完全类同的内容：反应的总阻力等于各环节分阻力之和。反应过程与电路的这一类同对于研究复杂反应过程有很大的方便。例如，当固相反应不仅包括化学反应物质扩散还包括结晶、熔融升华等物理化学过程，而这些过程以串联模式依次进行时，可写出固相反应总速率，即

$$V == \frac{1}{\frac{1}{V_{1max}} + \frac{1}{V_{2max}} + \frac{1}{V_{3max}} + \cdots + \frac{1}{V_{nmax}}} \tag{2-9}$$

式中，V_{1max}, V_{2max}, $\cdots$, V_{nmax} 分别代表构成反应过程各环节的最大可能速率。

因此，利用式（2-9）可在一定程度上避开固相反应实际研究中各环节动力学关系的

复杂性，抓住问题的主要矛盾，从而比较容易地解决问题。例如，当固相反应各环节中物质扩散速率较其他各环节都慢得多时，则由式（2-9）可知反应阻力主要来源于扩散，此时若其他各项反应阻力较扩散项是一小量（即反应速率远大于扩散速率），则反应速率将完全受控于扩散速率，其他反应过程对总反应速率的贡献可忽略不计，对于其他情况也可依此类推。

2.2.2 化学反应动力学关系

若某一固相反应中扩散、升华、蒸发等过程的速率很快，而界面上的化学反应速率很慢，则整个固相反应速率主要由接触界面上的化学反应速率所决定，该系统属化学反应控制动力学范畴。以下将针对化学反应控制动力学体系建立反应的简化模型，并推导相应的反应速率通式。

对于一个均相二元反应系统，若化学反应依反应式 $m\mathrm{A}+n\mathrm{B}\longrightarrow p\mathrm{C}$ 进行，则化学反应速率的一般表达式为

$$V_{\mathrm{R}}=\frac{\mathrm{d}C_{\mathrm{C}}}{\mathrm{d}t}=KC_{\mathrm{A}}^{m}C_{\mathrm{B}}^{n} \tag{2-10}$$

式中，C_{A}、C_{B}、C_{C}分别代表反应物 A、B 和产物 C 的浓度；K为反应速率常数，它与温度的关系符合阿伦尼乌斯关系：

$$K=K_0\exp\left(\frac{-\Delta G_{\mathrm{R}}}{RT}\right) \tag{2-11}$$

式中，K_0为常数；ΔG_{R}为反应活化能。

对于一个非均相的固相反应体系，式（2-10）不能直接用于描述其化学反应动力学关系。这是因为对于大多数固相反应，浓度的概念相对反应整体来说已失去了意义。对此，在固相反应中将引入转化率 G 的概念。转化率，一般定义为参与反应的一种反应物在反应过程中被反应了的体积分数，即

$$\text{转化率}G=\frac{\text{反应物被反应掉的量}}{\text{反应物总量}}$$

此外，多数固相反应都是在界面上进行的，并以固相反应物间存在机械接触为基本条件，因此固相反应颗粒之间的接触面积在描述反应速率时也应考虑进去。

仿照式（2-10）并引入转化率 G 的概念，同时考虑反应过程中反应物间接触面积，固相化学反应中动力学一般方程可写成

$$\frac{\mathrm{d}G}{\mathrm{d}t}=KF(1-G)^n \tag{2-12}$$

式中，n 为反应级数；K 为反应速率常数；F 为反应界面面积。

不难看出，式（2-12）与式（2-10）具有完全类同的形式和含义。在式（2-10）中浓度 C 既反映了反应物的多寡，又反映了反应物之中接触或碰撞的概率。而这两个因素在式（2-12）中则用反应界面面积 F 和反应物未反应的比例 $1-G$ 得到了充分的反映。

然而，要准确求出反应界面面积 F 及其随反应过程的变化也是很困难的，因为无机材料制备过程中所用的原料大多为形状复杂、大小不一的颗粒，其结构简图如图 2-4（a）

所示。并且随着反应的进行，其接触面积也将不断变化。此时，可将反应物颗粒简化成半径为 R_0 的球体（图 2-4（b）），则经 t 时间反应后，反应物颗粒外层 x 厚度已被反应，则定义转化率 G 为

$$G=\frac{V-V'}{V}=\frac{\frac{4}{3}\pi R_0^3-\frac{4}{3}\pi(R_0-x)^3}{\frac{4}{3}\pi R_0^3}=\frac{R_0^3-(R_0-x)^3}{R_0^3}=1-\left(1-\frac{x}{R_0}\right)^3 \tag{2-13a}$$

$$x=R_0[1-(1-G)^{\frac{1}{3}}] \tag{2-13b}$$

式中，V 为反应物总体积；V'为反应后残余体积。当反应物颗粒为球形时，反应界面 F 为

$$F=4\pi(R_0-x)^2=4\pi R_0(1-G)^{\frac{2}{3}} \tag{2-14}$$

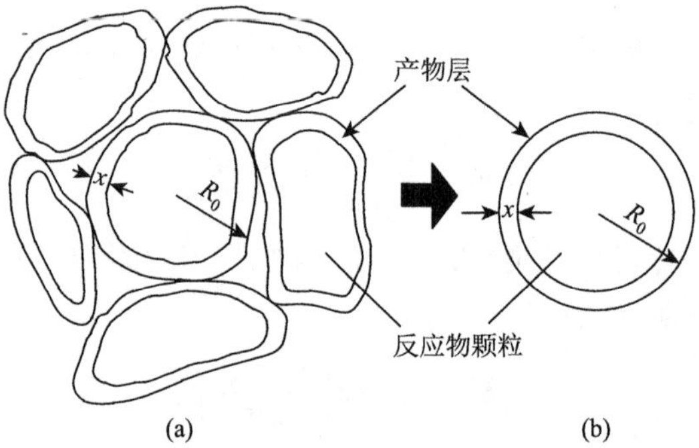

图 2-4　粉料混合物中颗粒表面反应产物层示意图（a）及球形简化模型（b）

考虑一级反应，则由式（2-12）有动力学方程为

$$\frac{dG}{dt}=KF(1-G) \tag{2-15}$$

当反应物颗粒为球形时，将式（2-14）代入式（2-15），可得球形颗粒一级固相化学反应动力学一般方程为

$$\frac{dG}{dt}=4K\pi R_0^2(1-G)^{\frac{2}{3}}(1-G)=K_1(1-G)^{\frac{5}{3}} \tag{2-16a}$$

积分上式，并考虑初始条件 $t=0$，$G=0$，可得

$$F_1(G)=[(1-G)^{-\frac{2}{3}}-1]=K_1t \tag{2-16b}$$

若反应界面在反应过程中不变（如金属平板的氧化过程），则有

$$\frac{dG}{dt}=K_1'F(1-G) \tag{2-17a}$$

对式（2-17a）进行积分，并考虑初始条件 $t=0$，$G=0$，得

$$F_1(G)=\ln(1-G)=-K_1't \tag{2-17b}$$

式（2-16b）和式（2-17b）便是反应界面分别是球形和平板模型时，固相反应转化率或反应度与时间的函数关系。

上述公式已被一些固相反应的实验结果所证实。例如，碳酸钠（Na_2CO_3）和二氧化硅（SiO_2）在 740℃下进行的固相反应：

$$Na_2CO_3(s)+SiO_2(s)\longrightarrow Na_2O\cdot SiO_2(s)+CO_2(g)$$

当颗粒半径 $R=0.036$mm，并加入少量 NaCl 作为溶剂时，整个反应动力学过程完全符合式（2-16b）的关系，如图 2-5 所示。这说明该反应体系在该反应条件下，反应总速率为化学反应动力学过程所控制，而扩散的阻力已小到可忽略不计，且反应属于一级化学反应。

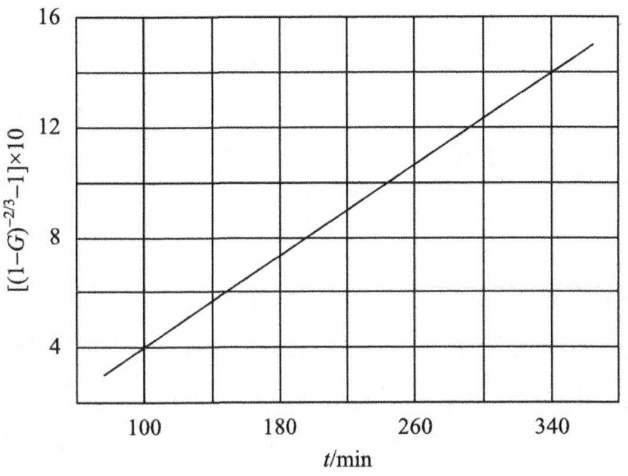

图 2-5　在 NaCl 参与下 Na_2CO_3 和 SiO_2 的反应动力学曲线（$T=740$℃）

2.2.3　扩散动力学关系

固相反应一般都伴随着物质的迁移。由于在固相中的扩散速率通常较为缓慢，尤其是反应进行一段时间后，产物层逐渐增厚，扩散的阻力增大，使扩散的速率进一步降低。因此在多数情况下，通过反应产物层的扩散过程往往决定了整个固相反应的速率。对于这类由扩散控制的固相反应动力学问题，一般是先建立不同的扩散结构模型，并且根据不同的前提假设（如反应界面的变化情况等），推导出的反应动力学方程也将不同。在众多的反应动力学方程式中，基于平板模型和球体模型所导出的杨德尔以及金斯特林格方程式具有一定的代表性。

1. 杨德尔方程

设反应物 A 和 B 以图 2-6 所示的平板模型相互接触反应和扩散，并形成厚度为 x 的产物 AB 层，随后 A 质点通过 AB 层扩散到 B-AB 界面继续反应。此时若界面化学反应速率远大于扩散速率，则该固相反应过程由扩散控制。

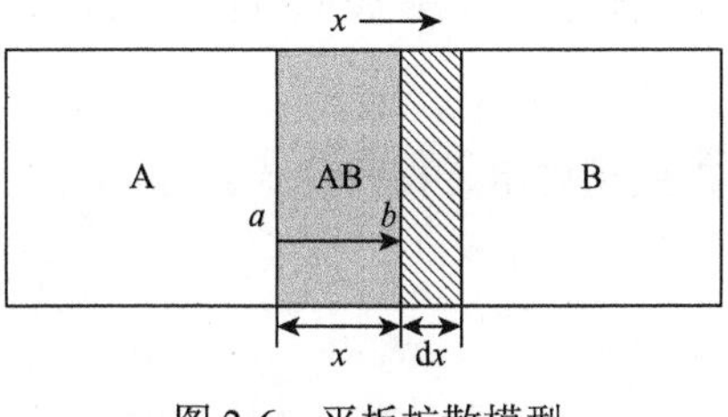

图 2-6　平板扩散模型

反应经 dt 时间后，通过 AB 层单位界面的反应物 A 质量为 dm。由于化学反应速率远远大于扩散速率，可以认为反应物 A 一扩散到反应界面 B-AB 上就立刻被反应掉，因此在反应界面处（b 点）A 的浓度为 0。而界面 A-AB 处（a 点）反应物 A 大量存在，其浓度可看作保持原有浓度 C_0 不变。由扩散第一定律可得

$$\frac{\mathrm{d}m}{\mathrm{d}t}=-D\left(\frac{\mathrm{d}C}{\mathrm{d}x}\right)_{\xi=x} \tag{2-18}$$

设反应产物 AB 密度为 ρ，分子量为 μ，则 $\frac{\mathrm{d}m}{\mathrm{d}t}=\frac{\rho\mathrm{d}x}{\mu}$。代入式（2-18），可得

$$\frac{\mathrm{d}m}{\mathrm{d}t}=\frac{\rho\mathrm{d}x}{\mu\mathrm{d}t}=-D\left(\frac{\mathrm{d}C}{\mathrm{d}x}\right)_{\xi=x}=D\frac{C_0}{x} \tag{2-19a}$$

整理后得到

$$\frac{\mathrm{d}x}{\mathrm{d}t}=\frac{\mu DC_0}{\rho x} \tag{2-19b}$$

积分式（2-19b），并考虑边界条件 $t=0$，$x=0$，得

$$x^2=\frac{2\mu DC_0}{\rho}t=Kt \tag{2-20}$$

式（2-20）说明，反应物以平板模型相互接触反应和扩散时，反应产物层厚度与时间的平方根成正比，即存在类似二次方关系，故式（2-20）常称为抛物线速度方程式。

需要指出的是，上述平板扩散模型将平板间的接触面积假设为始终不变的常数。然而，在许多无机材料的实际生产过程中，固相反应通常以粉状物料为原料，这时反应过程中的颗粒间接触面积往往是随时间不断变化的。因此，用简单的平板模型来分析大量颗粒状反应物，其准确性和适用性是受到较大限制的。

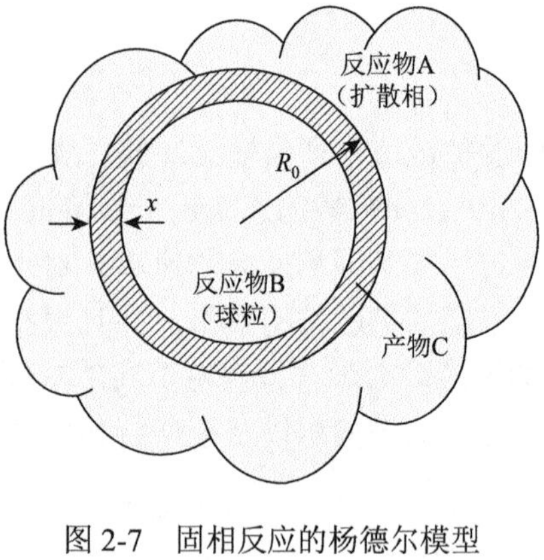

图 2-7　固相反应的杨德尔模型

为解决上述问题，杨德尔在平板扩散模型的基础上采用了“球体模型”，如图 2-7 所示，并推导出改进的动力学方程。在推导动力学方程时他采用了如下三个假设。

（1）反应物是半径为 R_0 的等径球粒。

（2）反应物 A 是扩散相，即 A 成分总是包围着 B 的颗粒，而且 A、B 与产物 C 是完全接触的，反应自球面向中心进行。

（3）A 在产物层中的浓度梯度是线性的，扩散界面面积一致。

通过对比可知，该模型与图 2-4（b）所示的球形简化模型具有类似特征，因此其转化率 G 的推导与式（2-13a）完全相同，即

$$x=R_0[1-(1-G)^{\frac{1}{3}}] \tag{2-21}$$

得到杨德尔方程积分式：

$$x^2=R_0^{\ 2}[1-(1-G)^{\frac{1}{3}}]^2 \tag{2-22a}$$

或

$$F_{\mathrm{J}}(G)=[1-(1-G)^{\frac{1}{3}}]^2=\frac{K}{R^2}t=K_{\mathrm{J}}t \tag{2-22b}$$

式中，K_J 称为杨德尔方程速率常数。

对式（2-22b）微分，可得杨德尔方程微分式：

$$\frac{dG}{dt} = K_J \frac{(1-G)^{\frac{2}{3}}}{1-(1-G)^{\frac{1}{3}}} \quad (2\text{-}23)$$

杨德尔方程在反应初期的正确性在许多固相反应的实例中得到证实。图 2-8 表示了反应 $ZnO + Fe_2O_3 \longrightarrow ZnFe_2O_4$ 在不同温度下的 $F_J(G)$-t 关系。图中各直线的斜率即表示反应速率常数 K_J，反应温度越高，直线的斜率越大，由此变化可求得反应的活化能 ΔG_R 值：

$$\Delta G_R = \frac{RT_1T_2}{T_2 - T_1} \ln \frac{K_J(T_2)}{K_J(T_1)} \quad (2\text{-}24)$$

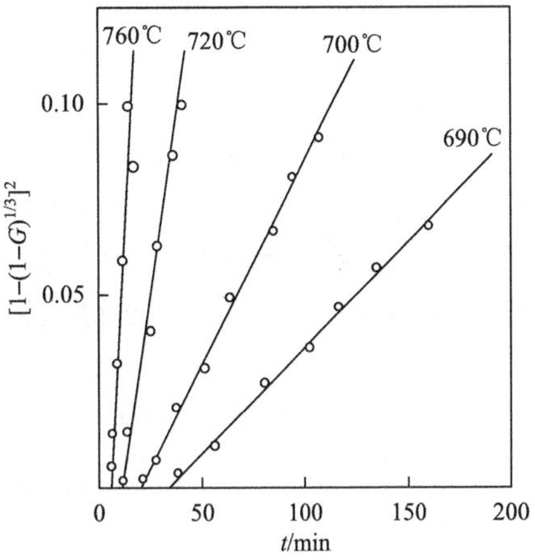

图 2-8　$ZnFe_2O_4$ 的生成反应动力学情况

杨德尔方程较长时间以来一直作为一个较经典的固相反应动力学方程而被广泛地接受。但仔细分析杨德尔方程推导过程不难看出，它是将球体模型的转化率公式（2-21）代入平板模型的抛物线速度方程的积分式（2-20）中求出的，因此杨德尔方程实际仍是建立在抛物线速度方程的基础上。这就限制了杨德尔方程只能用于反应初期反应转化率 G 较小（或 x/R_0 比值很小）时的情况。这是因为只有当转换率很小时，颗粒的两个接触表面积之比才接近 1，此时产物层的表面才能近似作为平面处理，反应界面 F 可近似看成不变。另外，杨德尔方程还假设反应物 A、B 与产物 C 完全接触，但如果形成的产物体积比消耗掉的反应物体积要小，该假设并不成立，这一假设也只有当反应速率很小时才能满足。随着反应的进行，杨德尔方程与实验结果的偏差将越来越大。鉴于此，后人对杨德尔方程进行了各种修正。

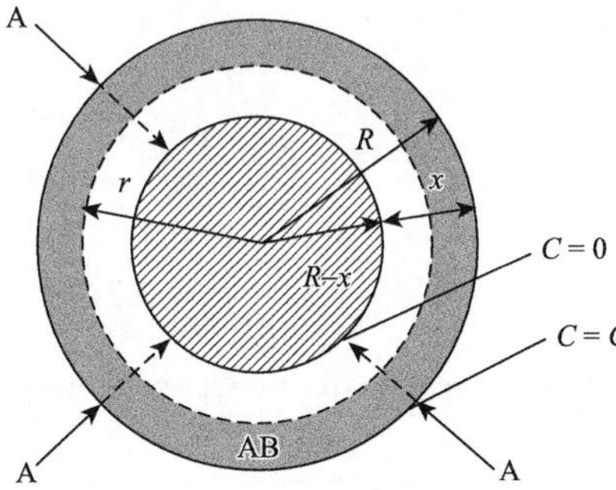

图 2-9　金斯特林格反应模型

2. 金斯特林格方程

金斯特林格方程针对杨德尔方程只能适用于反应初期转化率不大的情况，考虑在反应过程中反应界面随着反应进程变化这一事实，认为实际反应开始以后生成产物层是一个球壳而不是一个平面。因此在金斯特林格方程的推导中放弃了反应界面不变的假设，其建立的反应扩散模型如图 2-9 所示。

当反应物 A 和 B 混合均匀后，若 A 熔点低于 B，则 A 可以作为扩散相通过表面扩散或通过气相扩散而布满 B 的整个表面。B 可看作平均半径为 R 的球形颗粒，反应沿整个 B 表面同时进行。在 A 与 B 反应生成产物层 AB 之后，进一步反应将由 A 通过产物层 AB 扩散到 B-AB 界面而继续进行，产物层 AB 厚度 x 随反应的进行不断增厚。R 代表在扩散方向上产物层中任意时刻的球面半径。由于已假设化学反应速率远大于扩散速率，故扩散到 B 界面的反应物 A 可马上与 B 反应生成 AB，B-AB 界面上扩散相 A 浓度恒为 0；而 A-AB 界面上的浓度可认为不变，即等于 C_0。

为简化起见，可将该问题近似考虑为一个稳态扩散过程，因此单位时间内将有相同数量的 A 扩散通过任一指定的 r 球面，其质量为 $M_{(x)}$。设单位时间内通过 $4\pi r^2$ 球面扩散入产物层 AB 中 A 的量为 $\mathrm{d}m_A/\mathrm{d}t$，则由扩散第一定律可得

$$\frac{\mathrm{d}m_{\mathrm{A}}}{\mathrm{d}t}=D4\pi r^2\left(\frac{\partial C}{\partial r}\right)_{r=R-x}=M_{(x)} \tag{2-25}$$

假设反应生成物 AB 密度为 ρ，分子量为 μ，引入参数 $\varepsilon=\rho n/\mu$。其中，n 是按化学反应式生成 1mol 产物 AB 所需 A 的物质的量，ρ/μ 表示单位体积产物 AB 的物质的量，故 ε 代表单位体积产物 AB 中 A 的物质的量。根据 $\mathrm{d}x\cdot S$ 体积中（S 为界面面积）A 的物质的量应等于 $\mathrm{d}t$ 时间内扩散经过面积为 S 的界面的物质的量，即

$$S\mathrm{d}x\cdot\varepsilon=SJ\mathrm{d}t \tag{2-26}$$

式中，J 表示扩散能量。所以

$$4\pi r^2\mathrm{d}x\cdot\varepsilon=D4\pi r^2\left(\frac{\partial C}{\partial r}\right)_{r=R-x}\mathrm{d}t$$

$$\frac{\mathrm{d}x}{\mathrm{d}t}=\frac{J}{\varepsilon}=\frac{D}{\varepsilon}\left(\frac{\partial C}{\partial r}\right)_{r=R-x} \tag{2-27}$$

对式（2-27）在 $r=R-x$ 到 $r=R$ 之间积分，得到

$$C_0=-\frac{M_{(x)}}{4\pi D}\cdot\frac{1}{r}\bigg|_{R-x}^{R}=\frac{M_{(x)}}{4\pi D}\cdot\frac{x}{R(R-x)} \tag{2-28a}$$

$$M_{(x)}=\frac{C_0R(R-x)\cdot4\pi D}{x} \tag{2-28b}$$

将式（2-28b）代入式（2-25），可得

$$\left(\frac{\partial C}{\partial r}\right)_{r=R-x}=\frac{C_0R(R-x)}{r^2x}=\frac{C_0R(R-x)}{(R-x)^2x}=\frac{C_0R}{(R-x)x} \tag{2-29}$$

将式（2-29）代入式（2-27），并令 $K_0=DC_0/\varepsilon$，可得

$$\frac{\mathrm{d}x}{\mathrm{d}t}=K_0\frac{R}{(R-x)x} \tag{2-30a}$$

积分式（2-30a）得

$$x^2\left(1-\frac{2}{3}\frac{x}{R}\right)=2K_0t \tag{2-30b}$$

将球形颗粒转化率关系式（2-13a）代入式（2-30），经整理即可得出以转化率 G 表示的金斯特林格动力学方程的积分式和微分式：

$$F_{\mathrm{K}}(G)=1-\frac{2}{3}G-(1-G)^{\frac{2}{3}}=\frac{2D\mu C_0}{R^2\rho n}\cdot t=K_{\mathrm{K}}t \tag{2-31a}$$

$$\frac{\mathrm{d}G}{\mathrm{d}t}=K_{\mathrm{K}}'\frac{(1-G)^{\frac{1}{3}}}{1-(1-G)^{\frac{1}{3}}} \tag{2-31b}$$

式中，$K'_K = \frac{1}{3}K_K$，K_K 和 K'_K 均称为金斯特林格动力方程速率常数。

许多实验研究表明，金斯特林格方程相比杨德尔方程更能适应更大的反应程度。例如，Na_2CO_3 与 SiO_2 在 820℃下的固相反应，测定不同反应时间的 SiO_2 转化率 G，所得实验数据如表 2-1 所示。根据金斯特林格方程拟合得到的 $F_K(G)$值与 t 有相当好的线性关系（图 2-10），在 SiO_2 的转化率 G 从 0.2458 变到 0.6156 的区间内，其速率常数 K_K 恒等于 1.83。但若以杨德尔方程处理实验结果，$F_J(G)$与 t 的线性关系就很差，K_J 值可从 1.81 偏离到 2.25。

表 2-1　Na_2CO_3-SiO_2 反应动力学数据（R = 0.036mm，T = 820℃）

反应进行时间/min	SiO_2 转化率 G	金斯特林格动力方程速率常数 K_K/(×10^4)	杨德尔方程速率常数 K_J/(×10^4)
41.5	0.2458	1.83	1.81
49.0	0.2666	1.83	1.96
77.0	0.3280	1.83	2.00
99.5	0.3686	1.83	2.02
168.0	0.4640	1.83	2.10
193.0	0.4920	1.83	2.12
222.0	0.5196	1.83	2.14
263.5	0.5600	1.83	2.18
296.0	0.5876	1.83	2.20
312.0	0.6010	1.83	2.24
332.0	0.6156	1.83	2.25

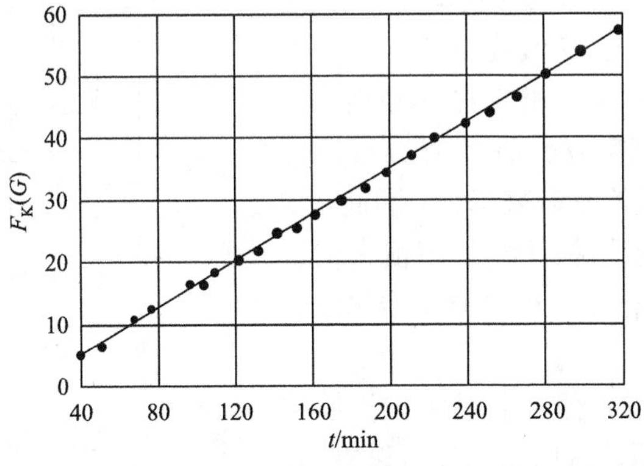

图 2-10　Na_2CO_3-SiO_2 的反应动力学实验测试数据（黑点）及采用金斯特林格方程拟合得到的曲线

此外，金斯特林格方程相比杨德尔方程具有更好的普适性，这可以从其方程本身得到进一步说明。在此引入参数 $\xi = x/R$，即产物层厚度在整个反应物颗粒粒径中所占的比例，该值在一定程度上反映了固相反应的转化率。

将 $\xi = x/R$ 代入式（2-30a）可得

$$\frac{\mathrm{d}x}{\mathrm{d}t}=K_0\frac{R}{(R-x)x}=\frac{K_0}{R}\frac{1}{\xi(1-\xi)}=\frac{K'}{\xi(1-\xi)} \tag{2-32}$$

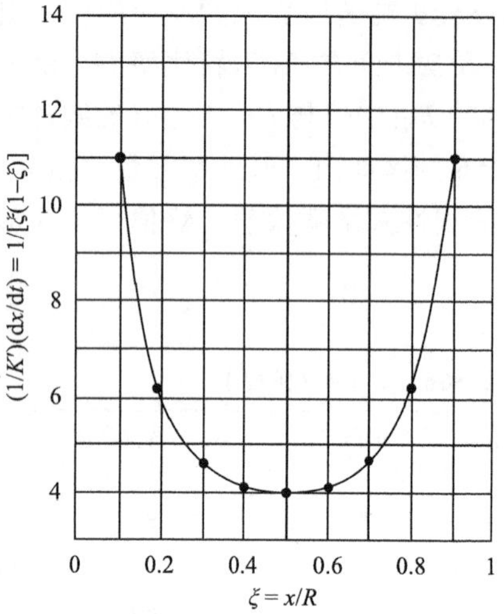

图 2-11　反应产物层增厚速率与 ξ 的关系

作 $\frac{1}{K'}\frac{\mathrm{d}x}{\mathrm{d}t}$-$\xi$ 关系曲线（图 2-11），可得产物层增厚速率 $\frac{\mathrm{d}x}{\mathrm{d}t}$ 随 ξ 的变化规律。

当 ξ 很小即转化率很低时，$1-\xi\approx1$，式（2-32）可转化为

$$\frac{\mathrm{d}x}{\mathrm{d}t}=\frac{K}{R}\frac{1}{\xi(1-\xi)}\approx\frac{K}{x} \tag{2-33}$$

即方程转为抛物线速度方程，此时金斯特林格方程等价于杨德尔方程。

随着 ξ 增大，$\frac{\mathrm{d}x}{\mathrm{d}t}$ 很快下降并经历一最小值（$\xi=0.5$，图 2-11）后逐渐上升。在 $\xi\to1$ 或 $\xi\to0$ 时，有 $\frac{\mathrm{d}x}{\mathrm{d}t}\to\infty$，这说明在反应的初期或终期扩散速率很快，故反应进入化学反应动力学范畴，其速率由化学反应速率控制。

将金斯特林格方程式（2-3lb）比上杨德尔方程微分式（2-23），并令 $Q=\frac{\left(\frac{\mathrm{d}G}{\mathrm{d}t}\right)_\mathrm{K}}{\left(\frac{\mathrm{d}G}{\mathrm{d}t}\right)_\mathrm{J}}$，可得

$$Q=\frac{K_\mathrm{K}(1-G)^{1/3}}{K_\mathrm{J}(1-G)^{2/3}}=K(1-G)^{-1/3} \tag{2-34}$$

根据式（2-34）作 Q 值与转化率 G 的关系曲线（图 2-12）可知，当 G 值较小时，$Q=1$，说明此时两方程是一致的。随着 G 逐渐增加，Q 值不断增大，尤其到反应后期 Q 值随 G 陡然上升，这意味着两方程偏差越来越大。因此，如果说金斯特林格方程能够描述转化率很大情况下的固相反应，那么杨德尔方程只能在转化率较小时才适用。

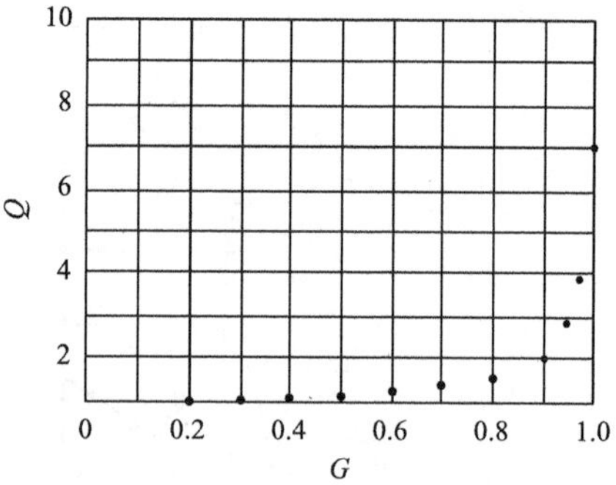

图 2-12　金斯特林格方程与杨德尔方程比较

然而，金斯特林格方程并非对所有扩散控制的固相反应都能适用。从以上推导可以看出，杨德尔方程和金斯特林格方程均以稳定扩散为基本假设，它们之间的不同仅在于其几何模型的差别。此外，金斯特林格动力学方程中也没有考虑反应物与生成物密度不同所带来的体积效应。为此，卡特（Carter）对金斯特林格方程进行了修正，得到卡特方程。

3. 卡特方程

卡特假定反应物 A 为球状粉料，其初始半径为 r_0，A 的表面被另一反应物 B 充分包

围，反应物 A 与 B 之间的固相反应由扩散控制。如图 2-13 所示，r_1 为反应物 A 的瞬时半径，当 A 的转化率 G 从 0 变到 1 时，r_1 的值从 r_0 减小到 0。r_2 为尚未反应 A 的半径与产物层厚度之和（同 r_1 一样为瞬时值）。r_e 为 A 的转化率达到 1 时，即反应物 A 全部反应后的全部产物的半径。随着固相反应的进行，r_2 的值从 r_0 变化到 r_e。

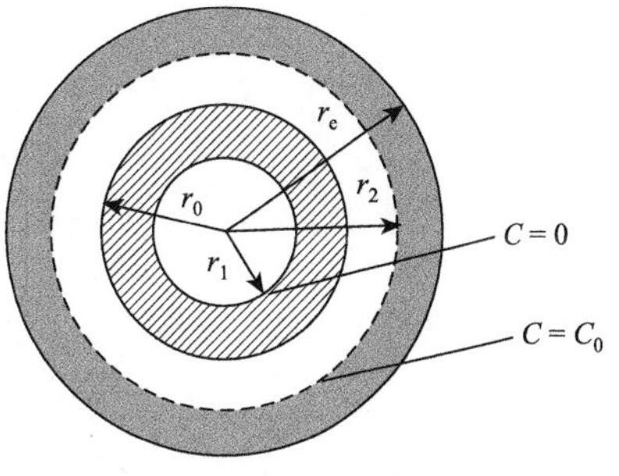

图 2-13 卡特方程模型

产物层的密度通常与反应物 A 的密度不相等，因此产物层的体积实际上并非 $\frac{4}{3}\pi r_0^3-\frac{4}{3}\pi r_1^3$。考虑用一个参数 Z 来修正，定义 Z 为反应所形成的产物体积 V_{AB} 与所消耗的反应物 A 的体积 V_A 之比，常称为等效体积比。因此，在反应进行到某时刻 t 时，颗粒球体的总体积应为尚未反应的反应物 A 体积加上产物层的体积，即

$$\frac{4}{3}\pi r_2^3=\frac{4}{3}\pi r_1^3+Z\left(\frac{4}{3}\pi r_0^3-\frac{4}{3}\pi r_1^3\right) \tag{2-35a}$$

式（2-35a）可化简为

$$r_2^3=(1-Z)r_1^3+Zr_0^3 \tag{2-35b}$$

类比式（2-13a）可得 A 的转化率 G 表达式为

$$G=\frac{r_0^3-r_1^3}{r_0^3} \tag{2-36a}$$

因此有

$$r_1=(1-G)^{1/3}r_0 \tag{2-36b}$$

当反应时间为 t 时，反应物 A 的剩余体积为

$$Q_A=\frac{4}{3}\pi r_1^3 \tag{2-37a}$$

对 t 求导，则有

$$\frac{dQ_A}{dt}=\frac{4}{3}\pi 3r_1^2\frac{dr_1}{dt}=4\pi r_1^2\frac{dr_1}{dt} \tag{2-37b}$$

式中，Q_A 的变化速率 dQ_A/dt 又等于扩散物通过厚度为 r_2-r_1 的产物层的通量。为简化起见，设所讨论问题为稳态扩散范畴，由扩散第一定律可得

$$\frac{dQ_A}{dt}=-4\pi r^2D\frac{dC}{dr} \tag{2-38a}$$

对该式积分，有

$$\frac{dQ_A}{dt}=-4\pi D\frac{C_0-0}{\frac{1}{r_1}-\frac{1}{r_2}}=-4\pi Dr_1r_2\frac{C}{r_2-r_1}=-\frac{4\pi Kr_1r_2}{r_2-r_1} \tag{2-38b}$$

将式（2-37b）与式（2-38b）联立，可得

$$4\pi r_1^{2}\frac{\mathrm{d}r_1}{\mathrm{d}t}=-\frac{4\pi K r_1 r_2}{r_2-r_1}$$

即有

$$r_1\frac{\mathrm{d}r_1}{\mathrm{d}t}=-\frac{K r_2}{r_2-r_1} \tag{2-39}$$

$$\left\{r_1-\frac{r_1^2}{[Zr_0^3+r_1^3(1-Z)]^{1/3}}\right\}\mathrm{d}r_1=-K\mathrm{d}t \tag{2-40}$$

将式（2-40）从 $r_0 \to r_1$ 积分，得到

$$[(1-Z)r_1^3+Zr_0^3]^{2/3}-(1-Z)r_1^2=Zr_0^2+2(1-Z)Kt \tag{2-41}$$

将式（2-36b）代入式（2-41），从而化去 r_0，可得

$$F_{\mathrm{C}}(G)=[1+(Z-1)G]^{2/3}+(Z-1)(1-G)^{2/3}=Z+2(1-Z)Kt/r_0^2 \tag{2-42}$$

式（2-42）便是卡特方程，该方程相比杨德尔方程和金斯特林格方程更确切地反映了由扩散控制的固相反应动力学，其适用于任意转化率下的固相反应。在对镍球氧化过程的动力学数据处理中发现，转化率一直进行到100%时卡特方程仍然与实验结果符合得很好（图2-14），而杨德尔方程在转化率 $G>0.5$ 时就不符合了。

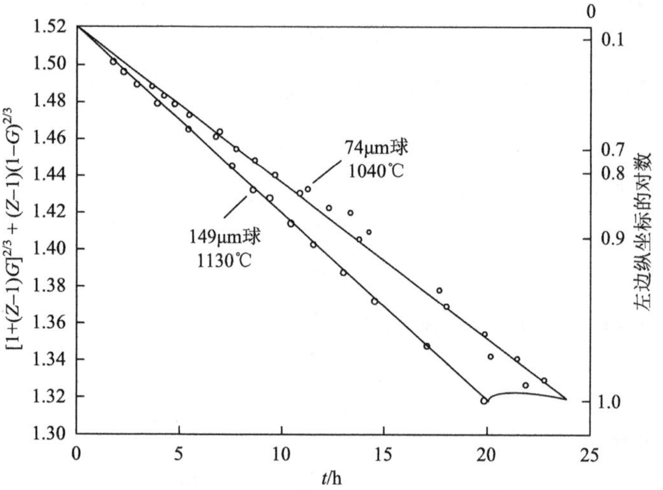

图 2-14　在空气中镍球氧化的 $[1+(Z-1)G]^{2/3}+(Z-1)(1-G)^{2/3}$ 与时间的关系

2.3　影响固相反应的因素

固相反应是一种非均相体系的化学反应与物质的变化过程，影响化学反应进程的各种因素（如最基本和最常见的温度、压力、反应时间等），都会对固相反应进行的方向及进程产生影响。此外，从固相反应中扩散过程的角度考虑，凡是能活化晶格（如多晶转变、脱水、分解、固溶体形成等）、促进物质内外传输的因素同样也会对固相反应起到重要的影响作用。由此可见，为了有效调控固相反应的进行，除掌握反应过程和动力学方程的基本理论外，还应进一步了解影响固相反应的各种因素。

2.3.1 反应物化学组成及结构的影响

反应物本身的化学组成与结构是影响固相反应的内因，也是决定反应方向和反应速率最重要的因素之一。

从热力学角度看，反应可能进行的方向是自由能减小（$\Delta G<0$）的方向，而且负 ΔG 的绝对值越大，反应的热力学推动力也越大。在温度、压力一定的条件下，ΔG 的值是由化学反应所涉及物质（包括反应物与产物）的本征热力学参数所决定的。由热力学理论与实验研究可获得各种物相-组分关系的相图，利用这种相图可分析与判断随着化学组成的变化、固相反应进行的方向与程度。

在同一反应系统中，固相反应速率还与各反应物间的比例有关，如果颗粒尺寸相同的 A 和 B 反应形成产物 AB，改变 A 与 B 的比例就会影响反应物表面积和反应界面面积的大小，从而改变产物层的厚度和影响反应速率。

从结构的观点看，同组成反应物处于不同结构状态时，其反应活性差别很大。通常，反应物的结构状态、质点间的化学键性质以及各种缺陷的多寡都将对反应速率产生影响。如果晶格能越高、结构越完整，则其质点的可动性就越小，相应的反应活性越低。故难熔性氧化物间的固相反应往往是比较困难的。例如，用氧化铝和氧化钴生成钴铝尖晶石（$Al_2O_3+CoO \longrightarrow CoAl_2O_4$）的反应中若分别采用轻烧 Al_2O_3 和在较高温度下死烧的 Al_2O_3 做原料，其反应速率可相差近十倍。研究表明，轻烧 Al_2O_3 是由于 γ-$Al_2O_3 \longrightarrow \alpha$-$Al_2O_3$ 转变而大大提高了 Al_2O_3 的反应活性，即物质在相转变温度附近质点可动性显著增大。晶格松懈、结构内部缺陷增多，故反应和扩散能力增加。因此，在生产实践中往往可以利用多晶转变、热分解和脱水反应等过程引起的晶格活化效应来选择反应原料和设计反应工艺条件以达到高的生产效率。

2.3.2 反应物颗粒尺寸及分布的影响

由杨德尔方程（式（2-22））和金斯特林格方程（式（2-31））的表达式可知，固相反应速率常数 K 值是反比于颗粒半径平方的，因此在其他条件不变的情况下，反应物颗粒尺寸大小对固相反应速率具有较大的影响。图 2-15 表示出不同颗粒尺寸对 $CaCO_3$ 和 MoO_3 在 600℃反应生成 $CaMoO_4$ 的影响。比较图中 5 组曲线可以看出，颗粒尺寸的微小差别对反应速率有明显的影响。

另外，颗粒尺寸大小对固相反应速率的影响还表现在改变反应界面、扩散界面以及颗粒表面等效应上。同种反应物颗粒尺寸越小，反应体系比表面积越大，反应界面和扩散界面也相应增加，因此反应速率增大。此外，随着反应物粒度的减小，键强分布曲线变平，弱键比例增加，故使反应相扩散能力增强。

反应物料颗粒尺寸的不同还可对同一反应体系的反应机理产生影响，进而改变反应的动力学机制。例如，前面提及的 $CaCO_3$ 和 MoO_3 反应，当取等分子比并在较高的温度下（600℃）反应时，$CaCO_3$ 颗粒大于 MoO_3 则反应由扩散控制，反应速率随 $CaCO_3$ 颗粒

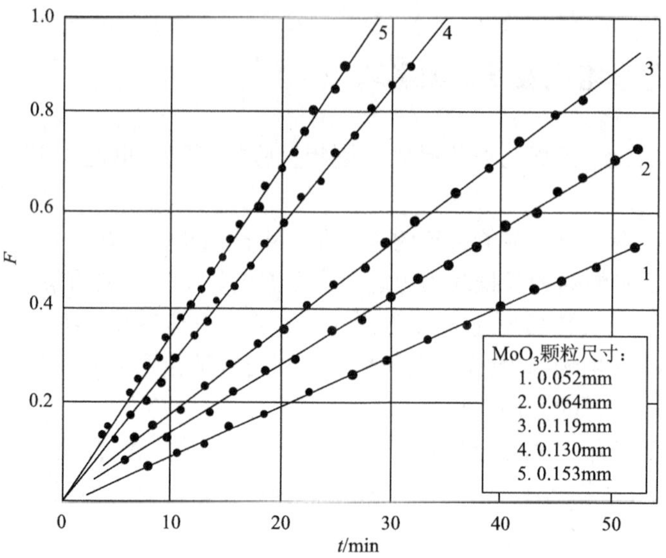

图 2-15　$CaCO_3$ 和 MoO_3 反应的动力学关系图

度减少而加速。倘若 $CaCO_3$ 颗粒尺寸减少到小于 MoO_3，并且体系中存在过量的 $CaCO_3$ 时，则由于产物层变薄，扩散阻力减小，反应由 MoO_3 的升华过程控制，且随 MoO_3 粒径的减小而加强。

最后，在实际生产中通常很难制得粒径均等的反应物颗粒，因此反应物粒径的分布对固相反应速率的影响同样重要。反应物颗粒尺寸以反比平方的关系影响固相反应速率，故体系中少量大尺寸颗粒的存在将会显著拖慢固相反应的进程。因此，生产上应将反应物颗粒粒径分布控制在一个较窄的范围内。

2.3.3　反应温度、压力和气氛的影响

温度是影响固相反应速率的重要外部条件之一。一般可以认为温度升高均有利于反应进行，这是由于温度升高，固体结构中质点热振动动能增大、反应能力和扩散能力均得到增强。对于化学反应，其速率常数 $K = A\exp\left(-\dfrac{\Delta G_R}{RT}\right)$，$\Delta G_R$ 为化学反应活化能，A 是与质点活化机制相关的概率因子。对于扩散，其扩散系数 $D = D_0\exp\left(-\dfrac{Q}{RT}\right)$。因此，无论是扩散控制还是化学反应控制的固相反应，温度的升高都将提高扩散系数或反应速率常数。而且由于扩散活化能 Q 通常比反应活化能 ΔG_R 小，而使温度的变化对化学反应的影响远大于对扩散的影响。

压力是影响固相反应的另一外部因素。对于纯固相反应，压力的提高可显著地改善粉料颗粒之间的接触状态，如缩短颗粒之间距离，增加接触面积并提高固相反应速率。但对于有液相、气相参与的固相反应，扩散过程主要不是通过固相粒子直接接触进行的。因此，提高压力有时并不表现出积极作用，甚至会适得其反。例如，黏土矿物脱水反应

和伴有气相产物的热分解反应以及某些由升华控制的固相反应等，增加压力会使反应速率下降，由表 2-2 所列数据可见，随着水蒸气压力的增高，高岭土的脱水温度和活化能明显提高，脱水速率降低。

表 2-2 不同水蒸气压力下高岭土的脱水活化能

水蒸气压力 P_{H_2O} /Pa	温度 T/℃	活化能 ΔG_R/(kJ/mol)
<0.10	390～450	214
613	435～475	352
1867	450～480	377

2.3.4 矿化剂及其他因素的影响

在固相反应体系中加入少量非反应物质或由于某些可能存在于原料中的杂质，常会对反应产生特殊作用。这些物质常称为矿化剂，它们在反应过程中不与反应物或反应产物起化学反应，但它们以不同的方式和程度影响反应的某些环节。实验表明，矿化剂可以产生如下作用：①影响晶核的生成速率；②影响结晶速率及晶格结构；③降低体系共熔点，改善液相性质等。例如，在 Na_2CO_3 和 Fe_2O_3 反应体系中加入 NaCl，可使反应转化率提高 50%～60%。而且颗粒尺寸越大，这种矿化效果越明显。又如，在硅砖中加入 1%～3%[Fe_2O_3 + $Ca(OH)_2$]作为矿化剂，能使其大部分 α-石英不断熔融而同时不断析出 α-鳞石英，从而促使 α-石英向鳞石英转化。关于矿化剂的一般矿化机理则是复杂多样的，可因反应体系的不同而完全不同，但可以认为矿化剂总是以某种方式参与到固相反应过程中。

以上从物理化学角度对影响固相反应速率的诸因素进行了分析讨论，但必须指出，实际生产科研中遇到的各种影响因素可能会更多更复杂。对于工业性的固相反应，除有物理化学因素外，还有工程方面的因素。例如，水泥工业中的碳酸钙分解速率，一方面受到物理化学基本规律的影响，另一方面与工程上的换热传质效率有关。在相同温度下，普通旋窑中的分解率要低于窑外分解炉中的分解率。这是因为在分解炉中处于悬浮状态的碳酸钙颗粒在传质换热条件上比普通旋窑中好得多。因此，从反应工程的角度考虑传质传热效率对固相反应的影响是同样重要的。尤其是对于硅酸盐材料，生产通常都要求高温条件，此时传热速率对反应进行的影响极为显著。例如，把石英砂压成直径为 50mm 的球，以约 8℃/min 的速率进行加热使之进行 $\beta \rightarrow \alpha$ 相变，约需 75min。而在同样的加热速率下，用相同直径的石英单晶球做实验，则相变所需时间仅为 13min。产生这种差异的原因除两者的热传导系数不同外（单晶体约为 $5.23W/(m^2 \cdot K)$，而石英砂球约为 $0.58W/(m^2 \cdot K)$），还由于石英单晶是透辐射的，其传热方式不同于石英砂球，即不是传导机构连续传热而可以直接进行透射传热。因此，相变反应不是在依次序向球中心推进的界面上进行的，而是在具有一定厚度范围内以至于在整个体积内同时进行的，从而大大加速了相变反应。

思　考　题

2-1. 简述固相反应的基本特征。

2-2. 分析影响固相反应的几个主要因素。

2-3. 试比较扩散动力学范围的三个动力学方程表达式、各自所采用的模型及其适用条件。

2-4. 根据平板扩散模型推导出的抛物线形固相反应速率方程是什么？杨德尔在抛物线速度方程基础上采用的是何种模型？根据此模型导出杨德尔方程式。

参 考 文 献

基泰尔. 2005. 固体物理导论. 项金钟，吴兴惠，译. 北京：化学工业出版社.

王育华. 2008. 固体化学. 兰州：兰州大学出版社.

杨秋红，陆神洲，张浩佳，等. 2013. 无机材料物理化学. 上海：同济大学出版社.

张克立. 2012. 固体无机化学. 武汉：武汉大学出版社.

朱继平. 2018. 材料合成与制备技术. 北京：化学工业出版社.

第3章 烧结过程

烧结是粉末冶金、陶瓷、耐火材料、超高温材料等的一个重要工序。一种或多种固体粉末通过压制或其他方式成型后，坯体小，通常含有大量气孔，颗粒之间的接触面积也较小，强度低。烧结的目的是把粉状物料转变为致密体，它是一个粉状物料在高温作用下排出气孔、体积收缩而逐渐变成坚硬固体的过程，该过程直接影响显微结构中的晶粒尺寸和分布、气孔尺寸和分布以及晶界体积分数等。陶瓷材料的性能不仅与组成有关，还与材料的显微结构密切相关，因此当某种陶瓷材料的配方、原料颗粒、混合与成型工艺确定后，烧结过程就是陶瓷材料获得预期结构的关键工序。随着材料科学技术的发展，现代烧结技术的对象已经从传统陶瓷、耐火材料、水泥等扩展到金属或合金、功能陶瓷材料以及各种复合材料等。由此可见，了解粉末烧结过程的现象和机理、了解烧结动力学及影响烧结的因素对控制和改进材料的性能具有十分重要的实际意义。

3.1 烧结概述

3.1.1 烧结的特点

烧结通常是指在高温作用下粉体颗粒集合体表面积减小、气孔率降低、颗粒间接触面加大以及机械强度提高的过程。烧结是一个复杂的物理化学过程，除物理变化外，有的还伴随有化学变化，如固相反应。这种由固相反应促进的烧结，又称反应烧结。高纯物质通常在烧结温度下基本上无液相出现；而多组分物系在烧结温度下常有液相存在。有无液相参加其烧结机理有根本区别，所以将烧结分为无液相参加的烧结（或称纯固相烧结）以及有液相参加的烧结（或称液相烧结）两类。另外还有一些烧结过程，如热压烧结等，其烧结机理有其特殊性。

粉料成型后变成具有一定外形的坯体，坯体内一般包含百分之几十的气孔（25%～60%），而颗粒之间只有点接触，如图 3-1（a）所示。在高温下所发生的主要变化是：颗粒间接触界面扩大，逐渐形成晶界；气孔的形状变化如图 3-1（b）所示，体积缩小，从连通的气孔变成各自孤立的气孔并逐渐缩小，如图 3-1（c）所示，以致最后大部分甚至全部气孔从坯体中排出。与此同时，粉末压块的部分性质也随着这一物理过程的进展而改变，出现坯体收缩、气孔率下降、致密度提高、强度增加、电阻率下降等变化（图 3-2），因此烧结程度可以用坯体收缩率、气孔率、吸水率或烧结体的体积密度与理论密度之比（相对密度）等指标来衡量。

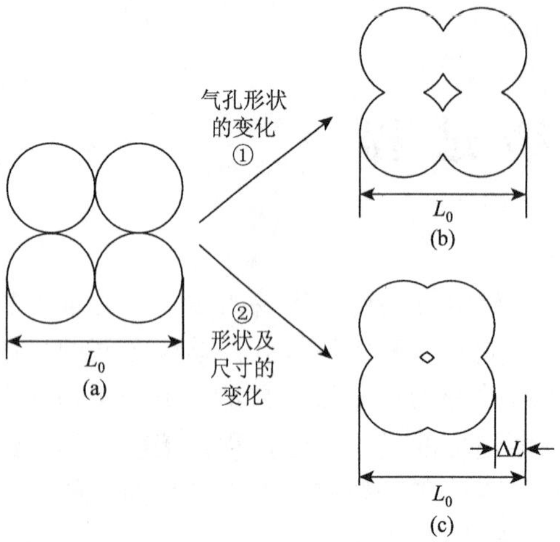

图 3-1　气孔形状及尺寸的变化示意图

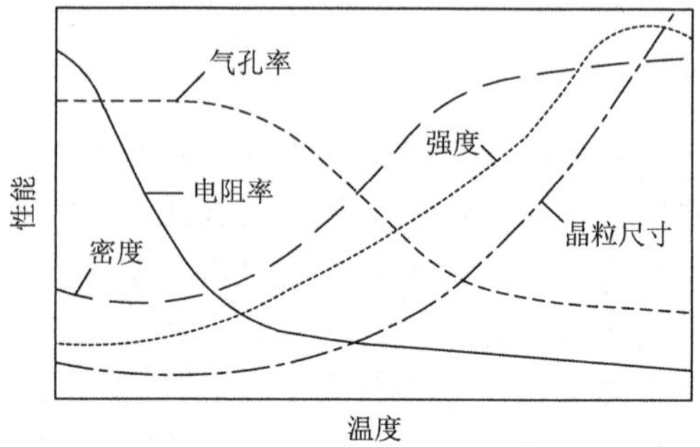

图 3-2　烧结过程中烧结体的性能随温度的变化

上述定义虽然高度概括了烧结过程中坯体宏观上的变化，但对烧结本质却少有揭示。对此，一些学者认为必须强调粉末颗粒表面的黏结和粉末内部物质的传递和迁移，以揭示烧结的本质，因为只有物质的迁移才能使气孔充填和强度增加。他们研究和分析了黏着和凝聚的烧结过程后进一步将烧结概括为：由于固态中分子（或原子）的相互吸引，通过加热，使粉末体产生颗粒黏结，经过物质迁移使粉末产生强度并导致致密化和再结晶的过程。根据这一定义，烧结的概念似乎与烧成、熔融和固相反应具有相似的性质，但事实上它们之间是有区别的，其异同点简述如下。

（1）烧结与烧成。烧成包括多种物理和化学变化，如脱水、坯体内气体分解、多相反应和熔融、溶解、烧结等，而烧结仅仅指粉料成型体经加热而致密化的简单物理过程。烧成的含义包括的范围更宽，一般都发生在多相系统内。而烧结仅仅是烧成过程中的一个重要部分。

（2）烧结和熔融。烧结和熔融这两个过程都是由热振动引起的，但熔融时全部组元都转变为液相，并且要在物质熔点以上的高温条件下进行；而烧结时至少有一个组元是处于固态的，并且是在远低于固态物质的熔融温度下进行的。对于这一点，固相反应中已提及塔曼根据烧结温度（T_s）和熔点（T_m）之间的关系所总结出的一套经验规律：

金属粉末 T_s 为（0.3～0.4）T_m；盐类 T_s 约为 $0.57T_m$；硅酸盐 T_s 为（0.8～0.9）T_m。

（3）烧结与固相反应。这两个过程均在材料熔点或熔融温度之下进行，并且过程的自始至终都至少有一相是固态。两个过程的不同之处是固相反应必须至少有两个组元参加（如 A 和 B），并发生化学反应，最后生成化合物 AB。AB 的结构与性能不同于 A 与 B。而烧结可以只有单组元，或者多组元参加，但多组元之间一般不发生化学反应，或化学反应只是在局部区域发生而不对主晶相的性能产生影响。主要是在表面能驱动下，由粉体变成致密体。

从结晶化学观点看，烧结体除可见的收缩外，微观晶相组成并未变化，仅是晶相显微组织上排列致密和结晶程度更完善。当然，在烧结过程中也可能伴随有某些化学反应的发生（如添加的第二相烧结助剂可能会参与化学反应），但更多的烧结过程可以没有任何化学反应参与，而仅仅是一个粉末聚集体的致密化过程。另外，实际生产中往往不可能是纯物质的烧结，如纯氧化铝烧结时，除为促进烧结而人为地加入一些添加剂外，往往“纯”原料氧化铝中还或多或少含有杂质。少量添加剂与杂质的存在，就出现了烧结的第二组元甚至第三组元，因此固态物质烧结时，就会同时伴随发生固相反应或局部熔融出现液相。在实际生产中，烧结、固相反应往往是同时穿插进行的，没有明确的时间和空间分界线。

3.1.2 烧结过程推动力

粉末状物料经压制成型后，颗粒之间仅是点接触，而烧结工艺可以不通过化学反应使松散的坯体转化为紧密坚硬的烧结体，因此这一过程必然有一个推动力在起作用。

近代烧结理论的开拓者库津斯基（G. C. Kuczynski）将烧结过程描述为“相互接触的粉末颗粒因其具有大的表面能量而处于热力学非平衡状态，当加热到粉末体系熔点以下温度时，粉末体系便向表面能量减少的方向移动，即通过物质移动减少体系的表面积，从而发生颗粒间的结合”。库津斯基指出，烧结粉末表面能的减少是烧结得以进行的关键因素，烧结时颗粒间的物质输运导致表面积减少，降低了体系表面能量，从而推动了烧结的进行。

粉料在粉碎与研磨过程中消耗的机械能以表面能形式储存在粉体中，同时粉碎引起晶格缺陷，因此粉体的内能增加。据测定，MgO 通过振动研磨 120min 后内能增加 10kJ/mol。一般粉末表面积为 1～10m^2/g，如此大的表面积使粉体具有较高的表面能和反应活性，与烧结体相比是处在能量不稳定状态。由于任何系统都有向能量最低状态转化以及降低体系自由能的趋势，所以在将粉末加热到烧结温度保温时，颗粒间就发生了由减小表面积、降低表面能所驱动的物质传递和迁移现象，最终变成体系能量更低的烧结体。粉体经烧结后，晶界能（固-固界面）取代了表面能（气-固界面），而多晶烧结体的晶界能远小于粉状物料的表面能，这就是多晶材料稳定存在的原因。因此，可以认为表面能的降低是烧结过程的推动力。

由以上分析可知，粉体颗粒尺寸与烧结推动力有直接联系，以下即对两者的关系做一简单推导。需要指出的是，对于固体表面能一般不等于其表面张力，但当界面上原子排列是无序的，或在高温下烧结时，这两者仍可当作数值相同来对待。

粉末紧密堆积以后，颗粒间仍存在很多细小的气孔，在这些弯曲的表面上由于表面张力的作用而造成的压力差为

$$\Delta P = \frac{2\gamma}{r} \tag{3-1}$$

式中，γ 为粉末表面张力；r 为粉末的球形半径。

若为非球形曲面，可用两个主曲率半径 r_1 和 r_2 表示：

$$\Delta P = \gamma\left(\frac{1}{r_1} + \frac{1}{r_2}\right) \tag{3-2}$$

以上两个公式表明，弯曲表面上的附加压力与球形颗粒（或曲面）的曲率半径成反比，与粉料表面张力成正比，即粉料颗粒越细，由曲率引起的烧结动力越大。

那么烧结过程又为何需在较高温度下进行？这是因为据测定，发生像 α-石英→β-石英的相变时，能量变化为 1.7kJ/mol，一般化学反应前后能量变化则可达 200kJ/mol，而对于半径 $r = 10^{-4}$cm 的 Cu 粉颗粒，其表面张力 $\gamma = 1.5$N/m，由式（3-1）可以算得 $\Delta P = 2\gamma/r = 3\times 10^6$J/m^3。由此可引起体系每摩尔自由能变化为

$$\Delta G = V\Delta P = 7.1(\text{cm}^3 / \text{mol}) \times 3 \times 10^6 (\text{J} / \text{m}^3) = 21.3\text{J} / \text{mol}$$

由此可见，烧结推动力与相变和化学反应的能量相比还是极小的（一般粒度为 1μm 的材料烧结时所发生的自由能降低约 8.3J/g）。所以烧结在常温下难以进行，必须对物体加以高温，才能促使粉末转变为烧结体。

目前常用晶界能 γ_{GB} 和表面能 γ_{SG} 的比值来衡量烧结的难易，这种不同粉末烧结的难易性也称为粉末烧结性。某材料的 $\gamma_{SG} / \gamma_{GB}$ 越大，越容易烧结，反之越难烧结。故为了促进烧结，必须使 $\gamma_{SG} \gg \gamma_{GB}$。一般共价键无机物大都属于难烧结材料，金属烧结性最好，是易烧结材料；而离子键无机物的烧结性居中。例如，Al_2O_3 粉体的表面能约为 1J/m^2，而晶界能为 0.4J/m^2，两者之差较大，因而比较容易烧结。而一些共价键化合物，如 Si_3N_4、SiC、AlN 等，它们的 $\gamma_{SG} / \gamma_{GB}$ 值很小，烧结推动力小，因而不易烧结。清洁的 Si_3N_4 粉末 γ_{SG} 为 1.8J/m^2，但它极易在空气中被氧污染而使 γ_{SG} 降低，同时共价键材料原子之间强烈的方向性使晶界能 γ_{GB} 增高，因此 Si_3N_4 很难通过常规方法烧结成致密体。

3.1.3 烧结模型

众所周知，陶瓷或粉末冶金的粉体压块是由很多细小颗粒紧密堆积起来的。颗粒大小不一、形状不一、堆积紧密程度不一，因此无法进行如此复杂压块的定量化研究。弗兰克尔的双球模型便于测定原子的迁移量，从而更易于定量地掌握烧结过程并为进一步研究物质迁移的各种机理奠定基础。库津斯基则进一步提出粉末压块是由等径球体组成的理论模型，即认为粉料是等径球体，在成型体中接近紧密堆积（因为是压制定型），在平面上排列方式是每个球分别与 4 个或 6 个球相接触（图 3-3），在立体堆积中最多与 12 个球相接触。随着烧结的进行，各接触点处开始形成颈部，并逐渐扩大，最后烧结成一个整体。由于各颈部所处的环境和几何条件相同，所以只需确定两个颗粒形成的颈部的成长速率就基本代表了整个烧结初期的动力学关系。需注意的是，这种简化是有一定前提的，即原料通过工艺处理可以满足或近似满足模型假设。

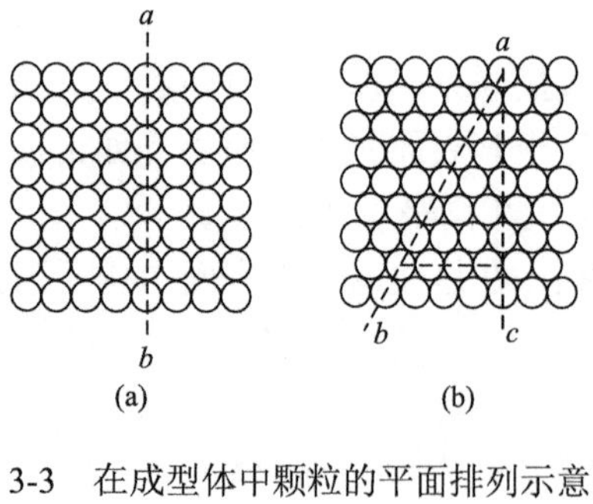

图 3-3 在成型体中颗粒的平面排列示意图

图 3-4 介绍了三种理想球模型，其中前两种是双球模型，第三种是球-平板模型，并列出了由简单几何关系计算得到的颈部曲率半径 ρ、颈部体积 V、颈部表面积 A 与颗粒半径 r 和接触颈部半径 x 之间的关系（假设烧结初期 r 变化很小，$x \gg \rho$）。在烧结时，传质机理各异而引起颈部增长的方式不同，因此双球模型的中心距可以有两种情况，一种是中心距不变，如图 3-4（a）所示；另一种是中心距缩短，如图 3-4（b）所示。这三种

模型对烧结初期一般是适用的，但随着烧结的进行，球形颗粒逐渐变形，因此在烧结中、后期应采用其他模型。

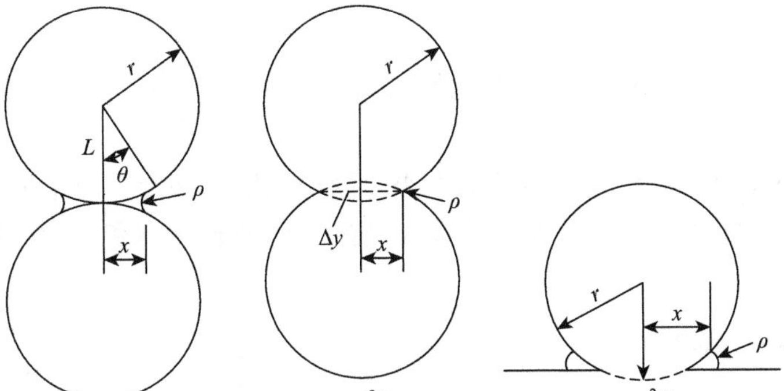

(a) $\rho = x^2/2r$，$A = \pi^2 x^3/r$，$V = \pi x^4/2r$

(b) $\rho = x^2/4r$，$A = \pi^2 x^3/2r$，$V = \pi x^4/4r$

(c) $\rho = x^2/2r$，$A = \pi x^3/r$，$V = \pi x^4/2r$

图 3-4 三种理想球模型

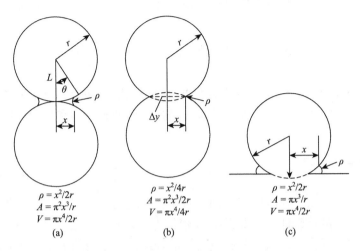

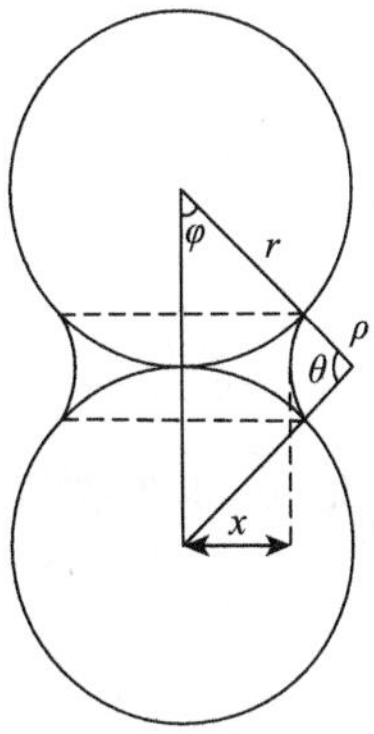

图 3-5 两球颈部生长示意图

有了等径球烧结模型，就可以很方便地用颈部生长率（neck growth rate）x/r 和烧结收缩率（sintering shrinkage）$\Delta L/L_0$ 来描述烧结的程度或速率。因实际测量 x/r 比较困难，故常用烧结收缩率 $\Delta L/L_0$ 来表示烧结的速率。对于图 3-4（a）所示模型，虽然存在颈部生长率 x/r，但烧结收缩率 $\Delta L/L_0 = 0$；对于图 3-4（b）中的模型，烧结时两球靠近，中心距缩短。这种情况下设两球中心之间缩短的距离为 ΔL，如图 3-5 所示，则

$$\frac{\Delta L}{L_0} = \frac{r-(r+\rho)\cos\varphi}{r} \tag{3-3}$$

式中，L_0 为两球初始时的中心距离（$2r$）。烧结初期 φ 很小，$\cos\varphi = 1$，则式（3-3）变为

$$\frac{\Delta L}{L_0} = \frac{r-(r+\rho)}{r} = -\frac{\rho}{r} = -\frac{x^2}{4r^2} \tag{3-4}$$

式中，负号表示 $\Delta L/L_0$ 是一个收缩过程。

需要说明的是，虽然将固体粉粒假设为理想球模型使烧结理论的分析与计算变得相对便捷，但实际上所用的固体粉粒形状是各异的，尺寸也不均一，在烧结传质过程中对粉料几何变化所做的假设不能完全反映实际烧结过程所引起的几何形状变化，这使得即使同类烧结动力学模型之间也会存在这样或那样的差异。再者，烧结时传质机理未必以某一种为主，可能两种或多种机理并存，这种“混合”的机理难以用单一的简化模型来描述。此外，还有一些复杂的因素使模型更加难以定量化。例如，对于给定材料，工艺参数等的变化可以使传质机理也相应地发生变化；微量添加剂或材料中的某些杂质常常

使问题更加复杂。总之，烧结过程的复杂性使单一简化模型难以解释大量实际材料烧结的各种特点。尽管如此，简化的动力学模型对于定性理解烧结动力学的特点与烧结机理仍然具有重要的意义，是材料工作者所应该了解的。

3.2 固相烧结与动力学方程

烧结可分为固相烧结和液相烧结两大类。固相烧结是指没有液相参加，或液相量极少而不起主要作用的烧结。它的主要传质方式有蒸发-凝聚传质和扩散传质。

3.2.1 蒸发-凝聚传质

在高温过程中，由于表面曲率不同，必然在系统的不同部位其饱和蒸气压不同，于是通过气相有一种传质趋势，称为蒸发-凝聚传质。这种传质过程仅在高温下蒸气压较大的系统内进行，如氧化铅、氧化铍和氧化铁的烧结。这是烧结中定量计算最简单的一种传质方式，也是了解复杂烧结过程的基础。

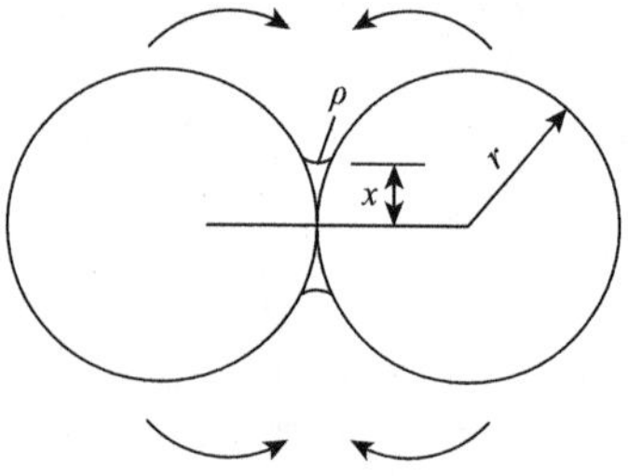

图 3-6　蒸发-凝聚传质

蒸发-凝聚传质采用的模型如图 3-6 所示。在球形颗粒表面有正曲率半径，而在两个颗粒连接处有一个小的负曲率半径的颈部，由开尔文公式可以得出，物质将从饱和蒸气压高的凸形颗粒表面蒸发，通过气相传递而凝聚到饱和蒸气压低的凹形颈部，从而使颈部逐渐被填充。

图 3-6 中球形颗粒半径 r 和颈部半径 x 之间的开尔文关系式为

$$\ln\frac{P_1}{P_0}=-\frac{\gamma M}{dRT}\left(\frac{1}{\rho}+\frac{1}{x}\right) \tag{3-5}$$

式中，P_1 为曲率半径为 ρ 处的饱和蒸气压；P_0 为球形颗粒表面处饱和蒸气压；γ 为表面张力；d 为密度。

式（3-5）反映了蒸发-凝聚传质产生的原因（曲率半径差别）和条件（颗粒足够小时压差才显著）。同时也反映了颗粒曲率半径与相对饱和蒸气压的定量关系。一般只有当颗粒半径在 10μm 以下时，蒸气压差才能较明显地表现出来。大约在 5μm 以下时，由曲率半径差异引起的压差已十分显著，因此一般粉末烧结过程较合适的粒度至少为 10μm。

在式(3-5)中，由于压力差 P_0–P_1 是很小的，当 x 充分小时，$\ln(1+x)\approx x$。所以 $\ln(P_1/P_0)=\ln(1+\Delta P/P_0)\approx\Delta P/P_0$，又因为 $x\gg\rho$，所以式（3-5）可写作

$$\Delta P=\frac{\gamma MP_0}{d\rho RT} \tag{3-6}$$

式中，ΔP 为负曲率半径颈部和接近平面的颗粒表面上饱和蒸气压之间的压差。

根据气体分子运动论可以推出物质在单位面积上凝聚速率正比于平衡气压和大气压差的朗缪尔（Langmuir）公式：

$$U_m = a\Delta P\left(\frac{M}{2\pi RT}\right)^{1/2} \tag{3-7}$$

式中，U_m 为凝聚速率，即每秒每平方厘米上凝聚的质量；a 为调节系数，其值接近 1；ΔP 为凹面与平面之间的蒸气压差。

当凝聚物质体积等于颈部体积增加时，有

$$\frac{U_m A}{d} = \frac{dV}{dt} \tag{3-8}$$

根据图 3-4（a）烧结模型中的公式，将相应的颈部曲率半径 ρ、颈部表面积 A 和体积 V 代入式（3-8），并将式（3-7）代入式（3-8）得

$$\frac{\gamma MP_0}{d\rho RT}\left(\frac{M}{2\pi RT}\right)^{\frac{1}{2}} \cdot \frac{\pi^2 x^3}{r} \cdot \frac{1}{d} = \frac{d\left(\frac{\pi x^4}{2r}\right)}{dx} \cdot \frac{dx}{dt} \tag{3-9}$$

将式（3-9）移项并积分，可以得到球形颗粒接触面积颈部生长速率关系式：

$$\frac{x}{r} = \left[\frac{3\sqrt{\pi}\gamma M^{\frac{3}{2}} P_0}{\sqrt{2} R^{\frac{3}{2}} T^{\frac{3}{2}} d^2}\right]^{\frac{1}{3}} r^{\frac{-2}{3}} t^{\frac{1}{3}} \tag{3-10}$$

此方程得出了颈部半径 x 和影响生长速率的其他变量（r, P_0, t）之间的相互关系。

从式（3-10）可见，接触颈部的生长速率 x/r 随时间 t 的 1/3 次方而变化，在烧结初期可以观察到这样的速率规律。颈部增长只在开始时比较显著，随着烧结的进行，颈部增长很快就停止了。因此对这类传质过程用延长烧结时间的方法不能达到促进烧结的效果。从工艺控制角度考虑，两个重要的变量是原料起始粒度 r 和烧结温度 T。粉末的起始粒度越小，烧结速率越大。蒸气压 P_0 随温度呈指数增加，因而提高温度对烧结有利。

蒸发-凝聚传质的特点是烧结时颈部区域扩大，球的形状变为椭圆形，气孔形状改变，但球与球之间的中心距不变，也就是在这种传质过程中坯体不发生收缩。气孔形状的变化对坯体一些宏观性质有可观的影响，但不影响坯体密度。气相传质过程要求把物质加热到可以产生足够蒸气压的温度。对于几微米的粉末体，要求蒸气压最低为 10^{-1}Pa，才能看出传质的效果。而烧结氧化物材料往往达不到这样高的蒸气压，如 Al_2O_3 在 1200℃时蒸气压只有 10^{-41}Pa，因而一般硅酸盐材料的烧结中这种传质方式并不多见。但近年来一些研究报道，ZnO 在 1100℃以上烧结和 TiO_2 在 1300～1350℃烧结时，符合式（3-10）的烧结速率方程。

3.2.2 扩散传质

在大多数固体材料中，由于高温下蒸气压低，则传质更易通过固态内质点扩散过程来进行，此传质过程称为扩散传质。

库津斯基在 1949 年提出颈部应力模型有助于理解烧结的推动力是如何促使质点在固态中发生迁移的。假定有两个球形颗粒形成接触颈部，并且颗粒晶体是各向同性的

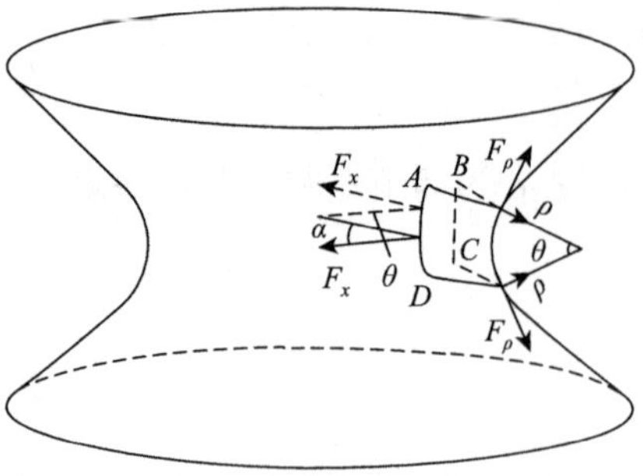

图 3-7　作用在颈部弯曲表面上的力

（图 3-7），从其上取一个弯曲的曲颈基元 $ABCD$，ρ 和 x 为两个主曲率半径。假设指向接触面颈部中心的曲率半径 x 具有正号，而颈部曲率半径 ρ 为负号。又假设 x 与 ρ 各自间的夹角均为 θ，作用在曲颈基元上的表面张力为 F_x 和 F_ρ。可以通过表面张力的定义来计算。

由图可见：

$$F_x = \gamma\overline{AD} = \gamma\overline{BC} \tag{3-11}$$

$$F_\rho = -\gamma\overline{AB} = -\gamma\overline{DC} \tag{3-12}$$

$$\overline{AD} = \overline{BC} = 2\left(\rho\sin\frac{\theta}{2}\right) = 2\rho\frac{\theta}{2} = \rho\theta \tag{3-13}$$

$$\overline{AB} = \overline{DC} = x\theta \tag{3-14}$$

因为 θ 很小，所以 $\sin\theta=\theta$。因而得到

$$F_x = \gamma\rho\theta,\quad F_\rho = -\gamma x\theta \tag{3-15}$$

作用在垂直于 $ABCD$ 元上的力 F 为

$$F = 2\left(F_x\sin\frac{\theta}{2} + F_\rho\sin\frac{\theta}{2}\right) \tag{3-16}$$

将 F_x 和 F_ρ 代入式（3-16），并考虑 $\sin(\theta/2)\approx\theta/2$，可得

$$F = \gamma\theta^2(\rho - x) \tag{3-17}$$

力除以其作用的面积即得应力。$ABCD$ 元的面积 $=\overline{AD}\cdot\overline{AB} = \rho\theta\cdot x\theta = \rho x\theta^2$。作用在面积元上的应力 σ 为

$$\sigma = \frac{F}{A} = \frac{\gamma\theta^2(\rho - x)}{x\rho\theta^2} = \gamma\left(\frac{1}{x} - \frac{1}{\rho}\right) \approx -\frac{\gamma}{\rho} \tag{3-18}$$

因为 $x \gg \rho$，所以 $\sigma\approx-\gamma/\rho$。

式（3-18）表明，作用在颈部的应力主要由 F_ρ 产生，F_x 可以忽略不计。从式（3-18）可见，σ_ρ 是张应力。两个相互接触的晶粒系统处于平衡，如果将两晶粒看作弹性球模型，根据应力分布分析可以预料，颈部的张应力 σ_ρ 由两个晶粒接触中心处同样大小的压应力 σ_2 平衡，这种应力分布如图 3-8 所示。

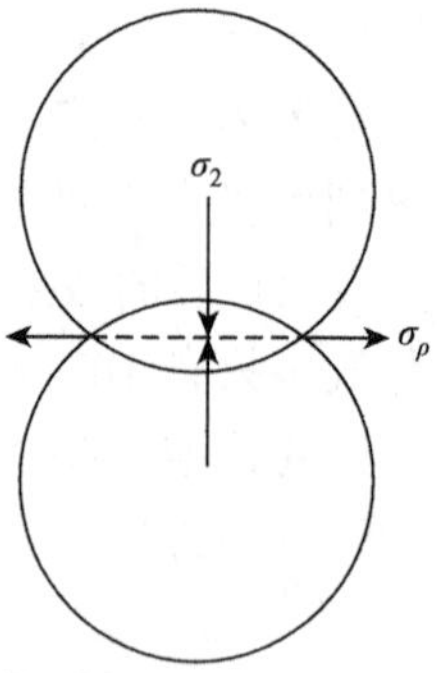

图 3-8　作用在颈部表面的最大应力

若两颗粒直径均为 2μm，接触颈部半径 x 为 0.2μm，此时颈部表面的曲率半径 ρ 为 0.001～0.01μm。若表面张力为 72J/cm^2。由式（3-18）可计算得到 σ_ρ 约为 10^7N/m^2。

烧结前的粉末如果是由同径颗粒堆积而成的理想紧密堆积，颗粒接触点上最大压应力相当于外加一个静压力。在真实系统中，由于球体尺寸不一，颈部形状不规则，堆积方式不相同等原因，接触点上应力分布产生局部剪应力。因此，在剪应力作用下可能出现晶粒彼此沿晶界剪切滑移，滑移方向由不平衡的剪应力方向而定。在烧结开始阶段，在这种局部剪应力和流体静压力影响下，颗粒

间出现重新排列，从而使坯体堆积密度提高，气孔率降低，坯体出现收缩，但晶粒形状没有变化，颗粒重排不可能导致气孔完全消除。

在扩散传质中要达到颗粒中心距离缩短必须有物质向气孔迁移，气孔作为空位源，空位进行反向迁移。颗粒点接触处的应力促使扩散传质中物质的定向迁移。

下面通过晶粒内不同部位空位浓度的计算来说明晶粒中心靠近的机理。

在无应力的晶体内，空位浓度 C_0 是温度的函数，可写作

$$C_0=\frac{n_0}{N}=\exp\left(-\frac{E_{\mathrm{V}}}{kT}\right) \tag{3-19}$$

式中，N 为晶体内原子总数；n_0 为晶体内空位数；E_{V} 为空位生成能。

由于颗粒接触的颈部受到张应力，而颗粒接触中心处受到压应力，并且颗粒间不同部位所受的应力不同，所以不同部位形成空位所做的功也有差别。

在颈部区域和颗粒接触区域由于有张应力和压应力的存在，空位形成时有不同附加功，表示如下：

$$E_{\mathrm{t}}=\frac{\gamma}{\rho}\Omega=-\sigma\Omega \tag{3-20a}$$

$$E_{\mathrm{p}}=-\frac{\gamma}{\rho}\Omega=\sigma\Omega \tag{3-20b}$$

式中，E_{t}、E_{p} 分别为颈部受张应力和压应力时，形成体积为 Ω 空位所做的附加功。

在颗粒内部无应力区域形成空位所做的功为 E_{V}。因此，在颈部或接触点区域形成一个空位所做的功 E_{V}' 为

$$E_{\mathrm{V}}'=E_{\mathrm{V}}\pm\sigma\Omega \tag{3-21}$$

在压应力区（接触点）：

$$E_{\mathrm{V}}'=E_{\mathrm{V}}+\sigma\Omega \tag{3-21a}$$

在张应力区（颈表面）：

$$E_{\mathrm{V}}'=E_{\mathrm{V}}-\sigma\Omega \tag{3-21b}$$

由式（3-21）可见，在不同部位形成一个空位所做的功的大小次序如下。

张应力区空位形成功＜无应力区空位形成功＜压应力区空位形成功。由于空位形成功不同，引起区域的空位浓度差异不同。

若$[C_{\mathrm{p}}]$、$[C_0]$、$[C_{\mathrm{t}}]$分别代表压应力区、无应力区和张应力区的空位浓度，则

$$[C_{\mathrm{p}}]=\exp\left(-\frac{E_{\mathrm{V}}'}{kT}\right)=\exp\left(-\frac{E_{\mathrm{V}}+\sigma\Omega}{kT}\right)=[C_0]\exp\left(-\frac{\sigma\Omega}{kT}\right) \tag{3-22}$$

若 $\sigma\Omega/kT\ll 1$，当 $x\to 0$，$\mathrm{e}^{-x}=1-x+\frac{x^2}{2!}-\frac{x^3}{3!}+\frac{x^4}{4!}+\cdots$，则

$$\exp\left(-\frac{\sigma\Omega}{kT}\right)=1-\frac{\sigma\Omega}{kT} \tag{3-23}$$

将式（3-23）代入式（3-22），得

$$[C_{\mathrm{p}}]=[C_0]\left(1-\frac{\sigma\Omega}{kT}\right) \tag{3-24}$$

同理

$$[C_t]=[C_0]\left(1+\frac{\sigma\Omega}{kT}\right) \tag{3-25}$$

由式（3-24）和式（3-25），可以得到颈部表面与接触中心之间空位浓度的最大差值 $\Delta_1[C]$为

$$\Delta_1[C]=[C_t]-[C_p]=2[C_0]\frac{\sigma\Omega}{kT} \tag{3-26}$$

由式（3-21）和式（3-25），可以得到颈部表面与颗粒内部（没有应力区域）之间空位浓度的差值 $\Delta_2[C]$为

$$\Delta_2[C]=[C_t]-[C_0]=[C_0]\frac{\sigma\Omega}{kT} \tag{3-27}$$

由以上计算可见，$[C_t]>[C_0]>[C_p]$和 $\Delta_1[C]>\Delta_2[C]$。这表明颗粒不同部位空位浓度不同，颈部表面张应力区空位浓度大于晶粒内部，受压应力的颗粒接触中心空位浓度最低。空位浓度差是自颈到颗粒接触点大于颈至颗粒内部。系统内不同部位空位浓度的差异对扩散时空位的漂移方向十分重要。扩散首先从空位浓度最大的部位（颈部表面）向空位浓度最低的部位（颗粒接触点）进行，其次是颈部向颗粒内部扩散。空位扩散即原子或离子的反向扩散。因此，扩散传质时，原子或离子由颗粒接触点向颈部迁移，达到气孔充填的效果。

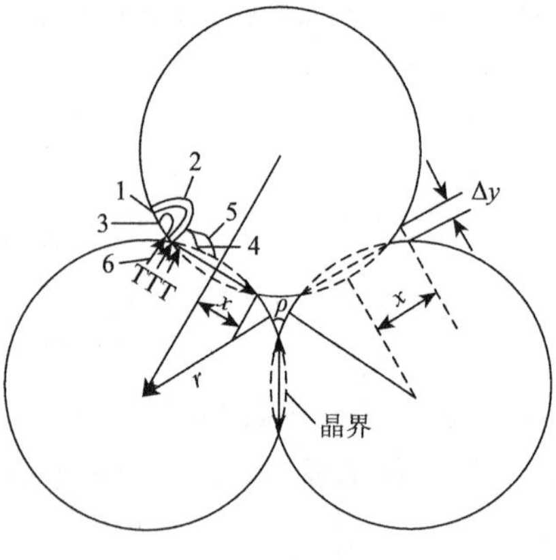

图 3-9　烧结初期物质的迁移路线
（箭头表示物质扩散方向）

图 3-9 和表 3-1 表示扩散传质途径。从图中可以看到扩散沿颗粒表面进行，也可以沿着两颗粒之间的界面进行或在晶粒内部进行，分别称为表面扩散、界面扩散和体积扩散。无论扩散途径如何，扩散的终点都是颈部。当晶格内结构基元（原子或离子）移至颈部时，原来结构基元所占位置成为新的空位，晶格内其他结构基元补充新出现的空位，物质就以这种“接力”的方式向内部传递而空位向外部转移。空位在扩散传质中可以在以下三个部位消失：自由表面、内界面（晶界）和位错。随着烧结的进行，晶界上的原子（或离子）活动频繁，排列很不规则，因此晶格内空位一旦移动到晶界上，结构基元的排列只需稍加调整，空位就易消失。随着颈部填充和颗粒接触点处结构基元的迁移，出现了气孔的缩小和颗粒中心距逼近，表现在宏观上则为气孔率下降和坯体的收缩。

表 3-1　图 3-9 中所示烧结初期物质的迁移路线

编号	线路	物质来源	物质沉淀
1	表面扩散	表面	颈部
2	晶格扩散	表面	颈部

续表

编号	线路	物质来源	物质沉淀
3	气相扩散	表面	颈部
4	晶界扩散	晶界	颈部
5	晶格扩散	晶界	颈部
6	晶格扩散	位错	颈部

扩散传质过程按烧结温度及扩散进行的程度可分为烧结初期、中期和后期三个阶段。

1. *初期*

在烧结初期，表面扩散的作用较显著。表面扩散开始的温度远低于体积扩散。烧结初期坯体内有大量连通气孔，表面扩散使颈部充填（此阶段 $x/r<0.3$）和促使孔隙表面光滑，以及气孔球形化。由于表面扩散对孔隙的消失和烧结体的收缩无显著影响，该阶段坯体的气孔率大，收缩在1%左右。

以图3-4（b）中中心距缩短的双球模型为例，物质由晶界通过体积扩散到颈部表面（也可看作空位由颈部表面空位源通过体积扩散至晶界处消失）。烧结速率可用颈部体积生长速率表示，而颈部体积生长速率又是空位扩散速率的函数。因此，要获得动力学方程，需先获得两个参数，一是空位（或物质）的扩散速率，另一个是颈部体积的增长速率 $\mathrm{d}V/\mathrm{d}t$，即单位时间内通过颈部表面积 A 的空位扩散量应等于颈部体积增长速率。

由图3-4（b）可知，$r^2=x^2+(r^2-2\rho^2)$，可得到

$$\rho=\frac{x^2}{4r} \tag{3-28}$$

此外，由图3-4（b）还可知，两球体间所形成的颈部形状类似凸透镜，因此可以分别得出颈部区域的表面积 A 和体积 V 为

$$A=\frac{\pi^2x^3}{2r} \tag{3-29a}$$

$$V=\frac{\pi x^4}{4r} \tag{3-29b}$$

类似于式（3-5），可以写出

$$\ln\frac{C_1}{C_0}=-\frac{\gamma M}{dRT}\left(\frac{1}{\rho}+\frac{1}{x}\right) \tag{3-30}$$

式中，C_1 和 C_0 分别为颈部与颗粒表面处的空位浓度。因为 $\ln\frac{C_1}{C_0}\approx\frac{\Delta C}{C_0}$，$x\gg\rho$，所以可以把式（3-30）改写成

$$\frac{\Delta C}{C_0}=-\frac{\gamma M}{dRT\rho}=-\frac{\gamma a^3}{RT\rho} \tag{3-31}$$

式中，a^3 为扩散空位的原子体积。

传质时颈部体积增长的速率可以表示为

$$\frac{dV}{dt}=-D_V\frac{\Delta C}{\rho}A \tag{3-32}$$

式中，D_V 为空位的扩散系数，它与自扩散系数 D^* 的关系为

$$D^*=-D_V C_0 \tag{3-33}$$

把式（3-28）、式（3-29a）、式（3-29b）、式（3-31）和式（3-33）均代入式（3-32），整理后经过积分得到

$$\frac{x}{r}=\left(\frac{40\pi\gamma a^3 D^*}{kT}\right)^{\frac{1}{5}} r^{-\frac{3}{5}} t^{\frac{1}{5}} \tag{3-34}$$

随着初期烧结的进行，颗粒中心相互接近，素坯发生收缩而致密化。材料的体积收缩率及线收缩率如下式所示：

$$\frac{\Delta V}{V}=3\frac{\Delta L}{L}=3\left(\frac{2\rho}{2r}\right) \tag{3-35}$$

计算后可得

$$\frac{\Delta V}{V}=3\frac{\Delta L}{L}=3\left(\frac{5\pi\gamma a^3 D^*}{4kT}\right)^{\frac{2}{5}} r^{-\frac{6}{5}} t^{\frac{2}{5}} \tag{3-36}$$

式（3-34）和式（3-36）是扩散传质初期动力学公式。这两个公式的正确性已由实验所证实。科布尔（Coble）分析了图 3-9 几种可能的扩散途径，并对氧化铝和氟化钠进行烧结实验，结果证实颗粒间接触部位（x/r）随时间的 1/5 次方而增长。坯体的线收缩 $\Delta L/L$ 正比于时间的 2/5 次方。

当以扩散传质为主的烧结中，由方程（3-32）和方程（3-33）出发，从工艺角度考虑，在烧结时需要控制的主要变量如下。

1）烧结时间

由于接触颈部半径 x/r 与时间的 1/5 次方成正比，颗粒中心距近似与时间的 2/5 次方成正比，这两个关系可以由 Al_2O_3 和 NaF 试块在一定温度下烧结的线收缩与时间关系的实验来证实（图 3-10），即致密化速率随时间增长而稳定下降，并产生一个明显的终点密度。从扩散传质机理可知，随着细颈部扩大，曲率半径增大，传质的推动力——空位浓

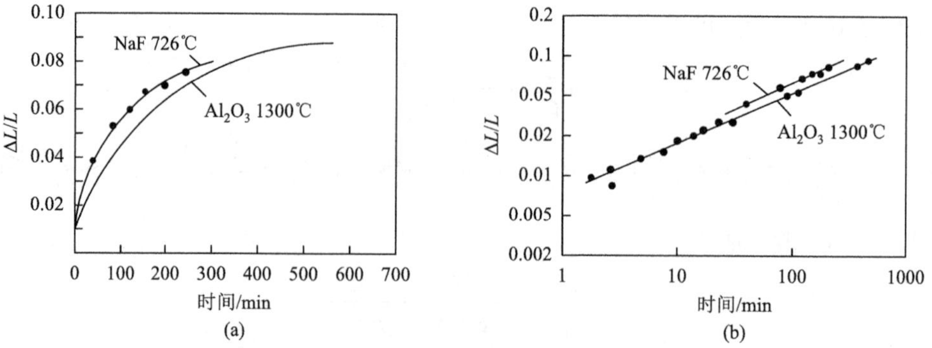

图 3-10　Al_2O_3 和 NaF 试块的烧结收缩曲线

度差逐渐减小。因此，以扩散传质为主要传质手段的烧结，用延长烧结时间来达到坯体致密化的目的是不妥当的。对这一类烧结宜采用较短的保温时间，如 99.99%的 Al_2O_3 陶瓷保温时间为 1～2h，时间不宜过长。

2）原料的起始粒度

由式（3-34）可见，$x/r \propto r^{-3/5}$，即颈部增长约与粒度的 3/5 次方成反比，这说明大颗粒原料在很长时间内也不能充分烧结（x/r 始终小于 0.1，而小颗粒原料在同样时间内致密化速率很高，$x/r \to 0.4$）。因此，在扩散传质的烧结过程中，起始粒度的控制是相当重要的。

3）温度

温度对烧结过程有决定性的作用。由式（3-34）和式（3-36），温度 T 出现在分母上，似乎温度升高，$\Delta L/L$ 和 x/r 会减小。但实际上温度升高，自扩散系数 $D^* = D_0 \exp\left(\frac{-Q}{RT}\right)$ 明显增大，因此升高温度必然加快烧结的进行。如果将式（3-34）和式（3-36）中各项可以测定的常数归纳起来，则可以写成

$$Y^P = Kt \tag{3-37}$$

式中，Y 为烧结收缩率 $\Delta L/L$；K 为烧结速率常数。当温度不变时，界面张力 γ、扩散系数 D^*等均为常数。在此式中颗粒半径 r 也归入 K 中；t 为烧结时间。

将式（3-37）取对数，可得

$$\lg Y = \frac{1}{P}\lg t + K' \tag{3-38}$$

用收缩率 Y 的对数和时间对数作图，可得到一条直线，其截距为 K'（随烧结温度升高而增加），而斜率为 $1/P$（不随温度变化）。

烧结速率常数与温度的关系和化学反应速率常数与温度的关系一样，也服从阿伦尼乌斯方程，即

$$\ln K = A - \frac{Q}{RT} \tag{3-39}$$

式中，Q 为相应的烧结过程激活能；A 为常数。

在烧结实验中通过式（3-39）可以求得 Al_2O_3 烧结的扩散激活能为 690kJ/mol。

在以扩散传质为主的烧结过程中，除体积扩散外，质点还可以沿表面、界面或位错等处进行多种途径的扩散。这样相应的烧结动力学公式也不相同。库津斯基综合各种烧结过程的典型方程为

$$\left(\frac{x}{r}\right)^n = \frac{F(T)}{r^m}t \tag{3-40}$$

式中，$F(T)$为温度的函数。

在不同的烧结机理中，包含不同的物理常数，如扩散系数、饱和蒸气压、黏滞系数和表面张力等。这些常数均与温度有关。各种烧结机理的区别反映在指数 m 与 n 的不同上，其值如表 3-2 所示。

表 3-2　式（3-40）中的指数

传质方式	黏性流动	蒸发-凝聚	体积扩散	晶界扩散	表面扩散
m	1	1	3	2	3
n	2	3	5	6	7

2. 中期

烧结进入中期，颗粒开始黏结，颈部扩大，气孔由不规则形状逐渐变成由三个颗粒包围的圆柱形管道，气孔相互连通，晶界开始移动，晶粒正常生长。这一阶段以晶界和晶格扩散为主，坯体气孔率降低为5%左右，收缩达80%～90%。

经过初期烧结后，颈部生长使球形颗粒逐渐变成多面体形。此时的传质过程（或者说空位的反传递过程）是以晶界上的气孔作为空位源的，空位沿晶界扩散或沿附近的晶格扩散。因为晶界与晶粒的形状、晶粒尺寸分布、每个晶粒的边数、气孔的尺寸及数量等密切相关，所以对于烧结中期特征模型的建立需综合考虑以上因素。然而，此时晶粒分布及空间堆积方式等均很复杂，定量描述更为困难。

科布尔综合各种复杂的因素，提出了一个简单的多面体模型，把晶粒结构简化地抽象为理想的空间堆积体。他假设烧结体在中期时是由多个十四面体堆积而成的（图3-11）。十四面体是由正八面体沿其顶点在边长1/3处截去头部而得到的，截后有6个四边形和8个六边形的面，这种多面体可按体心立方紧密堆积在一起，如图3-11（b）所示。十四面体顶点是四个晶粒交汇点，每个边是三个晶粒的交界线，它相当于圆柱形气孔通道，成为烧结时的空位源。空位从圆柱形空隙向晶粒接触面扩散，而原子反向扩散使坯体致密。

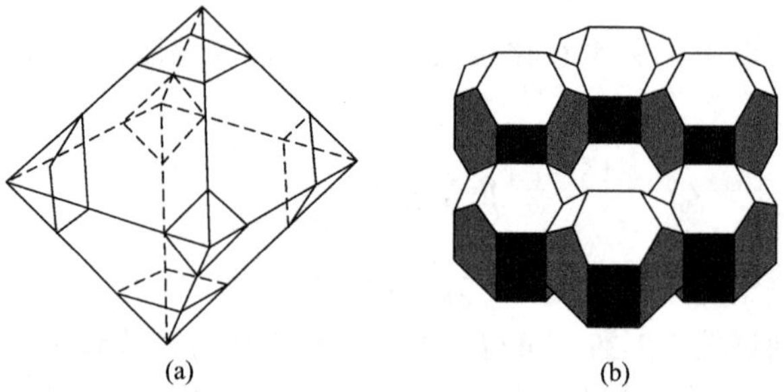

图3-11　十四面体模型

可以算出该十四面体的体积为

$$V = 8\sqrt{2}l^3 \tag{3-41}$$

式中，l为十四面体的边长。

十四面体共有36条边和24个角，半径为r的圆柱形气孔就沿着这36条边（即晶界）连通分布，因而气孔的总体积V为

$$V = \frac{1}{3}(36\pi r^3 l) \tag{3-42}$$

式中，$\frac{1}{3}$表示十四面体的每条棱边为3个晶粒所共有。将式（3-42）除以式（3-41）即可求得气孔的体积分数P为

$$P=\frac{1}{3}(36\pi r^3 l)/(8\sqrt{2}l^3)\approx 1.06\pi r^3/l^2 \tag{3-43}$$

科布尔根据上述十四面体模型确定了烧结中期坯体气孔率P_c随烧结时间t变化的关系式：

$$P_c=\frac{10\pi D^*\gamma\Omega}{kTL^3}(t_1-t) \tag{3-44}$$

式中，D^*为自扩散系数；γ为界面张力；Ω为空位体积；T为温度；L为圆柱形空隙的长度；t为烧结时间；t_1为烧结完成需要的时间。

由式（3-44）可见，烧结中期气孔率与时间t呈线性关系，因而烧结中期致密化速率较快。

3. 后期

烧结进入后期，气孔已封闭且相互孤立，气孔位于四个晶粒包围的顶点。晶粒已明显长大，坯体收缩达90%～100%，密度达到理论值的95%以上。

从十四面体模型来看，可以理解为气孔已由圆柱形孔道收缩成位于十四面体的24个顶点处的孤立气孔。因为十四面体有24个角，每个角为4个晶粒共有，所以总气孔体积变为

$$V=\frac{24}{4}\left(\frac{4}{3}\pi r^3\right) \tag{3-45}$$

式中，r为处于每个十四面体顶角处的球形气孔半径。因此，气孔的体积分数P就变为

$$P=(8\pi r^3)/(8\sqrt{2}l^3)=\frac{\pi r^3}{\sqrt{2}l^3} \tag{3-46}$$

根据此模型，科布尔导出了烧结后期坯体气孔率为

$$P_t=\frac{6\pi D^*\gamma\Omega}{\sqrt{2}kTL^3}(t_1-t) \tag{3-47}$$

式中，各参数定义与式（3-44）中的相同。该式适用于陶瓷材料中气孔率由2%降为0%的后期扩散烧结过程，但对于气孔率由5%降为2%的这一段烧结过程则不适用，因为该过程涉及气孔由连通转变为不连通的过渡阶段，过程较为复杂。

式（3-47）中气孔率与时间t也呈线性关系，表明烧结中期和烧结后期的规律基本相同。当温度和晶粒尺寸不变时，气孔率随烧结时间线性地减小。图3-12表示Al_2O_3烧结至理论密度的95%以前，坯体密度与时间近似为直线关系，其特点与式（3-44）和式（3-47）所示的理论模型是一致的。

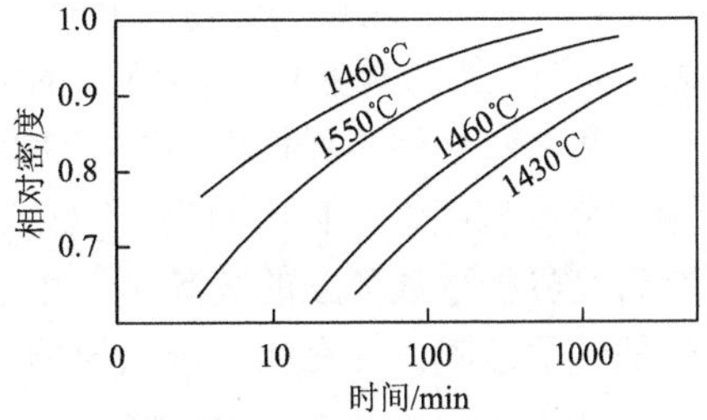

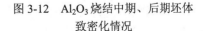

图3-12 Al_2O_3烧结中期、后期坯体致密化情况

固相烧结的传质方式除了蒸发-凝聚传质和扩

散传质外，还有塑性流动，这种传质过程涉及液相，因此其将在“液相烧结”部分予以介绍。

3.3 液相烧结与动力学方程

3.3.1 液相烧结的定义及基本特点

液相烧结源于粉末冶金，凡是有液相参与的烧结过程均可称为液相烧结。粉末中总含有少量杂质，因此大多数材料在烧结中都会或多或少地出现液相。即使在没有杂质的纯固相系统中，高温下还会出现“接触”熔融现象，因而纯粹的固相烧结实际上不易实现。

液相烧结与前面介绍的固相烧结之间有相同之处：烧结的推动力都是表面能；烧结过程也是由颗粒重排、气孔填充和晶粒生长等阶段组成的。但它们之间也存在不同：液相烧结的烧结机理是以一定数量低共熔的多元氧化物为烧结助剂，在高温下烧结助剂形成共熔液相，使体系的传质方式由扩散传质变为黏性流动。流动传质速率比扩散快，因而液相烧结的致密化速率高，可使坯体在比固相烧结温度低得多的情况下获得致密的烧结体。例如，碳化硅是一种强共价键化合物，在高温下的自扩散系数相当低，导致其固相烧结在很高的温度下都难以实现；而采用液相烧结则可降低碳化硅致密化所需的能量和烧结温度，固溶体的形成引起晶格缺陷，碳化硅及其晶格振动更容易，大大增加了碳化硅内部空位，促进了碳化硅的活化烧结。可见，液相的出现促进了烧结的进行，但这也使得液相烧结过程的速率与液相的数量、液相性质（黏度、表面张力等）、液相与固相的浸润情况、固相在液相中的溶解度等有密切的关系。因此，影响液相烧结的因素比固相烧结更为复杂，这为定量研究带来了困难。

3.3.2 影响液相烧结的因素

当有液相参与固体粉末烧结时，在晶界附近有液相存在，如图 3-13 所示。当液-固相达到平衡时，存在如下关系：

$$\cos\frac{\varphi}{2}=\frac{1}{2}\frac{\gamma_{SS}}{\gamma_{SL}} \tag{3-48}$$

式中，φ 称为二面角；γ_{SS} 为两个固态晶粒间的晶界能；γ_{SL} 为固-液间的界面张力。式（3-48）表明，固-固-液体系中二面角 φ 的大小取决于 γ_{SS} 与 γ_{SL} 的相对大小。当 $\gamma_{SS}/\gamma_{SL}\geqslant 2$ 时，液相将沿颗粒间晶界自由渗透，使颗粒被分隔；当 γ_{SS}/γ_{SL} 为 $\sqrt{2}$～2 时，φ 为 0°～90°，液相部分浸润固相颗粒；而当 $\gamma_{SS}/\gamma_{SL}\leqslant\sqrt{2}$ 时，$\varphi\geqslant 90°$，液相不浸润固相颗粒，液相在三晶粒交界处形成孤立的液滴状。故当 $\gamma_{SS}\geqslant 2\gamma_{SL}$ 时，固相颗粒将被浸润并相互拉紧，中间形成一层液膜，并在相互接触的颗粒之间形成颈部，液体表面呈凹面，如图 3-14 所示。对于曲率半径为 ρ 的凹面，将产生一个负压，即 γ/ρ（γ 为液相表面张力）。曲率半径越小，产生的负压越大。由于这个力，即毛细管力，是指向凹面中心的，使液面向曲率中心移动，因此在该力的作用下，固相颗粒间发生滑移、重排而趋于紧密排列，最后颗粒

间的斥力和表面张力达到平衡，并在接触点处受到很大压力，该压力将引起接触点处固相化学位或活度的增加，其可表示为

$$\mu - \mu_0 = RT\ln\frac{a}{a_0} = \Delta PV_0 \tag{3-49a}$$

或

$$\ln\frac{\alpha}{\alpha_0} = \frac{2K_0\gamma_{LG}V_0}{r_pRT} \tag{3-49b}$$

式中，K_0为常数；V_0为摩尔体积；r_p为气孔半径；α 和 α_0 分别为接触点处与平面处的离子活度；γ_{LG}为液体表面能。显然，接触点处活度增加可提供物质传递的推动力。

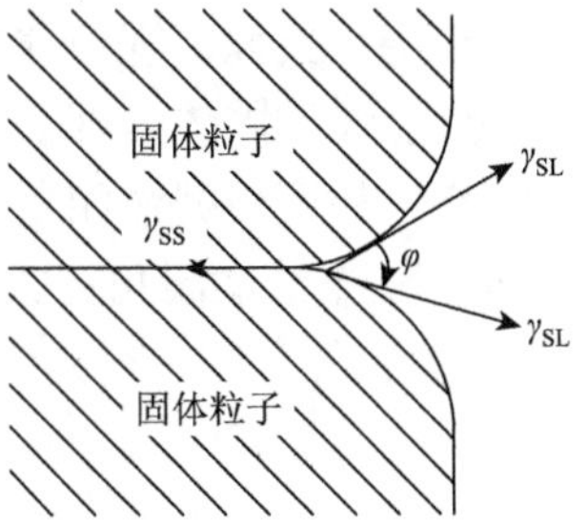

图 3-13　液相对固相颗粒的润湿

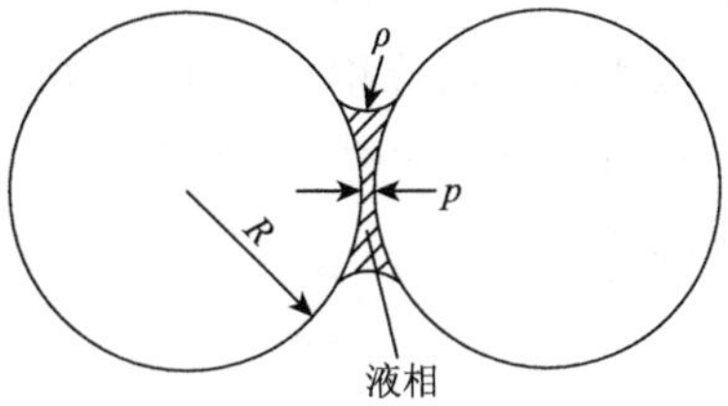

图 3-14　固相颗粒颈部的液相

因此，液相烧结也是以表面张力为动力，通过颗粒的重排、溶解沉淀和颗粒长大等步骤来完成的，其致密化过程大致可分为以下三个阶段（图 3-15）。

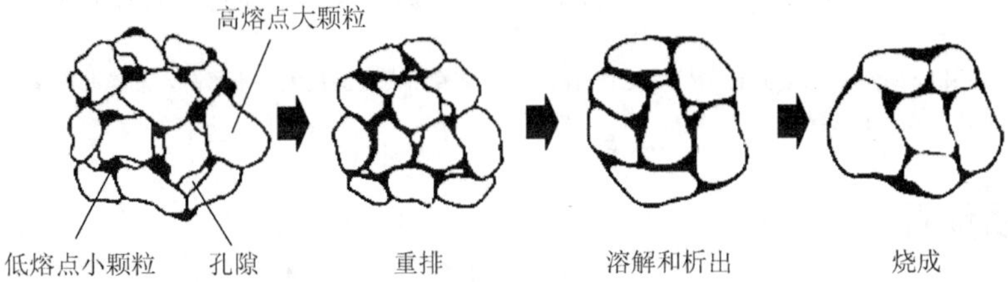

图 3-15　液相烧结致密化过程示意图

1. 液相生成和颗粒重排

当液相生成后，因液相浸润固相，并渗入颗粒间隙，如果液相量足够，固相颗粒将完全被液相包围而近似于悬浮状态，在液相表面张力作用下发生位移、调整位置，从而达到最紧密的排列。在这一阶段，烧结体密度增加迅速。

2. 固相溶解和析出

由于固相颗粒大小不同、表面形状不规整、颗粒表面各部位的曲率不同，溶解于液相的平衡浓度不相等，由浓度差引起颗粒之间和颗粒不同部位之间的物质迁移也就不一致。小颗粒或颗粒表面曲率大的部位溶解较多；另外，溶解的物质又在大颗粒表面或其

有负曲率的部位析出。结果是固相颗粒外形逐渐趋于球形或其他规则形状，小颗粒逐渐缩小或消失，大颗粒长大，颗粒更加靠拢。但因在此阶段充分进行之前，烧结体内气孔已基本消失，颗粒间距已很小，故致密化速度显著减慢。

3. 固相骨架形成

液相烧结经过上述两阶段后，固相颗粒相互靠拢，颗粒间彼此黏结形成骨架，剩余的液相充填于骨架的间隙。此时以固相烧结为主，致密化速度显著减慢，烧结体密度基本不变。

但要实现液相烧结，通常还需满足以下三个条件：①必须有一定数量的液相，并且液相的黏度适中，一般以在冷却时能填满固相颗粒的间隙为宜；②固相在液相中有一定的可溶性，否则在表面张力的作用下，物质的传递就与固相烧结类似；③液体能浸润固相，否则相互接触的两个固相颗粒就会直接黏附，这样就只能通过固体内部的传质才能进一步致密化，而液相的存在对这些过程就没有实质的影响。故可根据液相量及液相性质，将液相烧结分为两类三种情况，如表 3-3 所示。表中 θ_{LS} 为固-液润湿角；C 为固相在液相中的溶解度。

表 3-3　液相烧结类型

类型	条件	液相量	烧结模型	主要传质方式
I	$\theta_{LS}>90°$或$C=0$	0.01%～0.5%（摩尔分数）	双球模型	扩散
II	$\theta_{LS}<90°$或$C>0$	少	Kingery 模型	溶解-沉淀
		多	LSW 模型	

注：（1）Kingery 液相烧结模型：在液相量较少时，溶解-沉淀传质过程发生在晶粒接触界面处溶解，通过液相传递扩散到球形颗粒自由表面上沉积。

（2）LSW（Lifshitz-Slyozov-Wagner）模型：当坯体内有大量液相而且晶粒大小不等时，晶粒间曲率差导致使小晶粒溶解，通过液相传质到大晶粒上沉积。

3.3.3　流动传质

1. 黏性流动传质

在液相烧结时，由于高温下黏性液体（熔融体）出现牛顿型流动而产生的传质称为黏性流动传质或黏性蠕变传质。在高温下依靠黏性液体流动而致密化是大多数硅酸盐材料烧结的主要传质过程。

在固相烧结时，晶体内的晶格空位在应力作用下，由空位的定向流动而引起的形变称为黏性蠕变或纳巴罗-赫林（Nabarro-Herring）蠕变。它与由空位浓度差引起的扩散传质的区别在于黏性蠕变是在应力作用下，整排原子沿着应力方向移动，而扩散传质仅是一个质点的迁移。

黏性蠕变是通过黏度系数 η 把黏性蠕变速率与应力联系起来的。

$$\varepsilon=\sigma/\eta \tag{3-50}$$

式中，ε 为黏性蠕变速率；σ 为应力。

由计算可得，烧结系统的宏观黏度系数$\eta = KTd^2/(8D^*\Omega)$。其中，$d$为晶粒直径，因而$\varepsilon$可写作

$$\varepsilon = \frac{8D^*\sigma\Omega}{KTd^2} \tag{3-51}$$

对于无机材料粉体的烧结，将典型数据代入式（3-51）（$T = 2000\text{K}$，$D^* = 10^{-9}\text{cm}^2/\text{s}$，$\Omega = 1\times10^{-24}\text{cm}^3$）可以发现，当扩散路程分别为0.01μm、0.1μm、1μm和10μm时，对应的宏观黏度分别为10^8dPa·s、10^{10}dPa·s、10^{13}dPa·s和10^{14}dPa·s，而烧结时宏观黏度系数的数量级为10^8～10^9dPa·s，由此推测，在烧结时黏性蠕变传质起决定性作用的仅是限于路程为0.01～0.1μm数量级的扩散，即通常限于晶界区域或位错区域，尤其是在无外力作用下，烧结晶态物质形变只限于局部区域。然而，当烧结体内出现液相时，由于液相中扩散系数比结晶体中大几个数量级，整排原子的移动甚至整个颗粒的形变也是能发生的。

1945年弗兰克尔提出具有液相的黏性流动烧结模型，在高温下物质的黏性流动可以分为两个阶段：首先是相邻颗粒接触面增大，颗粒黏结直至孔隙封闭。然后封闭气孔的黏性压紧，残留闭气孔逐渐缩小。

假如两个颗粒相接触，与颗粒表面比较，在曲率半径为ρ的颈部有一个负压力，在此压力作用下引起物质的黏性流动，结果使颈部填充，从表面积减小的能量变化等于黏性流动消耗的能量出发，弗兰克尔导出颈部增长公式为

$$\frac{x}{r} = \left(\frac{3\gamma}{2\eta}\right)^{\frac{1}{2}} r^{-\frac{1}{2}} t^{\frac{1}{2}} \tag{3-52}$$

式中，r为颗粒半径；x为颈部半径；η为液体黏度；γ为液-气表面张力；t为烧结时间。

由颗粒间中心距逼近而引起的收缩是

$$\frac{\Delta L}{L_0} = \frac{3\gamma}{4\eta r} t \tag{3-53}$$

式（3-53）说明收缩率正比于表面张力，反比于黏度和颗粒半径。式（3-52）和式（3-53）仅适用于黏性流动初期的情况。

随着烧结的进行，坯体中的小气孔经过长时间烧结后，会逐渐缩小形成半径为r的封闭气孔。这时，每个闭口孤立气孔内部有一个负压力，等于$-2\gamma/r$，相当于作用在坯体外面使其致密的一个正压。麦肯齐（J. K. Mackenzie）等推导了带有相等尺寸的孤立气孔中黏性流动坯体内的收缩率关系式。利用近似法得出的方程式为

$$\frac{\mathrm{d}\theta}{\mathrm{d}t} = k(1-\theta)^{\frac{2}{3}} \theta^{\frac{1}{3}} \tag{3-54}$$

式中，θ为相对密度，即体积密度ρ/理论密度ρ_0；k为常数，$k = \frac{2}{3}\left(\frac{4\pi}{3}\right)^{\frac{1}{3}} n^{\frac{1}{3}} \frac{\gamma}{\eta}$，其中$n$表示单位体积内气孔的数目。

n与气孔半径r_0及θ有以下关系：

$$n\frac{4\pi}{3}r_0^3 = \frac{\text{气孔体积}}{\text{固体体积}} = \frac{\text{总体积}-\text{固体体积}}{\text{固体体积}} = \frac{\text{总体积}}{\text{固体体积}} - 1$$

$$=\frac{总质量}{体积密度}\cdot\frac{密度}{总质量}-1=\frac{1}{\theta}-1=\frac{1-\theta}{\theta} \tag{3-55}$$

$$n^{\frac{1}{3}}=\left(\frac{1-\theta}{\theta}\right)^{\frac{1}{3}}\left(\frac{3}{4\pi}\right)^{\frac{1}{3}}\frac{1}{r_0} \tag{3-56}$$

将式（3-56）代入式（3-54），并取 $0.41r=r_0$ 代入得

$$\frac{\mathrm{d}\theta}{\mathrm{d}t}\approx\frac{3}{2}\frac{\gamma}{r\eta}(1-\theta) \tag{3-57}$$

式（3-57）是适合黏性流动传质全过程的烧结速率公式。

一种黏性体致密化的一些实验数据列于图 3-16。图中实线是由式（3-57）计算得到的。起始烧结速率用虚线表示，它是由式（3-54）计算得到的。由图可见，随着温度升高，因黏度降低而导致致密化速率迅速提高。图中圆点是实验结果，与实线吻合很好，说明式（3-57）能用于计算黏性流动的致密化过程。

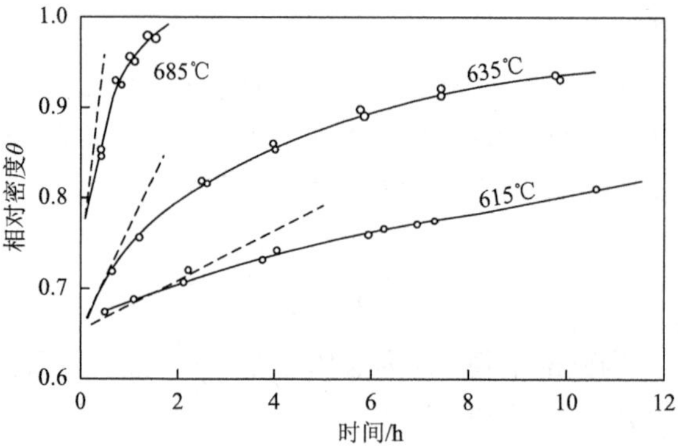

图 3-16　钠钙硅酸盐玻璃的致密化

由黏性流动传质动力学公式可以看出，决定烧结速率的三个主要参数是颗粒起始粒径、黏度和表面张力。颗粒直径从 10μm 减小至 1μm，烧结速率增大 10 倍。黏度和黏度随温度的迅速变化是需要控制的最重要因素。一个典型的钠钙硅玻璃，若温度变化 100℃，黏度变化约 1000 倍。如果某种坯体烧结速率太低，可以采用加入液相黏度较低的组分来提高烧结速率。对于常见的硅酸盐玻璃，其表面张力不会因组分的变化而有很大的改变。

2. 塑性流动

当坯体中液相含量很少时，高温下流动传质不能看成纯牛顿型流动，而是属于塑性流动类型，即只有作用力超过其屈服值 f 时，流动速率才与作用的剪应力成正比。此时式（3-57）改变为

$$\frac{\mathrm{d}\theta}{\mathrm{d}t}=\frac{3\gamma}{2\eta}\frac{1}{r}(1-\theta)\left(1-\frac{fr}{\sqrt{2}\gamma}\ln\frac{1}{1-\theta}\right) \tag{3-58}$$

式中，η 为作用力超过 f 时液体的黏度；r 为颗粒原始半径。

f 值越大，烧结速率越低。当屈服值 $f=0$ 时，式（3-58）即为式（3-57）。当最右侧

括号中的数值为零时，$d\theta/dt$ 也趋于零，此时即为终点密度。为了尽可能达到致密烧结，应选择最小的 r、η 和较大的 γ 。

在固相烧结中也存在塑性流动。在烧结早期，表面张力较大，塑性流动可以靠位错的运动来实现；而烧结后期，在低应力作用下靠空位自扩散而形成黏性蠕变，高温下发生的蠕变是以位错的滑移或攀移来完成的。塑性流动机理应用在热压烧结的动力学过程中是很成功的。

3.3.4 溶解-沉淀传质

在有固液两相的烧结中，当固相在液相中有一定的可溶性时，烧结传质过程就由部分细小固相颗粒溶解，而在另一部分较大的固相颗粒上沉积，最终的结果是晶粒长大和获得致密的烧结体。该过程称为溶解-沉淀传质，发生这一传质过程的烧结为具有活性液相的烧结。研究表明，发生溶解-沉淀传质的条件有：①存在一定数量的液相；②固相在液相内有一定的可溶性；③液体可润湿固相。

溶解-沉淀传质过程的推动力仍是颗粒的表面能，只是由于液相润湿固相，每个颗粒之间的空间都组成了一系列的毛细管，表面张力以毛细管力的方式使颗粒拉紧。毛细管中的熔体起到把分散在其中的固态颗粒结合起来的作用。毛细管力的数值为 $\Delta P = 2\gamma_{LG} / r$（$r$ 是毛细管半径），微米级颗粒之间有直径为 0.1～1μm 的毛细管，如果其中充满硅酸盐液相，毛细管压力可达 1.23～12.3MPa。可见毛细管压力所造成的烧结推动力是很大的。

溶解-沉淀传质过程以下面的方式进行：首先，随着烧结温度升高，出现足够量的液相。分散在液相中的固体颗粒在毛细管力的作用下，颗粒相对移动，发生重新排列，颗粒的堆积更紧密，大部分颗粒之间形成了点接触，在这些点接触处有高的局部应力导致塑性变形和蠕变，促使颗粒进一步重排。然后，由于较小的颗粒或较大颗粒接触点处溶解，通过液相传质而在较大颗粒的自由表面上沉积，从而出现晶粒长大和晶粒形状的变化，同时颗粒不断进行重排而致密化。如果液相量较少，液相不能完全浸润固相，此时形成固体骨架的再结晶和晶粒生长。

现将颗粒重排和溶解-沉淀传质过程两个阶段分述如下。

1. 颗粒重排

固相颗粒在毛细管力的作用下，通过黏性流动或在一些颗粒间的接触点上由于局部应力的作用而进行重新排列，得到了更紧密的堆积。在该阶段可粗略地认为，致密化速率是与黏性流动相应的，线收缩与时间约呈线性关系：

$$\Delta L / L \propto t^{1+x} \tag{3-59}$$

式中，指数 $1+x$ 的意义是略大于 1，这是考虑到烧结进行时，被包裹的小尺寸气孔减小，作为烧结推动力的毛细管压力增大，所以略大于 1。

颗粒重排对坯体致密度的影响取决于液相的数量。如果液相量不足，则液相既不能完全包围颗粒，也不能填充粒子间空隙。当液相由甲处流到乙处后，在甲处留下空隙，这时能产生颗粒重排但不足以消除空隙。当液相量超过颗粒边界薄层变形所需的量时，在重排完成后，固体颗粒占总体积的60%～70%，多余液相可以进一步通过流动传质、溶解-沉淀传质达到填充气孔的目的。这样可使坯体在这一阶段的烧结收缩率达总收缩率的60%以上。

颗粒重排促进致密化的效果还与固-液二面角及固-液浸润性能有关。当二面角越大，熔体对固体的润湿性能越差时，对致密化越不利。

2. 溶解-沉淀传质过程

溶解-沉淀传质根据液相量的不同可以有 Kingery 模型（颗粒在接触点处溶解，到自由表面上沉积）或 LSW 模型（小晶粒溶解至大晶粒处沉淀）进行模拟。其原理都是由于颗粒接触点处（或小晶粒）在液相中的溶解度大于自由表面处（或大晶粒）的溶解度。这样就在两个对应部位上产生化学位梯度 $\Delta\mu$，$\Delta\mu = RT\ln(\alpha/\alpha_0)$，$\alpha$ 为凸面处（或小晶粒）离子活度，α_0 为平面处（或大晶粒）离子活度。化学位梯度使物质发生迁移，通过液相传递而导致晶粒生长和坯体致密化。

Kingery 运用与固相烧结动力学公式类似的方法，并进行了合理分析，导出溶解-沉淀过程的收缩率为（图 3-4（b））

$$\frac{\Delta L}{L} = \frac{\Delta\rho}{r}\left(\frac{K\gamma_{LG}\delta DC_0V_0}{RT}\right)^{\frac{1}{3}} r^{-\frac{4}{3}}t^{\frac{1}{3}} \tag{3-60}$$

式中，$\Delta\rho$ 为中心距收缩的距离；K 为常数；γ_{LG} 为液-气表面张力；D 为被溶解物质在液相中的扩散系数；δ 为颗粒间液膜的厚度；C_0 为固相在液相中的溶解度；V_0 为液相体积；r 为颗粒起始粒度；t 为烧结时间。

式（3-60）中 γ_{LG}、δ、D、C_0 和 V_0 均是与温度有关的物理量，因此当烧结温度和起始粒度固定以后，式（3-60）可改写为

$$\frac{\Delta L}{L} = Kt^{\frac{1}{3}} \tag{3-61}$$

由式（3-60）和式（3-61）可以看出，溶解-沉淀的致密化速率约与时间 t 的 1/3 次方成正比。影响溶解-沉淀传质过程的因素还有颗粒的起始粒度、粉末特性（溶解度、浸润性能）、液相量、烧结温度等。由于固相在液相中的溶解度、扩散系数以及固-液浸润性能等目前几乎没有确切的数值可以利用，液相烧结的研究远比固相烧结更为复杂。

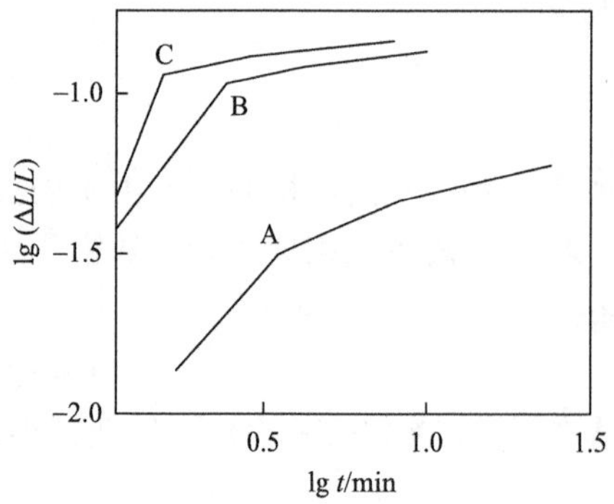

图 3-17　MgO + 2%高岭土在 1730℃下烧结的情况

烧结前 MgO 粒度 A 为 3μm，B 为 1μm，C 为 0.52μm

图 3-17 列出了 MgO + 2%高岭土（质量分数）在 1730℃时测得的 $\lg(\Delta L/L)$-$\lg t$ 的关系图。由图可以明显看出液相烧结三个不同的传质阶段。开始阶段直线斜率约为 1，符合颗粒重排过程，即方程（3-59）；第二阶段直线斜率约为 1/3，符合方程（3-61），即溶解-沉淀传质过程；最后阶段曲线趋于水平，说明致密化速率更缓慢，坯体已接近终点密度。此时在高温反应产生的

气泡包入液相中形成封闭气孔，只有依靠扩散传质填充气孔，若气孔内的气体不溶入液相，则随着烧结温度的升高，气泡内气压增高，抵消了表面张力的作用，烧结就停止了。

从图 3-17 中还可以看出，在这类烧结中，起始粒度对促进烧结有显著作用。图中粒度是 A＞B＞C，而 $\Delta L/L$ 是 C＞B＞A。溶解-沉淀传质中，Kingery 模型与 LSW 模型两种机理在烧结速率上的差异为

$$\left(\frac{\mathrm{d}V}{\mathrm{d}t}\right)_{\mathrm{K}}:\left(\frac{\mathrm{d}V}{\mathrm{d}t}\right)_{\mathrm{LSW}}=\frac{\delta}{h}:1 \tag{3-62}$$

式中，δ 为两颗粒间液膜的厚度，一般估计约为 $10^{-3}\mu\mathrm{m}$；h 为两颗粒中心相互接近的程度，h 随烧结进行很快达到并超过 1μm，因此 LSW 机理烧结速率往往比 Kingery 机理大几个数量级。

3.3.5 各种传质机理分析比较

以上分别讨论了四种烧结传质过程，在实际的固相或液相烧结中，这四种传质过程可以单独进行或几种传质同时进行。但每种传质的产生都有其特有的条件。现用表 3-4 对各种传质过程进行综合比较。

表 3-4 各种传质产生原因、条件、特点等综合比较

传质方式	蒸发-凝聚	扩散	流动	溶解-沉淀
原因	压力差 ΔP	空位浓度差 ΔC	应力-应变	溶解度
条件	ΔP＞1～10Pa，r＜10μm	ΔC＞n_0/N，r＜5μm	黏性流动黏度系数 η 小，塑性流动作用力＞屈服值	可观的液相量，固相在液相中溶解度大，固-液浸润
特点	（1）凸面蒸发，凹面凝聚 （2）$\Delta L/L=0$	（1）空位与结构基元相对扩散 （2）中心距缩短	（1）流动同时引起颗粒重排 （2）$\Delta L/L\propto t$，致密速率最高	（1）接触点溶解到平面上沉淀，小晶粒溶解到大晶粒处沉淀 （2）传质同时又是晶粒生长过程
主要公式	$\Delta L/L=0$，$\frac{x}{r}=Kr^{-\frac{2}{3}}t^{\frac{1}{3}}$	$\Delta L/L=Kr^{-\frac{6}{5}}t^{\frac{2}{5}}$ $\frac{x}{r}=Kr^{-\frac{3}{5}}t^{\frac{1}{5}}$	$\Delta L/L=Kr^{-1}t$ $\frac{\mathrm{d}\theta}{\mathrm{d}t}=K(1-\theta)/r$	$\Delta L/L=Kr^{-\frac{4}{3}}t^{\frac{1}{3}}$ $\frac{x}{r}=Kr^{-\frac{2}{3}}t^{\frac{1}{6}}$
工艺控制	温度（蒸气压）、粒度	温度（扩散系数）、粒度	黏度、粒度	黏度、温度（溶解度）、粒度、液相量

从固相烧结和有液相参与的烧结过程传质机理的讨论可以看出，烧结无疑是一个很复杂的过程。前面的讨论主要是限于单元纯固相烧结或纯液相烧结，并假定在高温下不发生固相反应，纯固相烧结时不出现液相，在做烧结动力学分析时是以十分简单的两颗粒圆球模型为基础的，这样就把问题简化了许多。这对于纯固相烧结的氧化物材料和纯液相烧结的硅酸盐材料来说，情况还是比较接近的。从科学的观点来看，把复杂的问题做这样的分解与简化，以求得比较接近的定量了解是必要的。但从制造材料的角度看，问题常常要复杂得多，就以固相烧结而论，实际上经常是几种可能的传质机理在互相起

作用，有时是一种机理起主导作用；有时则是几种机理同时出现；有时条件改变了，传质方式也随之变化。

例如，BeO 材料的烧结，烧结中的饱和蒸气压就是一个重要的因素。饱和蒸气压低时，扩散是主导的传质方式。饱和蒸气压高时，蒸发凝聚变为传质的主导方式。又如，长石瓷或滑石瓷都是有液相参与的烧结，随着烧结进行，往往是几种传质交替发生的。再如，氧化钛的烧结近年来研究得较多，惠特莫尔（Whitmore）等研究 TiO_2 在真空中的烧结得出符合体积扩散传质的结果，并认为氧空位的扩散是控制因素。但又有些研究者将氧化钛在空气和湿氢条件下烧结，则得出与塑性流动传质相符的结果，并认为大量空位产生位错从而导致塑性流动。事实上，空位扩散和晶体内塑性流动并不是没有联系的。塑性流动是位错运动的结果，而一整排原子的运动（位错运动）可能同样会导致点缺陷的消除。处于晶界上的气孔，在剪切应力下也可能通过两个晶粒的相对滑移，在晶界处吸收空位（来自气孔表面）而把气孔消除。从而又能使这两个机理在某种程度上协调起来。

总之，烧结体在高温下的变化是很复杂的，影响烧结体致密化的因素也很多。产生典型的传质方式都是有一定条件的，因此必须对烧结全过程的各个方面（如原料、粒度、粒度分布、杂质、成型条件、烧结气氛、温度、时间等）都有充分的了解，才能真正掌握和控制整个烧结过程。

3.4 影响烧结的因素

3.4.1 原始粉料的粒度

无论在固相烧结还是液相烧结中，细颗粒由于增加了烧结的推动力，缩短了原子扩散距离和提高了颗粒在液相中的溶解度而导致烧结过程加速。如果烧结速率与起始粒度的 1/3 次方成比例，从理论上计算，当起始粒度从 2μm 缩小到 0.5μm 时，烧结速率将增加 64 倍。该结果相当于粒径小的粉料烧结温度降低 150～300℃。

有资料报道，MgO 的起始粒度为 20μm 以上时，即使在 1400℃下保持很长时间，相对密度也仅能达到 70%而不能进一步致密化；当粒径在 20μm 以下，温度为 1400℃或粒径在 1μm 以下，温度为 1000℃时，烧结速率很快；当粒径在 0.1μm 以下时，其烧结速率与热压烧结相差无几。

从防止二次再结晶考虑，起始粒径必须细而均匀，如果细颗粒内有少量大颗粒存在，则易于发生晶粒的异常生长而不利于烧结。一般氧化物材料最适宜的粉末粒度为 0.05～0.5μm。

原料粉末的粒度不同，烧结机理有时也会发生变化。例如，AlN 的烧结，据报道，当粒度为 0.78～4.4μm 时，粗颗粒按体积扩散机理进行烧结，而细颗粒则按晶界扩散或表面扩散机理进行烧结。

3.4.2 烧结助剂的作用

在固相烧结中，少量添加剂（烧结助剂）可与主晶相形成固溶体促进缺陷增加；在液相烧结中，烧结助剂能改变液相的性质（如黏度、组成等），都能起到促进烧结的作用。烧结助剂在烧结体中的作用现分述如下。

1. 烧结助剂与烧结主体形成固溶体

当烧结助剂与烧结主体的离子大小、晶格类型及电价数接近时，它们能互溶形成固溶体，致使主晶相晶格畸变、缺陷增加，便于结构基元移动而促进烧结。一般地说，它们之间形成有限置换型固溶体比形成连续固溶体更有助于促进烧结。烧结助剂离子的电价和半径与烧结主体离子的电价、半径相差越大，使晶格畸变程度越大，促进烧结的作用也越明显。例如，Al_2O_3烧结时，加入3%Cr_2O_3形成连续固溶体可以在1860℃下烧结，而加入1%～2%TiO_2，只需在1600℃左右就能致密化。

2. 烧结助剂与烧结主体形成液相

烧结助剂与烧结体的某些组分生成液相，液相中扩散传质阻力小、流动传质速度快，因而降低了烧结温度和提高了坯体的致密度。例如，在制造95% Al_2O_3材料时，一般加入CaO和SiO_2，在CaO∶SiO_2 = 1（质量比）时，由于生成CaO-Al_2O_3-SiO_2液相，材料在1540℃即能烧结。

3. 烧结助剂与烧结主体形成化合物

在烧结透明的Al_2O_3制品时，为抑制二次再结晶，消除晶界上的气孔，一般加入MgO或MgF_2。高温下形成镁铝尖晶石（$MgAl_2O_4$）而包裹在Al_2O_3晶粒表面，抑制晶界移动，充分排除晶界上的气孔，对促进坯体致密化有显著作用。

4. 烧结助剂阻止多晶转变

ZrO_2由于有多晶转变，体积变化较大而使烧结发生困难，当加入5% CaO以后，Ca^{2+}进入晶格置换Zr^{4+}，由于电价不等而生成阴离子缺位固溶体，同时抑制晶型转变，使致密化易于进行。

5. 烧结助剂起扩大烧结范围的作用

加入适当烧结助剂能扩大烧结温度范围，给工艺控制带来方便。例如，锆钛酸铅材料的烧结范围只有20～40℃，加入适量La_2O_3和Nb_2O_5以后，烧结范围可以扩大到80℃。

必须指出的是，烧结助剂只有加入量适当时才能促进烧结，若选择烧结助剂不恰当或加入量过大，反而会阻碍烧结，因为过多的烧结助剂会妨碍烧结相颗粒的直接接触，影响传质过程的进行。表3-5是Al_2O_3烧结时烧结助剂种类和数量对烧结活化能的影响。表中指出，加入2% MgO使Al_2O_3烧结活化能降低到398kJ/mol，比纯Al_2O_3活化能502kJ/mol低，因而促进烧结过程。而加入5% MgO时，烧结活化能升高到545kJ/mol，则起抑制烧结的作用。

表 3-5 烧结助剂种类和数量对 Al_2O_3 烧结活化能（E）的影响

烧结助剂	不添加	MgO		Co_3O_4		TiO_2		MnO_2	
		2%	5%	2%	5%	2%	5%	2%	5%
E/(kJ/mol)	502	398	545	630	560	380	500	270	250

烧结加入何种烧结助剂，加入量多少较合适，目前尚不能完全从理论上解释或计算，还应根据材料性能要求通过实验来确定。

3.4.3 烧结温度和保温时间

在晶体中晶格能越大，离子结合也越牢固，离子的扩散也越困难，所需烧结温度也就越高。各种晶体键合情况不同，烧结温度也相差很大，即使对同一种晶体烧结温度也不是一个固定不变的值。提高烧结温度无论对固相扩散还是对溶解-沉淀等传质都是有利的。但是单纯提高烧结温度不仅浪费燃料，很不经济，而且会促使二次再结晶而使制品性能恶化。在有液相的烧结中，温度过高使液相量增加，黏度下降而使制品变形。因此，不同制品的烧结温度必须仔细实验确定。

由烧结机理可知，只有体积扩散导致坯体致密化，表面扩散只能改变气孔形状而不能引起颗粒中心距的逼近，因此不出现致密化过程。在烧结高温阶段主要以体积扩散为主，而在低温阶段以表面扩散为主。如果材料的烧结在低温时间较长，不仅不引起致密化，反而会因表面扩散改变了气孔的形状而对制品性能产生损害。因此，从理论上分析，应尽可能快地从低温升到高温以创造体积扩散的条件。高温短时间烧结是制造致密陶瓷材料的好方法，但还要结合考虑材料的传热系数、二次再结晶温度、扩散系数等各种因素，合理制定烧结制度。

3.4.4 盐类的选择及其煅烧条件

在通常条件下，原始配料均以盐类形式加入，经过加热后以氧化物形式发生烧结。盐类具有层状结构，当将其分解时，这种结构往往不能完全破坏，原料盐类与生成物之间若保持结构上的关联性，那么盐类的种类、分解温度和时间将影响烧结氧化物的结构缺陷和内部应变，从而影响烧结速率与性能。

1. 烧结条件

关于盐类的分解温度与生成氧化物性质之间的关系已有大量的研究报道。例如，$Mg(OH)_2$ 分解温度与生成的 MgO 性质的关系如图 3-18 和图 3-19 所示。由图 3-18 可见，低温下煅烧所得的 MgO 晶格常数较大，结构缺陷较多，随着煅烧温度升高，结晶性变好，烧结温度相应提高。图 3-19 表明，随着 $Mg(OH)_2$ 煅烧温度的变化，烧结表观活化能 E 及频率因子 A 发生变化。实验结果显示，在 900℃下煅烧 $Mg(OH)_2$ 所得到的烧结活化能最小，烧结活性较高。可以认为，煅烧温度越高，烧结性越低是由于 MgO 的结晶良好，活化能增高。

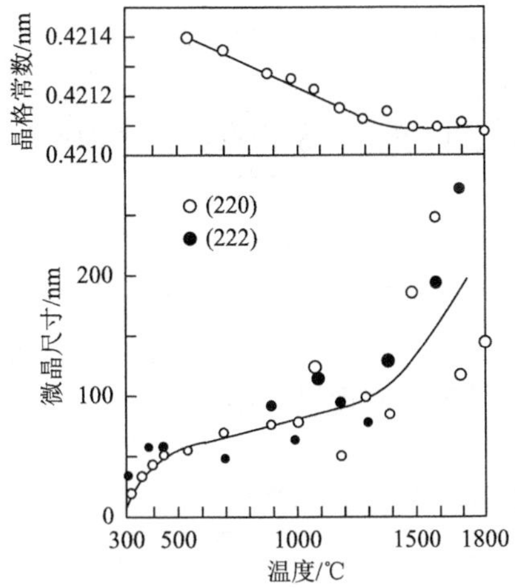

图 3-18 $Mg(OH)_2$ 的煅烧温度与生成的 MgO 的晶格常数及晶粒尺寸的关系

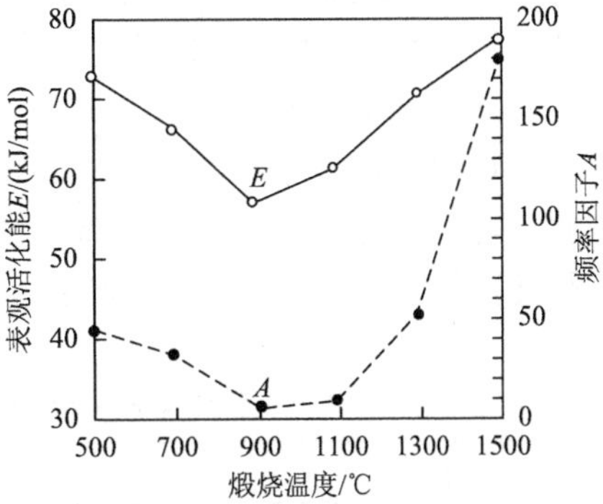

图 3-19 $Mg(OH)_2$ 的煅烧温度与所得 MgO 形成体相对于扩散烧结的表观活化能和频率因子的关系

2. 盐类的选择

表 3-6 表示用不同的镁化合物分解制得活性 MgO 烧结性能的比较。从表中所列数据可以看出，随着原料盐种类的不同，所制得的 MgO 烧结性能有明显差别。由碱式碳酸镁、醋酸镁、草酸镁、氢氧化镁制得的 MgO，其烧结体可以分别达到理论密度的 82%～93%。而由氯化镁、硝酸镁、硫酸镁等制得的 MgO，在同样条件下烧结，仅能达到理论密度的 50%～66%。如果对煅烧获得的 MgO 性质进行比较，则可以看出，用能够生成粒度小、晶格常数较大、微晶尺寸较小、结构松弛的 MgO 的原料盐来获得活性 MgO，其烧结性良好；反之，用生成结晶性较好、粒度大的 MgO 的原料盐来制备 MgO，其烧结性差。

表 3-6 镁化合物分解条件与 MgO 性能的关系

镁化合物	最佳温度/℃	颗粒尺寸/mm	所得 MgO/nm		1400℃ 3h 烧结体	
			晶格常数	微晶尺寸	体积密度	与理论值的比值/%
碱式碳酸镁	900	50～60	0.4212	50	3.33	93
醋酸镁	900	50～60	0.4212	60	3.09	87
草酸镁	700	20～30	0.4216	25	3.03	85
氢氧化镁	900	50～60	0.4213	60	2.92	82
氯化镁	900	200	0.4211	80	2.36	66
硝酸镁	700	600	0.4211	90	2.03	58
硫酸镁	1200～1500	106	0.4211	30	1.76	50

3.4.5 气氛的影响

烧结气氛一般分为氧化、还原和中性三种，在烧结中气氛的影响是很复杂的。

一般来说，在由扩散控制的氧化物烧结中，气氛的影响与扩散控制因素有关，与气孔内气体的扩散和溶解能力有关。例如，Al_2O_3 材料是由阴离子（O^{2-}）扩散速率控制的烧结过程，当它在还原气氛中烧结时，晶体中的氧从表面脱离，从而在晶格表面产生很多氧离子空位，使 O^{2-}扩散系数增大导致烧结过程加速。表 3-7 是不同气氛下 α-Al_2O_3 中 O^{2-}扩散系数和烧结温度的关系。用透明氧化铝制造的钠光灯管必须在氢气炉内烧结，就是利用加速 O^{2-}扩散，使气孔内气体在还原气氛中易于逸出的原理来使材料致密从而提高透光度的。若氧化物的烧结是由阳离子扩散速率控制的，则在氧化气氛中烧结，表面积聚了大量氧，使阳离子空位增加，则有利于加速阳离子扩散而促进烧结。

表 3-7　不同气氛下 α-Al_2O_3 中 O^{2-}扩散系数与烧结温度的关系

气氛	烧结温度/℃				
	1400	1450	1500	1550	1600
氢气	8.09×10^{-12}	2.36×10^{-11}	7.11×10^{-11}	2.51×10^{-10}	7.5×10^{-10}
空气	—	2.97×10^{-12}	2.7×10^{-11}	1.97×10^{-10}	4.9×10^{-10}

进入封闭气孔内气体的原子尺寸越小越易于扩散，气孔消除也越容易。如氩或氮等大分子气体，在氧化物晶格内不易自由扩散最终残留在坯体中；但氢或氦等小分子气体，扩散性强，可以在晶格内自由扩散，因而烧结与气体分子的大小有密切关系。

当样品中含有铅、锂、铋等易挥发物质时，控制烧结时的气氛更为重要。如锆钛酸铅材料烧结时，必须要控制一定分压的铅气氛，以抑制坯体中铅的大量逸出。并保持坯体严格的化学组成，否则将影响材料的性能。

关于烧结气氛的影响常会出现不同的结论，这与材料的组成、烧结条件、外加剂种类和数量等因素有关，必须根据具体情况慎重选择。

3.4.6　成型压力的影响

粉料成型时必须施加一定的压力，除使其具有一定形状和一定强度外，也给烧结创造了颗粒间紧密接触的条件，使其烧结时扩散阻力减小。一般来说，成型压力越大，颗粒间接触越紧密，对烧结越有利。但若压力过大使粉料超过塑性变形限度，就会发生脆性断裂。适当的成型压力可以提高生坯的密度。而生坯的密度与烧结体的致密化程度有正比关系。

影响烧结的因素除以上六点外，还有生坯内粉料的堆积程度、加热速度、保温时间、粉料的粒度分布等。影响烧结的因素有很多，而且相互之间的关系也较复杂，在研究烧结时如果不充分考虑这众多因素，并给予恰当的运用，就不能获得具有重复性和高致密度的制品，并进一步对烧结体的显微结构和机、电、光、热等性质产生显著影响。

由此可以看出，要获得一个好的烧结材料，必须对原料粉末的尺寸、形状、结构和其他物性有充分的了解，并对工艺制度控制与材料显微结构形成的相互联系进行综合考察，只有这样才能真正理解烧结过程。

3.5 特种烧结技术

陶瓷粉体成型后，一般还需经干燥、机械加工及表面处理等过程，制得素坯半成品。这种成品经过热处理使其获得所需显微结构和性质（如密度、强度），这一过程称为烧成。烧成过程包括三个阶段：①前期为黏结剂等有机添加剂的氧化、挥发过程，这一阶段也称为素烧或预烧，这一阶段的温度较低，素坯显微结构变化不大；②制品被烧结，主要表现为在一定的烧结温度时显微结构发育、致密化及强度的获得等；③冷却，冷却时可能有退火等步骤。

第二阶段是真正的烧结过程。烧结最重要的标志是制品显微结构的发育。对于一些传统陶瓷或耐火材料，显微结构的发育主要是颗粒间的桥连、接合、聚结并使坯体获得一定强度，但制品烧成过程中一直是多孔的，即基本上无致密化作用。但这些制品也被认为是烧结了的。大多数情况下，伴随烧结过程，制品体积收缩，密度提高，气孔率下降。尤其对于现代陶瓷材料，制品密度的提高是显微结构发育最重要的标志之一。对高性能结构陶瓷而言，致密化是烧结最主要的目的之一，所以这种情况下致密化和烧结几乎是同义词。然而，必须指出的是，现代陶瓷烧结过程中，显微结构的发育除致密化过程外，晶粒生长、晶界形成及其性质、缺陷的形成及其性质等，同样具有重要意义。

3.5.1 热压烧结

热压烧结是将粉料充填入模型内，再从单轴方向边加压边加热，使成型和致密化过程同时完成的一种烧结方法。该方法是传统无压烧结的发展，其装置示意图如图 3-20 所示。在传统无压烧结中，温度是唯一可控制的因素，为了得到较高致密度的烧结体，通常需将坯体加热到很高温度，结果导致烧结体晶粒过分长大，性能下降。热压烧结则是在加热的同时施加压力，样品在外加压力作用下通过塑性流动而致密化，故热压烧结温度往往比无压烧结低约 200℃或更多，故可在其晶粒几乎不生长或很少生长的情况下得到接近理论密度的致密陶瓷材料。1912 年，德国率先发表了用热压工艺将钨粉和碳化钨粉混合制成致密工件的专利。1930 年以后，热压技术更快地发展起来，主要应用于大型硬质合金制品、难熔化合物和现代功能陶瓷领域。随着材料学研究的飞速发展，有研究者还大胆地将热压烧结技术与纳米材料、超导材料和复合材料相结合，开创了热压烧结技术的新天地。

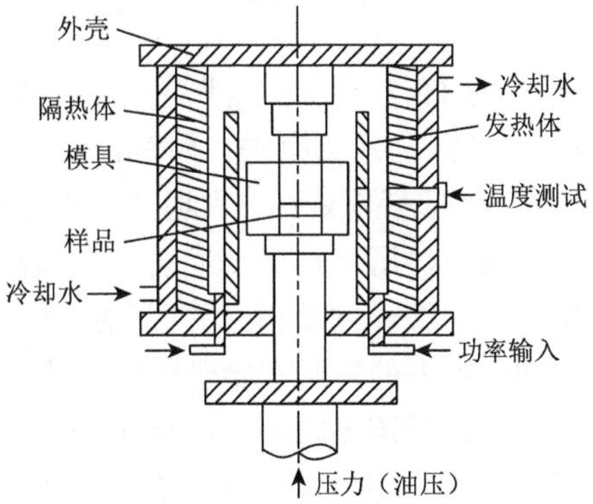

图 3-20 热压烧结装置示意图

与传统烧结方法相比，热压烧结有以下优点。

（1）热压烧结过程中加热加压同时进行，主要通过塑性流动使坯体致密化，具有促进颗粒间接触和加强扩散的效果，可降低烧结温度，缩短烧结时间，从而抑制晶粒长大，得到晶粒细小、致密度高和力学性能、电学性能良好的产品。

（2）用于热压烧结的坯体可以少加甚至不添加烧结助剂，可生产超高纯度的陶瓷产品。

（3）用热压烧结得到的烧结体密度一般较高，甚至可接近理论密度。

对于用无压烧结难以使其致密化的非氧化物陶瓷（如 Si_3N_4、SiC 等），热压烧结方法更显示其优越性。非氧化物表面张力小、扩散系数低，故常压下即使使用很高的温度也难以致密化。另外，某些非氧化物，如 Si_3N_4 在一定温度（1650℃）以上即分解，无压烧结更为困难。故此时压力烧结成为最有力的致密化手段。热压烧结不仅可提高致密度，还可大大减少 Si_3N_4 烧结时液相的使用量，从而有利于其高温力学性能的提高。

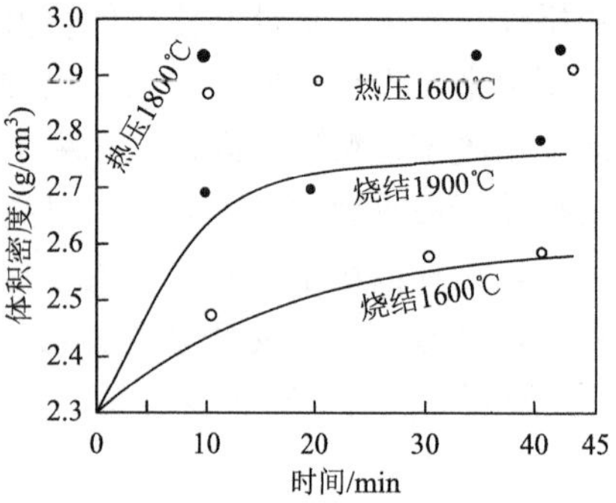

图 3-21　BeO 普通烧结与热压烧结体积密度比较

BeO 的热压烧结与普通烧结对坯体密度的影响如图 3-21 所示。热压后制品密度可达理论密度的 99%甚至 100%。尤其对以共价键结合为主的材料，如碳化物、硼化物、氮化物等，在烧结温度下有高的分解压力和低的原子迁移率，因此用无压烧结是很难使其致密化的。例如，BN 粉末，用等静压在 200MPa 压力下成型后，在 2500℃下无压烧结相对密度为 66%，而采用压力为 25MPa 在 1700℃下热压烧结能制得相对密度为 97%的 BN 材料。由此可见，热压烧结对提高材料的致密度和降低烧结温度有显著的效果。一般无机非金属材料的普通烧结温度 T_S 为（0.7～0.8）T_m（熔点），而热压烧结温度 T_{HP} 为（0.5～0.6）T_m。但以上关系也非绝对，T_{HP} 与压力有关。如 MgO 的熔点为 2800℃，用 0.05μm 的 MgO 在 140MPa 压力下仅在 800℃就能烧结，此时 T_{HP} 约为 $0.33T_m$。

由于热压烧结比普通烧结又增加了外加压力的因素，所以致密化机理更为复杂，很难用一个统一的动力学方程描述所有材料的热压过程。很多学者对多数氧化物和碳化物等硬质粉末的热压实验研究后，认为致密化过程大致有三个连续过渡的阶段。

（1）微流动阶段：在热压初期，颗粒相对滑移、破碎和塑性变形，类似常压绕结的颗粒重排。颗粒重排在该阶段对致密化的贡献很大，这个阶段致密化速率在整个致密化过程中是最快的，该速率取决于粉末粒度、形状和材料的屈服强度。该阶段线收缩可由 $\Delta L/L \propto t^n$（n 为 0.17～0.58）表示。

（2）塑性流动阶段：类似于常压烧结后期闭孔收缩阶段，以塑性流动性质为主，致密化速率减慢。

（3）扩散阶段：此时已趋近终点密度，以扩散控制的蠕变为主要机制。图 3-22 是 MgO 热压时各种致密化机理与总致密化速率曲线。

需要说明的是，热压烧结同样存在终点密度。因为随着温度升高，材料的黏度和屈服强度降低，有利于孔隙缩小。但温度升高又使热压后期晶粒明显长大，对由扩散控制的致密化过程不利。两种因素对致密化作用相反，因此热压密度不能无限增大。

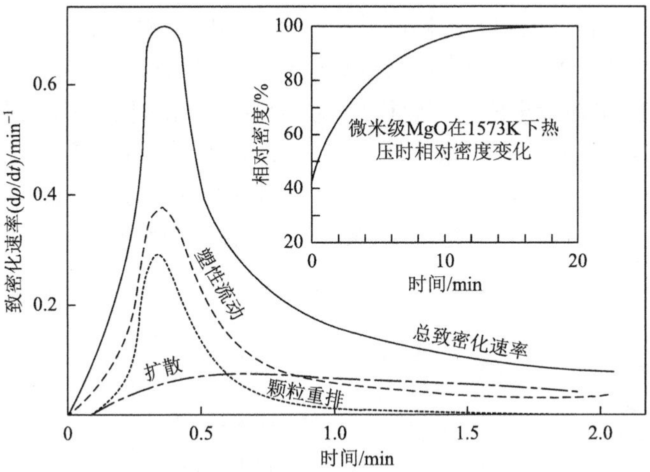

图 3-22 由两种致密化机理所决定的总致密化速率曲线

热压烧结技术一直是一种很受瞩目的烧结工艺，该方法在制造无气孔多晶透明无机材料方面以及控制材料显微结构上，具有无压烧结无可比拟的优越性，因此热压烧结在材料科研领域应用的范围也越来越广泛。但它在工业生产领域的进展却并不显著，只有少数特殊热压制品能够成熟地进行商业化生产，如用于核工业的致密碳化硼，用于军工的氟化镁窗，以及超硬的碳化钨工程制品、切割刀具等。限制热压烧结应用的主要原因是耗资高，过程及设备复杂，生产控制要求严，模具材料要求高，能源消耗大，生产成本高；一套压力、升温系统固定的设备通常只能烧制一件样品，生产效率较低，且样品的几何形状又局限在圆柱体上，这些因素也同时促进了热等静压烧结技术的研究。

3.5.2 热等静压烧结

采用热压烧结工艺可以在比无压烧结低的温度下获得致密的陶瓷烧结体，且烧结时间短得多。但热压烧结采用的是单向加压，因此制品的形状和尺寸受到模具的限制，一般为圆柱状或环状。此外，单向加压还使得热压烧结时坯体内的压力分布不均匀，特别是对于非等轴晶系的样品，热压后片状或柱状晶粒严重取向，容易造成陶瓷烧结体在显微结构和力学性能上的各向异性。为了克服无压烧结和热压烧结工艺存在的这些缺陷，人们迫切希望开发出一种新的烧结工艺。

热等静压烧结（也称高温等静压烧结，hot isostatic pressing sintering，HIP）是使材料（粉末、素坯或烧结体）在加热过程中经受各向均衡压力，借助高温和高压的共同作用促进材料致密化的工艺。该工艺是在 1955 年由美国 Battelle Columbus 实验室首先研制成功的，其最初主要应用于粉末冶金领域，随着设备所能达到的温度和压力的不断提高，又成功地应用到陶瓷领域中的高温烧结。

与热压烧结相比，HIP 不仅能像热压烧结那样在较低烧结温度、较短烧结时间内获得几乎不含气孔的致密烧结体，抑制晶粒生长，减少或取消烧结助剂，而且还可以直接从粉料制得形状复杂和大尺寸的部件，或实现金属-陶瓷间的封接。若封装得当，HIP 制得的产品可获得很高的表面光洁度，减少甚至避免昂贵的机械加工。

图 3-23 为 HIP 炉体示意图。炉腔往往制成枝状，内部可通高压气氛，气体为压力传递介质。早期的 HIP 装置主要是采用惰性气体 He 作为压力传递介质，这是因为与 Ar 相比，He 不仅密度小（其密度仅为 Ar 的 1/10），而且导热性能好（其热导率比 Ar 高 10 倍），但 He 比 Ar 昂贵很多，因此目前绝大多数的 HIP 装置均采用惰性气体 Ar 而不是 He 作为压力传递介质。

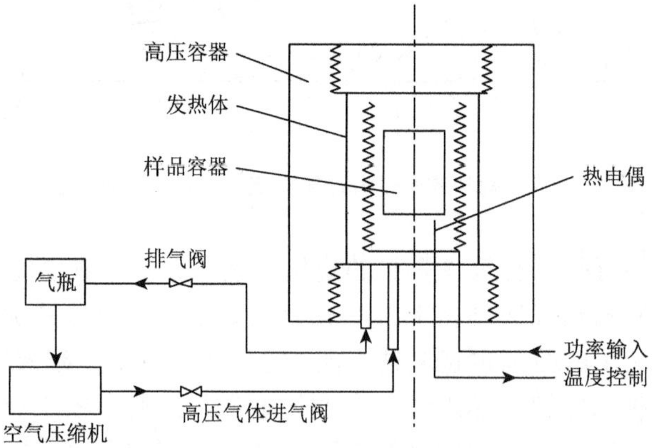

图 3-23　HIP 炉体示意图

目前的 HIP 装置压力可达 200MPa，温度可达 2000℃或更高。由于高温等静压烧结时气体是承压介质，而陶瓷粉料或素坯中气孔是连续的，故样品必须封装，否则高压气体将渗入样品内部而使样品无法致密化。因此，根据不同的烧结体选用不同的包套进行样品封装就成了 HIP 工艺的关键之一。包套材料必须具备：①良好的耐高温性（在烧结温度下不与烧结体发生反应）；②优良的可焊性（容易密封焊接且焊接不易开裂）；③良好的可变形性（压力可以有效地传递给烧结体）。在陶瓷领域的 HIP 工艺主要趋向于采用玻璃做包套材料。因为玻璃包套与烧结体之间往往具有不同的热膨胀系数，在冷却过程中大部分玻璃会从烧结体上自行脱落，方便除去。此外，与金属材料相比，玻璃不仅价格便宜，而且易于成型。

除样品烧结外，HIP 还可用于已进行过无压烧结样品的后处理，用以进一步提高样品致密度和消除有害缺陷。高温等静压与热压法一样，已成功地用于多种结构陶瓷，如 Al_2O_3、Si_3N_4、SiC、Y-TZP 等的烧结或后处理。

HIP 烧结的突出缺点是封装技术难以掌握，需要积累大量的经验。此外，设备的一次性投资和运转费用都较高，这些都妨碍该工艺的广泛采用。

3.5.3　等离子体烧结

人们一直试图获得极高的升温速率，但这是常规发热体加热所无法实现的，因此等离子体烧结工艺应运而生。等离子体是物质的第四态，是高度电离的“气体”。等离子体空间富集了大量的离子、电子、激发态的原子、分子及自由基，这些粒子具有高能量，是极活泼的反应活性物质。因此，其具有非常独特的化学特性和热特性，不但在传统的材料合成、材料加工领域展示出明显的优势，而且在许多新兴领域大有作为。等离子体烧结（或称等离子活化烧结），是指利用等离子体的高活性、高温特性来加热活化坯体使其迅速达到致密化的工艺。等离子体瞬间即可达到高温（升温速率可达 1000℃/min 以上），因此与传统的烧结方式相比，等离子体烧结具有高温、高活性、高速率（骤冷、骤热）的特点，从而一次解决了如何降低烧结温度、提高烧结效率、抑制晶粒长大等重大难题。自 1968 年 Benner 首次用微波激发的等离子体成功烧制了 Al_2O_3 陶瓷以来，人们在此基础上做了大量研究，现已成功地用于各种精细陶瓷，如 Al_2O_3、Y_2O_3-ZrO_2、MgO、SiC 等的烧结。

等离子体烧结的优点概括如下。

（1）等离子体温度高、热流量大，故升温速率快。一般试样的温度可达 2000℃或更高，升温速率可达 100℃/s。

（2）烧结速度快，烧结时间明显缩短，线收缩速率可达（1～4）%/s，即约 0.5min 之内可将样品烧结。如此高速的烧结可有效地抑制样品的晶粒生长，烧成体的机械强度更高。

尽管等离子体烧结有以上种种优势，在应用技术上仍存在许多问题有待解决，主要有以下几点。

（1）由于等离子体烧结加热速度快以及由外向里的传热机制使坯体容易产生开裂。对于素坯密度低，强度低，或膨胀系数很高（如 Y-TZP）的样品，这种由热冲击引起的应力和导致破坏的可能性更大。因此，用等离子体烧结的试样必须保持干燥，具备较高强度和素坯密度。如试样素坯密度过低，则往往需要预烧并使其部分致密化。

（2）由于很难激励大面积稳定的等离子体，不能烧结大尺寸的产品，且烧结产品形状单一，一般为片状或棒状。目前多为长柱状或管状，直径小于 15mm，常采用 5～10mm 的直径。这是由于试样的尺寸及形状受到等离子体等温区大小，特别是热冲击的制约。当样品进入等离子体时，样品受等离子体包裹部分有极高的升温速率，而等离子体外的样品则温度基本没有上升，烧结腔的等量加热区域较难确定。因此，样品不同部分温差很大，热冲击也大，对于外形复杂的样品尤为如此。

（3）等离子体烧结腔中样品的温度测定一般只能采用红外光学测温计。红外测温的原理是测定物体的辐射能以测定温度，该方法的最大优点是测温计无须插入烧结腔，因而避免了微波打火和对微波场的干扰。但高温测温窗口往往对红外线有吸收和干扰，同时等离子体本身的强光会影响温度的准确测量。

（4）等离子体烧结工艺在技术与理论上都不成熟，要做大量的研究工作。

尽管如此，等离子体烧结作为一种新型的陶瓷烧结技术，与常规烧结技术相比仍具有无可比拟的优点，其加热快速均匀、可显著降低烧结温度、活化晶格、抑制晶粒粗大，在节能、降低成本方面有巨大潜力，在烧结纳米结构陶瓷、难烧结的复相陶瓷，以及烧结环境要求较高的精细陶瓷等方面的应用前景十分广阔。随着科学技术的不断发展，等离子体烧结技术的理论及应用技术都将逐步发展完善，这项技术将具有非常光明的应用前景。

3.5.4 微波烧结

与无线电、红外线、可见光一样，微波也是一种电磁波。只不过微波是一种频率非常高的电磁波，又称超高频。通常把 300MHz～300GHz 的电磁波划为微波，其对应的波长范围为 1～1000mm。所谓微波烧结，是通过微波直接与物质粒子（分子、离子）相互作用，利用材料的介电损耗使样品直接吸收微波能量从而得以加热烧结的一种新型烧结方法。

对微波烧结技术的研究起始于 20 世纪 70 年代。在 20 世纪 80 年代中期以前，由于微波装置的局限，微波烧结研究主要局限于一些容易吸收微波、烧结温度低的陶瓷材料，如 $BaTiO_3$ 等。随着研究的深入和实验装置的改进（如单模式腔体的出现），1986 年前后微波烧结开始在一些现代高技术陶瓷材料的烧结中得到应用。已经用微波成功地烧结了许多种不同的高技术陶瓷材料，如氧化铝、氧化钇稳定氧化锆、莫来石、氧化铝-碳化钛复合材料等。另外，微波烧结装置还可用于陶瓷间的直接焊接。

微波烧结法区别于其他烧结方法的最大特点，是其独特的加热机理。传统的加热方式是必须将材料置于加热的环境中，热能通过对流、传导或辐射的方式传递至材料表面，再由表面传导到材料内部，直至达到热平衡。在此期间，加热环境不可能完全地绝热封闭，而且为了使材料芯部的组织状态与表面相同，达到烧透的目的，加热时间一般都会很长，大量热量很容易就散失到环境中，从而造成极大的能量损失。

微波加热则是利用微波电磁场中陶瓷材料的介质损耗，使材料整体加热至烧结温度而实现烧结和致密化。介质材料在微波电磁场的作用下会产生介质极化，如电子极化、原子极化、偶极子转向极化和界面极化等。在极化过程中，极性分子由原来的随机分布状态转向依照电场的极性排列取向，而在高频电磁场作用下，分子取向按交变电磁的频率不断变化。但材料内部的介质极化过程无法跟随外电场的快速变化，极化强度矢量会滞后于电场强度矢量一个角度，导致电极化过程中显示出电滞现象，该过程中微观粒子之间的能量交换在宏观上表现为能量损耗。由于电磁波透入物质的速度与光的传播速度是十分接近的，在微波波段将电磁波的能量转化为物质分子的能量的时间快于千万分之一秒，这就是微波可形成内外同时加热的原因。微波烧结具有以下几个显著的特点。

（1）烧结温度低、时间短、节能、无污染。

因为微波对物体几乎可以形成即时加热，并实现材料较大体积区域中的零梯度均匀加热，所以可以大大降低烧结温度和烧结时间，显著提高产品的生产效率，降低生产周期。而且微波能可被材料直接吸收，如果烧结炉保温系统设计得好，几乎没有什么热量损失，能量利用率很高，比常规烧结节能 80%左右。由于烧结时间短，烧结过程中耗费的保护气体用量也大大降低，减少了不必要的污染。

（2）易实现超高温烧结。

普通陶瓷的烧结需要 1300℃以上的高温，这样就对高温炉的发热元件、绝热材料及保温材料提出了苛刻的要求，制造和使用成本都很高。而微波则利用了材料本身的介电损耗发热，整个微波装置只有试样处于高温状态，其余部分仍处于常温状态，所以整个装置结构紧凑、简单，制造和使用成本较低。

（3）可选择性烧结。

对于多相混合材料，由于不同介质吸收微波的能力不同，产生的耗散功率不同，热效应也不同，可以利用这一点来对复合材料进行选择性烧结，研究新的材料和得到材料的更佳性能。

（4）可改进陶瓷材料的显微结构和宏观性能。

由于微波烧结的速度快、时间短，避免了烧结过程中陶瓷材料晶粒的异常长大，最终可获得具有高强度和韧性的超细晶粒结构材料。

就目前来说，微波烧结的研究仍处实验阶段，有以下问题亟待解决。

（1）每种材料的电滞损耗特性与微波频率、温度、材料自身的密度、杂质含量等因素有关，因此对特定材料进行微波烧结，需寻找与其耦合较好的微波频段，并摸索与之有关的各种参数的变化规律。因此，只有对微波设备进行模块化设计，才能适应不同材料、不同温度以及复杂形状的要求，才能使材料在烧结腔中始终与微波有较理想的耦合，从而进一步提高微波烧结效率。微波烧结设备重要部件有时也需进行专门设计，尤其是烧结金属生坯，炉腔附加层需要进行特殊的设计。

（2）微波设备一直是制约微波烧结技术工业化应用的主要问题。目前，微波烧结设备的最高烧结温度可以达到 1700℃，工作频率可从 915kHz 至 60GHz。但频率为 28GHz、60GHz 的微波烧结设备造价太高，暂时还无法进行工业化应用。

此外，如何获得较大、较均匀的微波烧结区域也是需要解决的一个问题。

虽然微波烧结技术距离工业化应用还有一定距离，并且一些限制其发展的关键技术还未解决，但是它所展现出的常规烧结方式无法比拟的优点预示着它将会成为最有效、最具有竞争力的新一代烧结技术。

3.5.5 爆炸烧结

爆炸烧结是利用炸药爆轰产生的能量，以激波的形式作用于金属或非金属粉末，使其在瞬态、高温和高压下发生烧结的一种材料合成新技术，其实质是多孔材料在激波压缩下发生高温压实原理的应用。爆炸过程中样品升温是由自身颗粒间撞击摩擦引起的，而不是来自外界如爆炸释放的热能，而且速度极快，故这一过程是绝热过程。作为一种高能加工的新技术，爆炸烧结具有烧结时间短（一般为几十微秒左右）、作用压力大（可达 0.1～100GPa）的特征，这使得它在材料科学的研究中有其独特的优点。

（1）爆炸烧结具有高压性，可以烧结出接近理论密度的材料。目前，采用此法获得的 Si_3N_4 陶瓷相对密度达 95%～97.8%，钨、钛及其合金粉末的烧结相对密度也高达 95.6%～99.6%。

（2）爆炸烧结具有快熔快冷性，有利于保持粉末的优异特性，尤其是针对急冷凝固法制备的微晶、非晶态材料和亚稳态合金。非晶态材料具有力学、化学和电磁学方面的优异性能，被认为是 21 世纪初制备工业技术部门急需的新型材料。但目前急冷凝固所能制备的只能是粉材、丝材或箔材，必须通过进一步地挤压或烧结，才能形成三维大尺寸的块状非晶材料。常规的烧结方法一般需要较长时间的高温，这样急冷凝固材料的优异性能将部分甚至全部丧失，特别是结晶温度较低的非晶态材料，迄今还没有一种可行的常规方法使之烧结成型。而如果用爆炸烧结的方法，由于激波加载的瞬时性，颗粒从常温升至熔点温度仅需几微秒，这使温升仅限于颗粒表面，颗粒内部仍保持低温。这种机制可以防止常规烧结方法由于长时间的高温造成晶粒粗化而使得亚稳态的优异特性丧失。因此，爆炸烧结被认为是烧结微晶、非晶态材料最有希望的途径之一。

（3）爆炸烧结的其他优点还包括：可以使 Si_3N_4、SiC 等非热熔性陶瓷在无须添加烧结助剂的情况下产生烧结，从而大大提高烧结体的使用温度；爆炸烧结的瞬态加温特性可以阻止纳米陶瓷粉末在烧结时的晶粒粗化，并相应地保持超细陶瓷粉的优异性能，在爆炸烧结的过程中，颗粒破碎、断裂，或形成亚晶结构，由此引入额外的缺陷或空位移动路径，从而增加质量输运率；冲击波的活化作用使粉体尺寸减小，并产生许多晶格缺陷。晶格畸变能的增加使粉体储存了额外的能量，这些能量在烧结过程中将变为促进烧结的推动力。

爆炸烧结是绝热过程，因此颗粒界面热能来自颗粒本身的各种能量转化，主要是动能-热能转化。一般认为激波加载引起的升温机制有下列五种。

（1）颗粒发生塑性畸变和流动，这种塑性流动将产生热能。

（2）由于绝热压缩而升温。

（3）粉料颗粒间绝热摩擦升温。

（4）粉料颗粒间碰撞动能转化为热能并使颗粒间发生“焊接”现象。

（5）孔隙闭合时，孔隙周围由于黏塑性流动而出现灼热升温现象。

以上五种机制中，（1）和（2）只能引起平均升温，不是主要升温机制，（3）和（4）是主要的界面升温机制，（5）仅在后期起作用。界面升温过程极为短暂，故能量效率极高。

爆炸过程中，在激波作用下颗粒发生塑性流动而相互错动，绝热升温使界面黏度明显下降，并有助于塑性流动的进一步进行。一定界面温度时还可能发生黏性流动。另外，由于致密化过程历时极短，颗粒自身仍处于冷却状态，扩散传质不可能成为致密化机制，所以界面升温参与的颗粒塑性流动为爆炸烧结的主要机制。

大量研究表明，爆炸烧结是解决非晶态合金体烧结的一个很有前途的工艺方法。但遗憾的是，爆炸烧结仍然存在难以克服的困难，如烧成体常带有宏观和微观裂纹，不能进行连续生产等，相关研究仍然任重道远。

思　考　题

3-1. 影响烧结的因素有哪些？试简述如何通过这些因素控制烧结过程。

3-2. 晶界遇到夹杂物时会出现几种情况，从实现致密化的目的考虑，晶界应如何移动？怎样控制？

3-3. 试说明从相图中可以得到哪些与烧结、固相反应、相变等过程有关的信息。

3-4. 固相烧结与液相烧结有何异同点？液相烧结有哪些类型，各有何特点？

3-5. 试比较各种传质过程产生的原因、条件、特点和工艺控制要素。

3-6. 在烧结时，晶粒生长能促进坯体致密化吗？晶粒生长会影响烧结速率吗？试说明之。

参考文献

高瑞平，李晓光，施剑林，等. 2001. 先进陶瓷物理与化学原理与技术. 北京：科学出版社：279-362.

李标荣，张绪礼. 1991. 电子陶瓷物理. 武汉：华中理工大学出版社：55-103.

南京化工学院，华南工学院，清华大学. 1981. 陶瓷物理化学. 北京：中国建筑工业出版社：272-305.

桥本谦一，滨野健也. 1986. 陶瓷基础. 陈世兴，译. 北京：轻工业出版社：283-398.

饶东生. 1980. 硅酸盐物理化学. 北京：冶金工业出版社：260-311.

施剑林. 1997. 固相烧结——气孔显微结构模型及其热力学稳定性、致密化方程. 硅酸盐学报，25（5）：499-513.

杨秋红，陆神洲，张浩佳，等. 2013. 无机材料物理化学. 上海：同济大学出版社.

张延平. 1996. 电子陶瓷材料物化基础. 北京：电子工业出版社：352-382.

第 4 章　非晶态材料制备技术

从 1960 年美国加州理工学院杜威兹（Duwez）教授采用急冷方法制得非晶体至今，人们对非晶体的研究已经取得了巨大成就，某些合金系列已得到广泛应用。例如，过渡金属-类金属型非金属合金已开始用于各种变压器、传热器铁心；非晶合金纤维已用来进行复合材料的纤维强化；非晶铁合金作为良好的电磁吸波剂，已用于隐身技术的研究领域；某些非晶合金具有良好的催化性能，已开发用来制作工业催化剂；非晶硅和非晶半导体材料在太阳能电池和光电导器件方面的应用也已相当普遍。

本章将简要介绍非晶态材料的基本概念和基本性能，着重介绍非晶态材料的形成理论及制备方法。

4.1　非晶态材料概述

4.1.1　非晶态材料的基本概念

1. *有序态和无序态*

对于自然界中的各种物质，如果人们不以宏观性质为标准，而直接考虑组成物质的原子模型，就能按不同的物理状态将物质分为两大类：一类称为有序结构，另一类称为无序结构。晶体为典型的有序结构，而气体、液体及非晶态固体都属于无序结构。气体相当于物质的稀释态，液体和非晶固体相当于凝聚态。通过连续的转变，可以从气态或液态获得无定形或玻璃态的凝聚固态——非晶态固体。非晶态固体的分子像在液体中一样，以相同的紧压程度一个挨一个地无序堆积。不同的是，液体中的分子容易滑动，黏度较小；当液体变稠时，分子滑动变得更困难；最后在非晶态固体中，分子基本上不能再滑动，具有固定的形状和很大的刚性。

2. *长程有序和短程有序*

从上述分析可以看出，非晶态材料基本上是无序结构。然而，用 XRD 研究非晶态材料时会发现，在很小的范围内，如几个原子构成的小集团，原子的排列具有一定规则，这种规则称为短程有序。晶体和非晶体是相对的：晶体中原子的排列是长程有序的；而在非晶体中是长程无序的，只是在几个原子的范围内才呈现出短程有序。

3. *单晶体、多晶体、微晶体和非晶体*

既然非晶体中的原子排列是短程有序的，那么就可以将几个原子组成的小集团看作一个小晶体。从这个意义上看，非晶体中包含极其微小的晶体。另外，实际晶体中，往往存在位错、空位和晶界等缺陷，它们破坏了原子排列的周期性。因此，可以将晶界处一薄片材料看作非晶态材料。

根据以上分析，可以将固体材料分成几个层次，即单晶体、多晶体、微晶体和非晶体。在完美的单晶体中，原子在整块材料中的排列都是规则有序的；在多晶体和微晶体中，只有在晶粒内部，原子的排列才是有序的，而多晶体中的晶粒尺寸通常都比微晶体中的更大一些，经过腐蚀后，用一般的金相显微镜甚至用肉眼都可以看出晶粒和晶界；在非晶体中，不存在晶粒和晶界，不具有长程有序性。

4. 非晶态的基本定义

从上述讨论中已经发现，非晶态固体中的无序并不是绝对的"混乱"，而是破坏了有序系统的某些对称性，形成了一种有缺陷、不完整的短程有序。一般认为，组成物质的原子、分子的空间排列不呈周期性和平移对称性，晶态的长程有序受到破坏，只有原子间的相互关联作用，使其在小于几个原子间距的小区间内（1～1.5nm），仍然保持形貌和组分的某些有序特征而具有短程有序，这样一类特殊的物质状态统称非晶态。根据这一定义，非晶态材料在微观结构上具有以下三个基本特征。

（1）只存在小区间内的短程有序，在近邻和次近邻原子间的键合（如配位数、原子间距、键角、键长等）具有一定的规律性，而没有任何长程有序。

（2）它的衍射花样是由较宽的晕和弥散的环组成的，没有表征结晶态的任何斑点和条纹，用电镜看不到晶粒、晶界、晶格缺陷等形成的衍衬反差。

（3）当温度连续升高时，在某个很窄的温区内，会发生明显的结构相变，是一种亚稳态材料。

从传统的定义分析，非晶态是指以不同方法获得的以结构无序为主要特征的固体物质状态。我国《现代材料科学与工程辞典》的定义是"从熔体冷却，在室温下还保持熔体结构的固态物质状态"。习惯上也称为"过冷的液体"。

非晶态材料一般分成低分子非晶材料、氧化物非晶材料、非氧化物非晶材料、非晶态高分子材料等。目前，关于非晶态材料的名词说法很多，真正使用非晶态这个词的并不太多。在很多场合下，非晶态材料被称为无定形或玻璃态材料。"非晶态"和"玻璃态"是同义词，都是指原子无序堆积的凝固状态。因此，非晶态金属也称为金属玻璃。

4.1.2　非晶态材料的分类

人们对晶体材料进行了大量研究，而非晶态材料直到 20 世纪 50 年代中期才开始引起人们的重视。1960 年，美国加州理工学院 Duwez 教授的研究小组用液态金属快速冷却的方法，从工艺上突破了制备非晶态金属和合金的关键，后经其他人的发展，做到能以 2km/min 的高速连续生产，并正式命名为金属玻璃——Metglass，这就为研究非晶态金属的力学性能、磁性、超导电性、防腐蚀性及探索新型非晶态合金材料开辟了重要途径。到目前为止，人们已经发现了多种非晶态材料，发展了多种方法与技术来制备各类非晶态材料。从广泛的意义上讲，非晶态材料包括普通的低分子非晶态材料、传统的氧化物和非氧化物玻璃、非晶态高分子聚合物等。然而，从材料学的角度分析，非晶态材料品种有很多，下面简要介绍几种技术比较成熟的非晶态材料。

1. 非晶态合金

非晶态合金又称金属玻璃，即非晶态合金具有金属和玻璃的特征。首先，非晶态合金的主要成分是金属元素，因此属于金属合金；其次，非晶态合金又是无定形材料，与玻璃相类似，因此称为金属玻璃。但是，金属玻璃和一般的氧化物玻璃毕竟完全不同，它既不像玻璃那样脆，又不像玻璃那样透明。事实上，金属玻璃具有光泽，可以弯曲，外观上和普通的金属材料没有任何区别。在非晶态的金属玻璃材料中，原子的排列是杂乱的。这种杂乱的原子排列赋予了它一系列全新的特性。

迄今发现的能形成非晶态的合金有数百种，目前研究较多、有一定使用价值的非晶态合金有三大类。

（1）后过渡金属-类金属 TL-M 系。

第一类非晶态合金为后过渡金属-类金属。后过渡金属元素包括周期表中Ⅶ B 族和Ⅷ族元素，也有ⅠB 族贵金属，这一类合金的典型例子有 $Pd_{80}Si_{20}$、$Ni_{80}P_{20}$、$Au_{75}Si_{25}$ 等。这类合金中包括软磁材料，如 Fe、Co、Ni 非晶态软磁合金。合金中类金属元素一般含量为 13%～25%（摩尔分数），相当于相图上的深共晶区。如果在二元合金系的基础上加一种或多种类金属元素，或过渡族元素来部分替代，则可形成三元或多元非晶态合金。研究发现，多元非晶态合金的形成更容易。

（2）前过渡金属-后过渡金属 TE-TL 系。

第二类非晶态合金为 TE-TL 系，TL 金属也可用ⅠB 族贵金属代替，由于前过渡金属的熔点较高，加入后过渡金属或ⅠB 族贵金属之后，熔点急剧下降，形成深共晶，呈现多种金属键化合物相，在很宽的温度范围内熔点都比较低，形成非晶态的成分范围比较宽，代表性的例子有 $Cu\text{-}Ti_{33\sim70}$、$Cu\text{-}Zr_{27.5\sim75}$、$Ni\text{-}Zr_{33\sim42}$、$Ni\text{-}Zr_{60\sim80}$、$Nb\text{-}Ni_{40\sim60}$、$Ta\text{-}Ni_{40\sim70}$。此外，镧系稀土金属和后过渡金属组成的二元系的共晶点也很低。在共晶成分附近也能获得非晶态，多数是富稀土合金，如 $La\text{-}Au_{18\sim26}$、$La_{78}Ni_{22}$、$Gd\text{-}Fe_{32\sim50}$、$Er_{68}Fe_{32}$、$Gd\text{-}Co_{40\sim50}$ 等。

（3）ⅡA 族金属的二元或多元合金。

第三类非晶态合金包括周期表上ⅡA 族金属（Mg、Ca、Be、Sr）的二元或多元合金，如 $Ca\text{-}Al_{12.5\sim47.5}$、$Ca\text{-}Cu_{12.6\sim62.5}$、Ca-Pd、$Mg\text{-}In_{25\sim32}$、$Be\text{-}Zr_{50\sim70}$、$Sr_{70}Ge_{30}$、$Sr_{70}Mg_{30}$ 等。可以看出，这类合金形成非晶态的成分范围一般都很宽。

除以上三大类非晶态合金以外，还有一些以 Th、V、Np、Pu 等锕系金属为基的非晶合金，如 $V\text{-}Co_{24\sim40}$、$Np\text{-}Ga_{30\sim40}$、$Pu\text{-}Ni_{12\sim30}$ 等，这些合金系统的共晶点都很低。

2. 非晶态玻璃

玻璃是非晶态固体的一种。玻璃中的原子不像晶体那样在空间长程有序排列，而近似于液体仅具有短程有序性。玻璃像固体一样能保持一定的外形，而不像液体那样在自重作用下流动。

（1）石英玻璃：石英玻璃是二氧化硅单一成分的非晶态材料，其微观结构是一种由二氧化硅四面体结构单元组成的空间三维网络。因为Si—O化学键能很大，结构很紧密，所以石英玻璃具有独特的性能。尤其是透明石英玻璃的光学性能非常优异，在紫外到红外辐射的连续波长范围都有优良的透射比。石英玻璃的结构是无序而均匀的，有序范围为0.7～0.8nm。XRD分析证明，石英玻璃的结构是连续的，熔融石英中Si—O—Si键角为120°～180°，比结晶态的方石英宽，而Si—O和O—O的距离与相应的晶体中的一样。硅氧四面体[SiO_4]之间的转角宽度完全是无序分布的，[SiO_4]以顶角相连，形成一种向三维空间发散的架状结构。石英玻璃可用于制作激光器、光学仪器、实验室仪器、电学设备、医疗设备、耐高温耐腐蚀的化学仪器、电光源器、半导通信装置等，应用十分广泛。

（2）钠钙硅玻璃：熔融石英玻璃在结构和性能方面都比较理想，其硅氧比值（原子比）与SiO_2分子式相同，可以把它近似地看成由硅氧网络形成的独立“大分子”。若在熔融石英玻璃中加入碱金属氧化物（如Na_2O），就会使原有的“大分子”发生解聚作用。由于氧的比值（原子比）增大，玻璃中已不可能每个氧都为硅原子所共有（桥氧），开始出现与一个硅原子键合的氧（非桥氧），使硅氧网络发生断裂。而碱金属离子处于非桥氧附近的网穴中，形成了碱硅酸盐玻璃。若在碱硅二元玻璃中加入CaO，可使玻璃的结构和性质发生明显的改善，获得具有优良性能的钠钙硅玻璃。

（3）硼酸盐玻璃：B_2O_3玻璃由硼氧三角体[BO_3]组成，其中含有三角体互相连接的硼氧三元环集团。在低温时B_2O_3玻璃结构是由桥氧连接的硼氧三角体和氧三元环形成的向二维空间发展的网络，属于层状结构。将碱金属或碱土金属氧化物加入B_2O_3玻璃中会形成硼氧四面体[BO_4]，得到碱硼酸玻璃。

（4）其他氧化物玻璃：有人指出，凡能通过桥氧形成聚合结构的氧化物，都有可能形成非晶态的玻璃，如B、Si、Ge、As、Te、I、Bi、Po、At等的氧化物。比较常见的玻璃种类有：能透过波长为6μm的红外光学玻璃——铝酸盐玻璃，具有低膨胀和良好电学性质的铝硼酸盐玻璃，具有低折射率的铍酸盐玻璃及具有半导体性能的钒酸盐玻璃等。

3. 非晶态高分子聚合物

早在20世纪50年代，希恩等在晶态聚合物的XRD图案中就曾发现非晶态高分子聚合物的弥散环，这些实际结构介于有序和无序之间，被认为是结晶不好或部分有序结构。现在已经证实，许多高聚物塑料和组成人体的主要生命物质以及液晶都属于这一范畴。

聚丙烯最简单的化学结构是由甲基取代聚乙烯碳链中间隔碳原子上的氢原子构成的，这使得链上的每个其他碳原子具有单向性（即不对称性），由此导致其具有三维聚丙烯结构。当连接原子的单向性呈无规则变化时，该聚合物将形成无规立构体，表现为非晶态。此时，非晶态高分子聚合物的性能可以在很窄的温度区间发生显著变化。这种变化即使在部分晶体和部分非晶体的聚乙烯中也会相当显著。

4. 非晶态半导体材料

非晶态半导体材料的范围十分广泛，目前研究最多的有两大类：一类是四面体配置的非晶态半导体，如非晶 Si 和 Ge，它们属于元素周期表上Ⅳ族元素的半导体；另一类是硫系非晶态半导体，其主要成分是周期表中的硫系，如硫、硒、碲等，包括二元系的 As_2Se_3 和多元系的 $As_{81}Se_{21}Ge_{80}Te_{18}$、$As_{30}Te_{43}Si_{12}Ge_{10}$ 等。这两类半导体材料的应用潜力很大，可以制成各种微电子器件，有许多已经商品化。其他的非晶态半导体如Ⅲ-V 族化合物也在积极地研究，但大多数尚处于实验室研究初期。

在非晶态半导体的家族中，还有一类重要的半导体材料——玻璃态半导体。硫系非晶态半导体通过加热—冷却过程发生晶态-非晶态的可逆转变，故又有玻璃半导体之称。玻璃半导体的成分以ⅥB 族元素为主（氧除外），如 S、Se、Te 等。经常含有的元素还有 As、Ge、Si、Pb、Sb、Bi 等，形成二元或多元半导体。目前，最多的玻璃态半导体是 As_2S_3 和 As_2Se_3。

应当指出，这里所说的玻璃并非指氧化物玻璃，而是金属化合物，其电导率为 10^{-13}～10^{-3}S/cm，这类材料在性质上属于半导体，在结构上又呈现玻璃非晶态。

5. 非晶态超导体

关于非晶态超导材料的研究可以追溯到 20 世纪 50 年代，当时有两位德国科学家 Buckel 和 Hilsch 发现在液氦冷却的衬底上蒸发得到非晶态 Bi 和 Ga 膜具有超导电性，临界温度分别为 6.1K 和 8.4K。它们在升温到 20～30K 时就发生晶化，故在室温下无法保持为非晶态，这就给这些材料的进一步研究和应用带来了困难。1975 年以后，有人用液体金属急冷法制备了多种具有超导电性非晶态合金，其 T_c、H_c 以及临界电流密度 J_c 都比较高，因而开辟了非晶态超导体材料的应用领域。

目前已经用快速淬火法制备了多种具有超导电性的非晶态材料，而且品种还在不断扩大。其中，T_c 值超过液氦温度（4～2K）的非晶态合金就有 20 余种。它们一类是由周期表中左侧的过渡金属（La、Zr、Nb）和右侧的过渡金属（Au，Pd，Rh，Ni）组成的金属-金属系合金；另一类是含有类金属元素（P，B，Si，C，Ge）的金属-类金属系合金。后者的 T_c 值相对高一些。

4.1.3　非晶态材料的特性

1. 高强度、高韧性

许多非晶态金属玻璃带，即使将它们对折，也不会产生裂纹。对于金属材料，通常是高强度、高硬度但较脆，金属玻璃则两者兼顾，它们不仅强度高、硬度高，而且韧性较好。

高强度、高韧性正是金属玻璃的宝贵特性。表 4-1 列出了一些典型的非晶态合金的力学性能。可以看出，铁基和钴基非晶态合金的维氏硬度可达到 8918N/mm^2，抗拉强度 3000N/mm^2 以上，比目前强度最高的钢高出许多。非晶态合金的 σ_f/E 值大多在 1/50 以上，比现有金属晶态材料的相应值高一个数量级。此外，金属玻璃的疲劳强度很高，非常适合承受交变大载荷的应用领域。利用非晶合金的高强度、高韧性，已经开发了用于轮胎、传送带、水泥制品及高压管道的增强纤维，还可以开发特殊切削刀具方面的应用。

表 4-1　非晶态合金的力学性能

合金		硬度 HV/(N/mm²)	断裂强度 σ_f/(N/mm²)	延伸率 σ/%	弹性模量 E/(N/mm²)	E/σ_f	撕裂能 /(MJ/cm³)
非晶态	$Pb_{72}Fe_7Si_{20}$	4018	1860	0.1	66640	50	—
	$Cu_{57}Zr_{43}$	5292	1960	0.1	74480	38	0.6×10^7
	$Co_{75}Zr_{45}$	8918	3000	0.2	53900	18	—
	$Ni_{75}Si_8B_{17}$	8408	2650	0.14	78400	30	—
	$Fe_{80}P_{13}C_7$	7448	3040	0.03	121520	40	1.1×10^7
	$Fe_{72}Ni_8P_{13}C_7$	6660	2650	0.1	—	—	—
	$Fe_{60}Cr_{20}P_{13}C_7$	6470	2450	0.1	—	—	—
	$Fe_{72}Cr_8P_{13}C_7$	8330	3770	0.05	—	—	—
	$Pd_{77.5}Cu_6Si1_{6.5}$	7450	1570	40（压缩率）	93100	60	—
晶态	$18Ni_9Co_5Mo$	—	1810～2130	10～12	—	—	—
	X-200	—	—	—	—	—	1.7×10^6

2. 耐腐蚀性

在中性盐溶液和酸性溶液中，非晶态合金的耐腐蚀性能要比不锈钢好得多。在表 4-2 中将金属玻璃和不锈钢的腐蚀速率做了比较。可以看出，Fe-Cr 基非晶态合金在氯化铁溶液中几乎不受腐蚀，而对应的不锈钢则受到不同程度的腐蚀。其他的金属玻璃和镍基、钴基非晶态合金也都有极佳的耐腐蚀性能。利用非晶态合金几乎不受腐蚀的优点，可以制造耐蚀管道、电池电极、海底电缆屏蔽、磁分离介质及化学工业的催化剂，目前都已进入实用阶段。

表 4-2　金属玻璃和不锈钢在 10%$FeCl_3\cdot6H_2O$（质量分数）溶液中的腐蚀速率

材料		腐蚀速率/(mm/s)
金属玻璃	$Fe_{72}Cr_{18}P_{13}C_7$	0
	$Fe_{79}Cr_{10}P_{13}C_7$	0
	$Fe_{66}Cr_{10}Ni_5P_{13}C_7$	0
	$Fe_{60}Cr_{10}Ni_{10}P_{13}C_7$	0
晶态不锈钢	18Cr-8Ni	138
	17Cr-12Ni-2.5Mo	39.4

3. 软磁特性

软磁特性，就是指磁导率和饱和磁感应强度高、矫顽力和损耗低。目前，使用的软磁材料主要有硅钢、铁-镍坡莫合金及铁氧体，都是结晶材料，具有磁晶各向异性而互相干扰，结果使磁导率下降。而非晶态合金中没有晶粒，不存在磁晶各向异性，磁特性软。目前比较成熟的非晶态软磁合金主要有铁基、铁-镍基和钴基三大类，其成分和特性列于

表 4-3。铁基和铁-镍基软磁合金的饱和磁感应强度高，可以代替硅钢片使用。例如，1 台 15kVA 的小型配电变压器 24h 内要消耗 322W 的电力，若改用非晶态合金做铁心，可以降低一半的电力损耗；用非晶态合金制作电机铁心，铁损可降低 75%，节能意义很大。

表 4-3 非晶态和晶态合金的软磁特性

合金		饱和磁感应强度/T	矫顽力/(A/mm)	磁致伸缩/10^{-6}	电阻率/(μΩ·cm)	居里温度/℃	铁损（60Hz，1.4T）/(W/kg)
非晶态	$Fe_{81}B_{1.5}Si_{3.5}C_2$	1.61	3.2	30	130	370	0.3
	$Fe_{78}B_{13}Si_9$	1.56	2.4	27	130	415	0.23
	$Fe_{67}Co_{13}B_{14}Si_1$	1.80	4.0	35	130	415	0.55
	$Fe_{79}B_{16}Si_5$	1.58	8.0	27	135	405	1.2
	$Fe_{40}Ni_{33}Mo_4B_{18}$	0.83	1.2	12	160	353	—
	$Co_{67}Ni_3Fe_4Mo_2$-$B_{12}Si_{12}$	0.72	0.4	0.5	135	340	—
晶态	硅钢	1.97	24	9	50	730	0.93
	Ni_{50}-Fe_{50}	1.60	8.0	25	45	480	0.70
	Ni_{80}-Fe_{20}	0.82	0.4	—	60	400	—
	Ni-Zn 铁氧体	0.48	16	—	1012	210	—

具有高磁导率的非晶态合金可以代替坡莫合金制作各种电子器件，特别是用于弯曲的磁屏蔽。非晶态合金还可以用工业织布机织成帘布而不必退火，而且磁特性在使用过程中不会发生退化。钴基非晶态合金不仅初始磁导率高、电阻率高，而且磁致伸缩接近于零，是制作磁头的理想材料。特别是非晶态合金的硬度高，耐磨性好，使用寿命长，适合制作非晶态磁头。

4. *超导电性*

目前，超导转变温度 T_c 最高的合金类超导体是 Nb_3Ge，$T_c = 23.2K$。然而，这些超导合金较脆，不易加工成磁体和传输导线。1975 年，杜威兹首先发现 La-Au 非晶态合金具有超导电性，后来又发现许多其他非晶态超导合金。表 4-4 列出了一些非晶态合金的超导转变温度。

表 4-4 一些非晶态合金的超导转变温度

合金	T_c/K	备注
$Be_{90}Al_{10}$	7.2	气相淬火
Ga	8.4	气相淬火
Ca	1.1	晶态
$Pb_{50}Sb_{25}A_{25}$	5.0	液态淬火
$Nb_{60}Rb_{40}$	4.8	液态淬火
$(Mo_{0.8}Ru_{0.2})_{80}P_{20}$	7.31	液态淬火
$(Mo_{0.8}Re_{0.2})_{80}P_{10}B_{10}$	8.71	液态淬火
Nb_3Ge	23.2	晶态

5. 非晶态半导体的光学性质

人类对非晶态半导体已有多年的研究历史。一般说来，非晶态半导体可分为离子性和共价性两大类。一类包括卤化物玻璃、氯化物玻璃，特别是过渡金属氧化物玻璃。另一类是元素半导体，如非晶态 Si、Ge、S、Te、Se 等。这些非晶态半导体呈现出特殊的光学性质。

1）光吸收

非晶态半导体与晶态情况的短程有序相同，基本能带结构也相似。但非晶态半导体的本征吸收边位置有些移动。事实上，绝大多数硫系非晶态半导体在本征吸收边附近吸收曲线是很相似的。通常存在高吸收区、指数区和弱吸收区。

2）光电导

光电导是非晶态半导体的一个基本性质，即光照下产生非平衡载流子，从而引起材料的电导率发生变化的一种光学现象。由于非晶态半导体是高阻材料，而且存在大量的缺陷定域态，在光照产生非平衡载流子的同时，缺陷态上的电子浓度也发生变化。而缺陷态的电荷状况不同，即带正电、中性或带负电，导致载流子俘获能力不同，就会影响光电导的大小。

3）光致发光

半导体的发光光谱是研究禁带中缺陷定域态的有力手段。已经发现，对于硫系非晶态半导体，其光致发光光谱具有三个特点：①光滑的峰值大约位于禁带宽度的一半；②谱线宽度比较大；③晶态和非晶态材料之间发光光谱很相似，不存在与发光光谱对应频率的光吸收。

6. 其他性质

非晶态材料还有诸如室温电阻率高和负的电阻温度系数等性质。例如，大多数非晶态合金的电阻率比相应的晶态合金高出 2～3 倍。此外，某些非晶态合金还兼有催化的功能。例如，采用 Fe-Ni 非晶态合金作为一氧化碳氢化反应的催化剂，采用 $Pd_{81}P_{19}$ 和 $Pd_{80}Si_{20}$ 为电解催化剂等。

4.2　非晶态材料的形成理论

非晶态固体在热力学上属于亚稳态，其自由能比相应的晶体高，在一定条件下，有转变成晶体的可能。非晶态固体的形成问题，实质上是物质在冷凝过程中如何不转变为晶体的问题，这又是一个动力学问题。最早对玻璃形成进行研究的是 Tammann，他认为玻璃形成是由于过冷液体晶核形成速率最大时的温度比晶体生长速率最大时的温度要低。即当玻璃形成液体温度下降到熔点 T_m 以下时，首先出现生长速率的极大值，此时形核速率很小，还谈不上生长；而当温度继续下降到形核速率最大时，由于熔体的黏度已相当大，生长速率又变得很小。因此，只要冷却速率足够大，就可以抑制晶体的形核与生长，在玻璃化转变温度 T_g 固化成为非晶体。

Tammann 模型提出以后的若干年，实验和理论工作都有很大进展，人们对玻璃形成条件的认识不断深入，并形成了相应的动力学理论、热力学理论和结构化学理论。

4.2.1 动力学理论

物质能否形成非晶态固体，与结晶动力学条件有关。已经发现，除一些纯金属、稀有气体和液体外，几乎所有的熔体都可以冷凝为非晶态固体。只要冷却速率大于 10^5℃/s 或适当，就可以使熔体的质点来不及重排为晶体而得到非晶体。Turnbull 首先发现，在由共价键、离子键、金属键、范德瓦耳斯键和氢键结合起来的物质中，都可以找到玻璃形成物。他认为液体的冷却速率和晶核密度及其他一些性质是决定物质形成玻璃与否的主要因素。他强调，非晶固体的形成问题，并非讨论物质从熔体冷却下来能不能形成非晶态固体的问题，而是为了使冷却后的固体不至于出现可被觉察到的晶体需要什么样的冷却速率的问题。后来，Uhlmann 根据结晶过程中关于晶核形成与晶体生长的理论及相变动力学的形成理论，发展了可以定量判断物质的熔体冷却为玻璃的方法，估算了熔体形成玻璃所需要的最小冷却速率。

1. 形核速率

对于单组分的物质或一致熔融的化合物，忽略转变时间的影响，均匀形核速率为

$$I_{V^0}^{H} = N_V^0 V \exp\left(-\frac{1.229}{\Delta T_r^2 T_r^3}\right) \tag{4-1}$$

式中，N_V^0 为单位体积的分子数；$T_r = T/T_m$，$\Delta T_r = \Delta T/T_m$，$T_m$ 为熔点，$\Delta T = T_m - T$ 为过冷度；V 为频率因子。式（4-1）是对均匀形核按形核势垒 $\Delta G^* = 60RT$ 和 $\Delta T_r = 0.2$ 作为标准处理而推导的。频率因子 $V = kT/(3\pi a_0{}^3\eta)$，其中，$a_0$ 为分子直径；η 为黏度。

如果考虑杂质对结晶的影响，则形核速率 I_V 可表示为

$$I_V^{HE} = A_V N_S^0 V \exp\left[-\frac{1.229}{\Delta T_r^2 T_r^3} f(\theta)\right] \tag{4-2}$$

式中，A_V 为单位体积杂质所具有的表面积；N_S^0 为单位面积杂质上的分子数；$f(\theta)$ 由式（4-3）表示：

$$f(\theta) = [(2+\cos\theta)(1-\cos\theta)^2]/4 \tag{4-3}$$

式中，θ 为接触角；$\cos\theta = (\gamma_{HC} - \gamma_{HL})/\gamma_{CL}$，这里 γ_{CL}、γ_{HL}、γ_{HC} 分别为晶体-液体、杂质-位错和杂质-晶体的界面能。

计算杂质的情况下，总的形核速率 I_V 为

$$I_V = I_{V^0}^{H} + I_V^{HE} \tag{4-4}$$

2. 晶体生长速率

若熔体结晶前后的组成和密度不变，则晶体生长速率为

$$u = fVa_0\left[1 - \exp\left(\frac{\Delta H_{fM}\Delta T_r}{RT}\right)\right] \tag{4-5}$$

式中，f 为界面上生长点与总质点之比；ΔH_{fM} 为摩尔分子熔化焓。对于熔化焓小的物质（$\Delta H_{fM}/T_m < 2R$），如大部分金属、SiO_2、GeO_2 等，$f \approx 1$；对于熔化焓大的物质（$\Delta H_{fM}/T_m > 4R$），如 Si、Ge、金属间化合物、大多数有机或无机化合物和硅酸盐与硼酸盐，$f = 0.2\Delta T_r$。

3. 熔体形成非晶态所需冷却速率

Uhlmann 在估算熔体形成非晶体所需要的冷却速率时，考虑了两个问题：其一是非晶态固体中析出多少体积率的晶体才能被检测出；其二是如何将这个体积率与关于形核及晶体生长过程的公式联系起来。他假定当结晶体积率 $V_c / V = 10^{-6}$ 时，可以觉察非晶态结晶的晶体浓度，并假定形核速率和晶体生长速率不随时间变化，则得到 t 时间内结晶的体积率为

$$\frac{V_c}{V} = \frac{\pi}{3} I_V u^3 t^4 \tag{4-6}$$

式中，I_V 为单位体积的形核速率；u 为晶体生长速率；t 为时间。

取 $V_c/V = 10^{-6}$，将 I_V 和 u 值代入式（4-6），就可以得到析出该指定数量晶体温度与时间的关系式，并作出时间、温度和转变的 3T 曲线，从而估算出避免析出指定数量晶体所需的冷却速率。

对于 SiO_2，利用式（4-6）和 3T 曲线，可求出形成非晶固体熔体冷却速率，即

$$R_c = (dT / dt) \approx \Delta T_N / \tau_N \tag{4-7}$$

式中，$\Delta T_N = T_m - T_N$，T_N 和 τ_N 分别为 3T 曲线鼻尖处的温度和时间。

事实上，形成非晶态所需的冷却速率 R_c 与所选用的 V_c/V 的关系并不大，而与形核势垒、杂质浓度和接触角有关。

此外，非晶态固体形成的动力学理论还可用来估算从熔体制得的非晶体的厚度。

$$y_a = (D_{TH}\tau_N)^{1/2} \tag{4-8}$$

式中，D_{TH} 为熔体的热扩散系数。

4. 非晶态固体的形成条件

综合分析非晶态固体的动力学理论，可以将形成条件概括为以下四点。

（1）晶核形成的热力学势垒 ΔG^* 要大，液体中不存在形核杂质（因为 $\Delta G^* \propto 1/(\Delta G_v)^2$）。

（2）结晶的动力学势垒要大，物质在 T_m 或液相温度处的黏度要大。

（3）在黏度与温度关系相似的条件下，T_m 或液相温度要低。

（4）原子要实现较大的重新分配，达到共晶点附近的组成。

4.2.2　热力学理论

影响非晶态合金形成的热力学因素包括熔点 T_m、蒸发热 H_v、转变过程中的熔融相、稳定成亚稳合金相的自由能。

1. 定性判据 τ_m

非晶态形成能力的大小是关系到它能否应用的关键。过渡金属-类金属非晶态合金，

其成分大都是过渡金属占 75%～85%、类金属占 15%～25%（均为原子百分比）。实验表明，该成分范围对应于这类合金的共晶成分，其熔点较其他成分合金的熔点低，而且从相变研究发现，这些合金在急冷淬火时处于深共晶状态。许多实验证明了对比熔点判据：

$$\tau_m = kT_m / H_v \tag{4-9}$$

式中，τ_m 为对比熔点；k 为玻尔兹曼常量；T_m 为合金熔点；H_v 为蒸发热。

这是一个定性判据。τ_m 小的材料则非晶形成能力（glass forming ability，GFT）强。

2. 熔化焓变 ΔH_m 判据

为了易于得到非晶态合金，常在合金中加入一些使熔点降低的元素。另外，有

$$T_m = \frac{\Delta H_m}{\Delta S_m} \tag{4-10}$$

式中，ΔH_m 为熔化焓；ΔS_m 为熔化熵。

由式（4-10）可知，GFT 强的共晶成分合金，其熔化焓小，而熔化熵大。熵是表征体系无序度的函数，则液体（l）、非晶态（a）、晶态（c）的熵值应满足 $S_l > S_a > S_c$。根据 $\Delta S = \Delta H/T$ 的关系，且 $\tau_m > T_g$（T_g 为玻璃化转变温度），所以形成非晶态合金应满足 $\Delta H_{l\text{-}a} < \Delta H_{l\text{-}c}$ 条件。

3. 玻璃化转变温度 T_g

以 T_g/τ_m 作为 GFT 的判据，T_g/τ_m 越大，即 T_g 越接近 τ_m 或者 τ_m 越小，则 GFT 越强。一般金属熔体温度在 τ_m 时黏度系数 η 为 10^{-3}～10^{-2}Pa·s，在玻璃化转变温度 T_g 时 η 为 10^{12}Pa·s，黏度系数随温度而变化，即

$$\eta = 10^{-3.3}\exp[3.34\tau_m / (T - T_g)] \tag{4-11}$$

故 T_g/τ_m 越大，黏度系数绝对值也越大。这样 T_g/τ_m 大的熔体急冷就易于形成非晶态合金。

4.2.3 结构化学理论

任何动力学过程的进行都需要克服一定的能量，这个能量就是通常所说的势垒或激活能。动力学的研究表明，形成玻璃要求晶核形成的热力学势垒 ΔG^* 及结晶的动力学势垒都要大。而对于非晶态固体，往往要求其形成过程中结晶势垒要比热能大得多。这里所说的结晶势垒，就是描述物质由非晶态（液、气、固相）转变成晶态所需要克服的能量。这就需要从物质的结构化学方面进行分析。

1. 键性

化学键表示原子间的作用力，化学键的类型有离子键、共价键、金属键和氢键等。其中，离子键是由正离子与负离子通过静电作用相互结合而形成的。离子键无饱和性、方向性。金属离子倾向于紧密堆积，所以配位数高，极易使物质形成晶体。共价键有方向性与饱和性，作用范围小，其键长及键角不易改变，原子不易扩散，有阻碍结晶的作

用。在金属中存在电子气及沉浸在其中的正离子，其结合取决于正离子与电子库仑作用力。金属结构倾向于最紧密堆积，原子间的相互位置容易改变而形成晶体。在化合物中，电负性相差大的元素以离子键结合，而电负性相差小的元素则以共价键结合，居于两者之间的是离子-共价混合键结合。

通常而言，随着原子量增加，电负性减小，共价化合物有向金属性过渡的趋势，形成玻璃的能力减弱。相反，由离子-共价混合键组成的物质，既有离子晶体容易变更键角，易造成无对称变形的趋势，又有共价键不易变更键长和键角的趋势，最容易成为玻璃。前者造成玻璃结构的长程无序，后者造成结构的短程有序。

2. 键强

当物质的组成和结构都相似时，键强将决定结晶的难易程度。通常用三个参量表征键强，即离解能、平均键能和力常数。其中，离解能是使某一化学键断裂所需要的能量；平均键能是指分子中所有化学键的平均键能之和，即化合物的生成热；力常数是指化学键对其键长变化的阻力，它描述了原子力场与化学键的性质，和分子的几何结构有关。

如果将结晶过程看作配位数、键长和键角的瞬时变化过程，将其变化过程中要克服的阻力用力常数表示比较方便。力常数大，相应的离解能一般也较大。对共价大分子化合物而言，其化学键力常数大者形成玻璃的倾向较大。

3. 分子的几何结构

典型的玻璃熔体在转变点 T_g 附近常有大分子结构，即表现出较高的黏度、较低的扩散系数及软化点和沸点相差较大，在一定温度下呈平衡状态。随着温度下降，由于聚合而形成不同聚合度的大分子，这种大分子结构具有阻碍结晶的作用。某些低分子化合物的分子间有氢键作用，能形成络合结构，在冷却时，由于温度不高，热能不大，也能形成玻璃。对于无机玻璃，凝固点比较高，黏度较大。也就是说，大分子结构应是形成玻璃的一个重要条件。下面以 A_xB_y 型二元化合物为例来说明从熔体冷却形成玻璃的结构化学理论。

对于 A_xB_y 型化合物形成玻璃问题，Stanworth 从离子半径、电负性和化合物的结构等提出推测：①阳离子的化合价必须大于或等于 3；②玻璃的形成与阳离子尺寸有关，随着阳离子尺寸减小，形成玻璃的能力增强；③阳离子的电负性最好介于 1.5～2.1；④能形成玻璃的化合物应能提供共价键结合的网络结构。

Stanworth 用一个称为占有空间分数的参量来表征准则④，即

$$f = \frac{2.523\rho}{M}[xA_r^3 + 0.216y] \tag{4-12}$$

式中，ρ 为密度；M 为分子量；A_r 为 A 原子的半径。对于氧化物，由于氧原子的半径为 0.6，故有 $0.6^3 = 0.216$。

根据原子半径与电负性的关系，A_xB_y 化合物形成玻璃时主要有以下情形：

（1）由半径大于 0.15nm 的原子组成的氧化物不能形成玻璃。

（2）半径小于 0.13nm，电负性介于 1.8～2.1 的原子组成的氧化物即为玻璃形成物，其结构都只有扩展的 $[AO_4]$ 四面体三维网络或 $[AO_3]$ 层状结构，以共价键方式结合。

（3）电负性为 1.8～2.1，原子半径稍大些时，采用特殊方法（如冲击淬冷）也可形成玻璃相。

（4）由电负性小于 1.8 的原子组成的氧化物不能形成玻璃（即使采用冲击淬冷也不行）。但是，这些非玻璃氧化物与其他一些非玻璃氧化物组成的二元或三元系统却照样能形成玻璃（如复杂的铝酸盐和锌酸盐玻璃就是这种方式形成的）。

（5）阳离子的电负性大于 2.1 的氧化物不能形成玻璃（这些氧化物存在较强的共价键而形成氧化物分子，没有形成扩散的三维氧化物），但是某些硒化物、硫化物、碳化物和氮化物系统却可以形成玻璃。当它们具有类似于 SiO_2 的四面体结构时，可以形成玻璃。

综上所述，一个主要由共价键组成的空旷的网络结构，可能最适合改变键角结构，形成非晶态网络结构，这就导致在熔点附近具有较高的黏度，而且黏度随温度降低而迅速增大，造成了一个很大的晶体生长势垒，从而构成 Uhlmann 的非晶态固体形成条件。

4.2.4 非晶态的形成与稳定性理论

金属玻璃的形成与稳定性问题是研究者十分关注的问题，影响非晶态稳定性的因素很多，如动力学因素、合金化反应、尺寸效应和位形熵。此外，还涉及一些化学因素。

1. 动力学因素

将 Turnbull 和 Uhlmann 发展起来的非晶态固体形成动力学理论应用于金属玻璃系统，计算的形成玻璃所需要的冷却速率与实验结果吻合很好。当取晶体体积率为 10^{-3}、f 为 $0.2\Delta T_r$ 时，得到 $Au_{77.8}Ge_{13.8}Si_{8.4}$ 的黏度温度数据，由 3T 曲线求得冷却速率 R_c 近似为 3×10^6K/s；对应于 $Pd_{82}Si_{18}$、$Pd_{77.5}Cu_6Si_{16.5}$ 合金，R_c 值分别为 5×10^3K/s 和 2×10^2K/s。实验发现，金属玻璃的黏度随温度下降而急剧上升，特别是添加 Cu 时，可使 T_m 进一步下降，因而这些合金极易形成金属玻璃。

Davies 将动力学理论应用于一般的金属系统，他假设体系总质量一定，非晶占有空间分数一定的条件下焓变 $\Delta H_f^m = 12.3$kJ/mol，$a_0 = 0.26$nm，$V = 7.8\times10$cm^3，给出了黏度-温度关系的两种黏度模型。

（1）固定 T_g（约 714K），改变 T_m 值，相应于 T_m 处的黏度用 Ni 的阿伦尼乌斯模型外推 T_m 值。

（2）固定 T_g（约 714K），改变 T_m 值，T_m 处的黏度为恒定值，即熔体 Ni 在 T_m 处的黏度。

采用上述两种模型，分析 R_c-T_g/T_m 关系，结果表明大多数合金的 R_c 值均位于两种模型预测的数据之间。

2. 合金化反应

在典型的形成金属玻璃的合金中，至少由一种过渡金属或贵金属与一种类金属元素（B、C、N、Si、P）构成。它们的组成通常位于低共熔点附近，并且在低共熔点处，其液相比晶体相更稳定，加之温度低，容易形成稳定的金属玻璃。这种形成倾向与稳定性可用以下参量表征：

$$\Delta T_g = T_m - T_g \tag{4-13}$$

$$\Delta T_c = T_c - T_g \tag{4-14}$$

式中，T_m、T_g 和 T_c 分别为熔点、玻璃化转变温度和结晶温度。

对于一般的金属玻璃，$T_m > T_g$，T_c 接近 T_g，$T_c - T_g \approx 50℃$。当温度从 T_m 下降时，结晶速率迅速增大，但在低于 T_g 时，结晶速率又变得很小，如图 4-1 所示。显然，若能将熔融合金迅速冷却到 T_g 以下，就能获得非晶态相，所以 ΔT_g 值小，容易形成非晶态，而提高 T_c 便可增加 ΔT_c，能使获得的非晶态具有更好的稳定性。

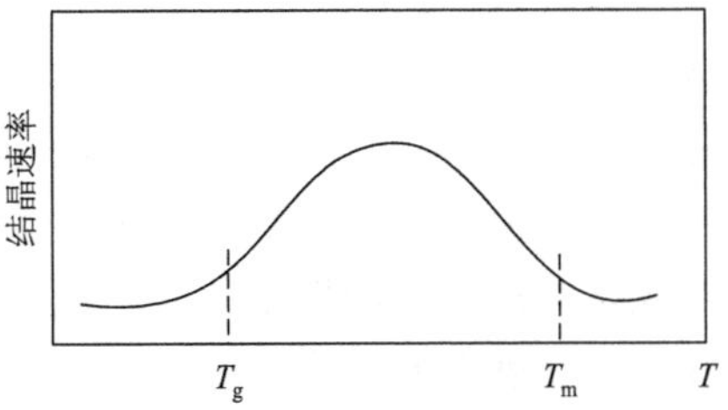

图 4-1　结晶速率与温度的关系

金属玻璃内各原子之间的相互作用通常随原子间电负性值的增加而增强。对于过渡族金属与类金属系统的金属玻璃，这种原子之间的相互作用存在于它们的熔体中，类金属的含量增加将增强金属玻璃的形成与稳定性。

通常，杂质的存在将显著地增强金属玻璃的形成与稳定。杂质的作用有三种：①气体杂质与原子之间的强相互作用影响结晶；②杂质的加入将降低熔化温度；③大小不同的原子造成结晶的动力学障碍。

3. 尺寸效应

一般说来，组元原子半径差大于 10%有利于金属玻璃的形成与稳定。虽然形成金属玻璃的可能性并不完全取决于原子尺寸差，但是实验结果表明：大的原子尺寸差显著地增加金属玻璃的形成能力及其稳定性。用半径不同的硬球所做实验的结果表明：半径不同的硬球混合比大小均匀的硬球相混具有较低的自由能，而且较小半径的硬球填入无序堆积的较大硬球形成的间隙中时可以导致更紧密的堆积。由此看来，不均匀的原子尺度在动力学上阻碍了晶体生长，使非晶态稳定，由半径不同的原子构成的比较紧密的无序堆积，将导致自由体积的减小和扩散系数的减小，增强了非晶态的形成与稳定。

应用自由体积模型，设 Φ 表示流动性参量，即

$$\Phi = A\exp(-K / V_f) \tag{4-15}$$

式中，A 和 K 为常数；V_f 为自由体积。

流体的流动性与自扩散系数大体上遵循 Stokes-Einstein 关系：

$$D^* = [-kT / (3\pi r_0)]\Phi \tag{4-16}$$

式中，r_0 为分子半径。

可以看出，由半径不同的原子构成的一个比较紧密的无序堆积，将导致自由体积的减小。流动性和扩散系数的减少，增强了非晶态的形成和稳定。

4. 位形熵

Adam 和 Gibbs 发展了玻璃形成液体的统计熵模型，推导出平均的集聚转变概率为

$$W(T) = A\exp[-\Delta u S_c^* / (kTS_c)] \tag{4-17}$$

式中，A 为频率因子；Δu 为集聚转变的势垒高度；k 为玻尔兹曼常量；S_c为位形熵；S_c^* 为发生反应所需要的临界位形熵。

玻璃形成液的黏度反比于 $W(T)$，所以在温度 T 下的黏度系数可表示为

$$\eta = A\exp[\Delta u S_c^* / (kTS_c)] \tag{4-18}$$

可以看出，形成液黏度随 $\Delta u/S_c$ 呈指数增加。在 T_m 以下，位形熵 S_c 随温度下降呈指数下降规律。所以在 T_g～T_m 范围内，决定 η 数值的主要是 S_c 而不是 Δu。但是，由于 S_c 在 T_g 处趋于零，T_g 以下 S_c 将为一常数。因此，在玻璃化转变温度 T_g 以下，Δu 对玻璃相的黏度起主要作用。Δu 不但与内聚能有关，而且与玻璃形成液体以及非晶态的短程有序有关。也就是说，阻碍原子结合与重排的势垒 Δu 对于金属玻璃的形成，特别是玻璃相的稳定性起重大的影响作用。

应当指出，在讨论金属玻璃的形成和它们的稳定性时，制得金属玻璃的难易程度并不总是与它们的稳定性相联系。换句话说，稳定的金属玻璃和那些容易制得的金属玻璃之间没有直接的联系，这也暗示金属玻璃的形成和稳定性可能受不同的机理支配。

综上所述，位形熵是讨论金属玻璃形成与稳定性的最佳参量，而组元原子势垒 Δu 则是对金属玻璃的形成与稳定性起重要作用的因子。相应的作用优先序列应该是 Δu—尺寸效应—过冷度或冷却速率。

4.2.5 非晶态材料的结构模型

在前面的讨论中，已经介绍了非晶态的基本特征及非晶态模型的基本思想。事实上，非晶态的结构模型归根结底要能和非晶态结构的基本特征相符合。下面对两种有代表性的结构模型做简要介绍。

1. 微晶模型

该模型认为非晶态材料由非常细小的微晶粒所组成，如图 4-2 所示。根据这一模型，非晶态结构和多晶体结构相似，只是“晶粒”尺寸只有 1nm 到几十纳米，即相当于几个到几十个原子间距。微晶模型认为微晶内的短程有序和晶态相同，但是各个微晶的取向是散乱分布的，因此造成长程无序，微晶之间原子的排列方式和液态结构相似。这个模型比较简单明了，经常用来表示金属玻璃的结构。从微晶模型计算得到的分布函数和衍射实验结果定性相符，即 $g(r)$出现尖锐的第一个峰以及随后较弱的几个峰，但在定量上符合得并不理想。图 4-3 是假设微晶内原子按密排六方（hcp）、面心立方（fcc）等不同方式排列时，非晶 Ni 的双体分布函数 $g(r)$的计算结果，同时给出了实验结果，两者比较，可以看出在细节上有明显的差异。迄今所研究过的材料中，只有非晶态 $Ag_{48}Cu_{52}$ 和 $Fe_{75}P_{25}$ 合金的实验结果与微晶模型符合得最好。

微晶模型对于“晶界”区内原子的无序排列情况，即这些微晶是如何连接起来的，仍有诸多不明之处。有的材料，如 Ge-Te 合金，其晶态和非晶态的配位数相差很大，更无法应用于微晶模型。此外，微晶模型中对于作为基本单元微晶的结晶结构的选择及微

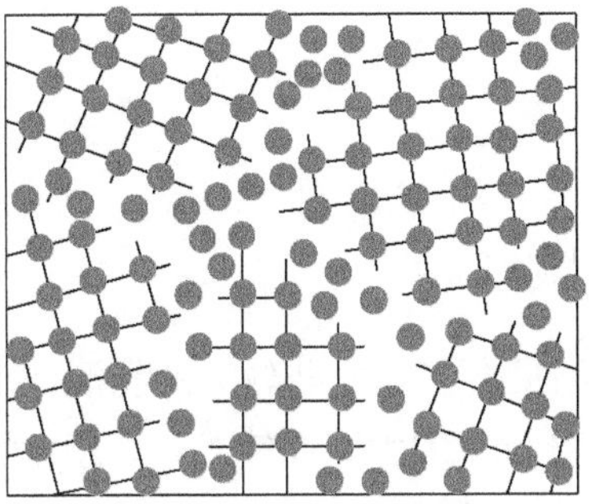

图 4-2　微晶模型

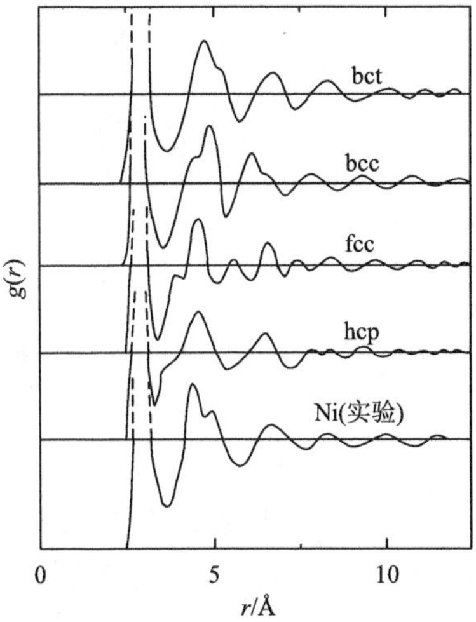

图 4-3　微晶模型得出的径向分布函数和非晶态 Ni 实验结果的比较

晶大小的选择都有一定的任意性；同时，要保持微晶之间的取向差大，才能使微晶做无规的排列，以符合非晶态的基本特征。但这样一来，晶界区域增大，致使材料的密度降低，这又与非晶态物质的密度和晶态相近这一实验结果有矛盾。因此，目前人们对于微晶模型渐有持否定态度的趋势。

2. 拓扑无序模型

拓扑无序模型认为非晶态结构的主要特征是原子排列的混乱和随机性，这一模型可用图 4-4 表示。

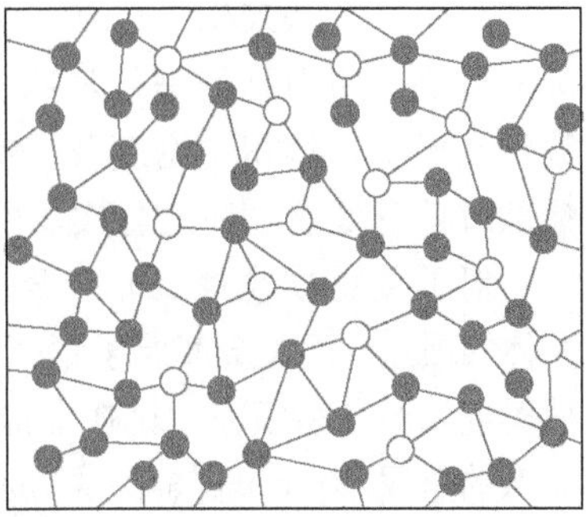

图 4-4　拓扑无序模型

拓扑无序是指模型中原子的相对位置是随机无序排列的，无论是原子间距还是各对原子连线间的夹角都没有明显的规律性。因此，该模型强调结构的无序性，而把短程有序看作无规堆积时附带产生的结果。

在这一前提下，拓扑无序模型有多种堆积形式，其中主要有无序密堆硬球模型（disordered dense hard sphere model，DRPHS）和随机网络模型。在无序密堆硬球模型中，把原子看作不可压缩的硬球，“无序”是指在这种堆积中不存在晶格那样的长程有序，“密堆”则是指在这种排列中不存在可以容纳另一个硬球那样大的间隙。这一模型最早由贝尔纳（Bernal）提出，他在一只橡皮袋中装满了钢球，并进行搓揉挤压，使得从橡皮袋表面看去，钢球不呈现规则的周期排列。贝尔纳经过仔细观察，发现无序密堆结构仅由五种不同的多面体所组成，称为贝尔纳多面体，如图 4-5 所示。

多面体的面均为三角形，其顶点为硬球的球心。图中所示的四面体和正八面体在密堆晶体中也是存在的，而其余几种多面体只存在于非晶态结构中。在非晶态结构中，最基本的结构单元是四面体或略有畸变的四面体。这是因为构成四面体的空间间隙较小，因而模型的密度较大，比较接近实际情况。但若整个空间完全由四面体单元组成，而又

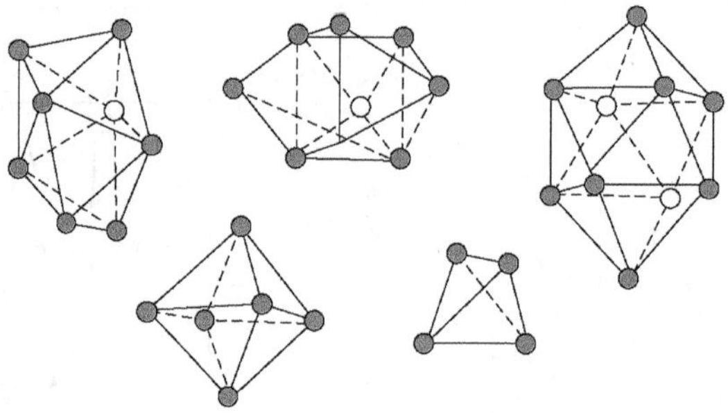

图 4-5　贝尔纳多面体

保留为非晶态，那也是不可能的，因为这样堆积的结果会出现一些较大的孔洞。有人认为，除四面体外，尚有 6%的八面体、4%的十二面体和 4%的十四面体等。在拓扑无序模型中，认为图 4-5 所示的这些多面体做不规则但又连续的堆积。

无规网络模型的基本出发点则是保持最近原子的键长、键角关系基本恒定，以满足化学价的要求。在此模型中，用一个球来代表原子，用一根杆代表键，在保持最近邻关系的条件下无规堆积连成空间网络，例如，波尔克（Polk）用 440 个球组成了非晶态硅的无规网络，各杆之间的夹角为 109°28′，变化不超过 10°，杆长和结晶硅的平均原子间距的差别不超过 1%。这样构筑起来的模型的径向分布函数和实验结果符合得很好。无规网络模型常被用作四配位非晶态半导体（如 Si、Ge）模型的基础。

用手工方法来构筑模型，当原子数取得大时，工作量很大，因此目前大都借助计算机来构筑，所得到的是代表原子位置的一组球心坐标，由这些坐标可以计算出模型的参数，如形状、体积、密度及分布函数等。用计算机还有一个优点，就是可以对结构进行弛豫或畸变处理，使之与实验结果符合得更好。

对于金属-类金属二元合金，在无序密堆硬球模型中，可以认为金属原子位于贝尔纳多面体的顶点，而类金属原子则嵌在多面体间隙中。计算结果表明，如果所有的多面体间隙都被类金属原子所填充，则在非晶态合金中类金属原子分数为 21%，这和大多数较易形成非晶态的金属-类金属合金的成分相一致。XRD 结果也表明，在实际材料中，类金属原子是被金属原子所包围的，它们本身不能彼此互为近邻，这与模型结果也是一致的。但应注意到，贝尔纳多面体的间隙较小，特别是当类金属的含量很高时，多面体会发生很大的畸变。

目前，用上述模型还远不能回答有关非晶态材料的真实结构以及与成分有关的许多问题，但在解释非晶态的弹性和磁性等问题时，还是取得了一定的成功。随着对非晶态材料的结构和性质的进一步了解，结构模型将会进一步完善，最终有可能在非晶态结构模型的基础上解释和提高非晶态材料的物理性能。

4.3　非晶态材料的制备原理与方法

4.3.1　非晶态材料的制备原理

要获得非晶态，最根本的条件就是要有足够快的冷却速率，并冷却到材料的再结晶温度以下。为了达到一定的冷却速率，必须采用特定的方法与技术，而不同的技术方法，其非晶态的形成过程又有较大区别。考虑到非晶态固体的一个基本特征是其构成的原子或分子在很大程度上排列混乱，体系的自由能比对应的晶态要高，因而是一种热力学意义上的亚稳态。基于这样的特点，无论哪一类制备方法都要解决如下两个技术关键：①必须形成原子或分子混乱排列的状态；②将这种热力学亚稳态在一定的温度范围内保存下来，并使之不向晶态发生转变。图 4-6 给出了制备非晶态材料的基本原理示意图。

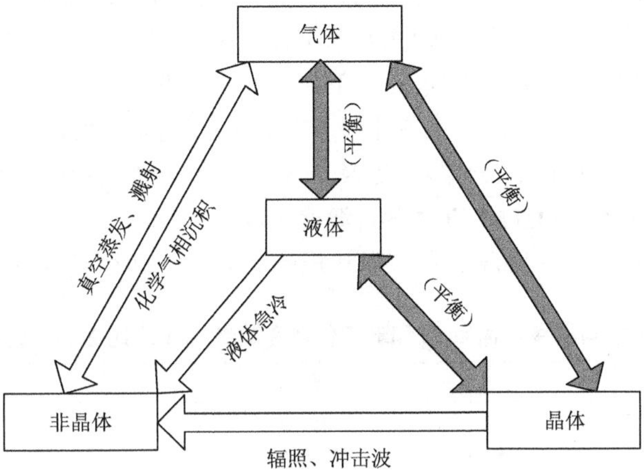

图 4-6　非晶态材料制备原理示意图

可以看出，一般的非晶态形成存在气态、液态和固态三者之间的相互转变。图中粗黑箭头表示物态之间的平衡转变。考虑到非晶态本身是非平衡态，因此非晶态的转变在图中用空心箭头表示，在箭头的旁边标出了实现该物态转变所采用的技术。

要得到大块非晶体，即在较低的冷却速率下也能制得非晶材料，就要设法降低熔体的临界冷却速率 R_c，使之更容易获得非晶相。这就要求从热力学、动力学和结晶学的角度寻找提高材料非晶形成能力、降低冷却速率的方法，图 4-7 给出了熔体凝固的 C 曲线示意图。

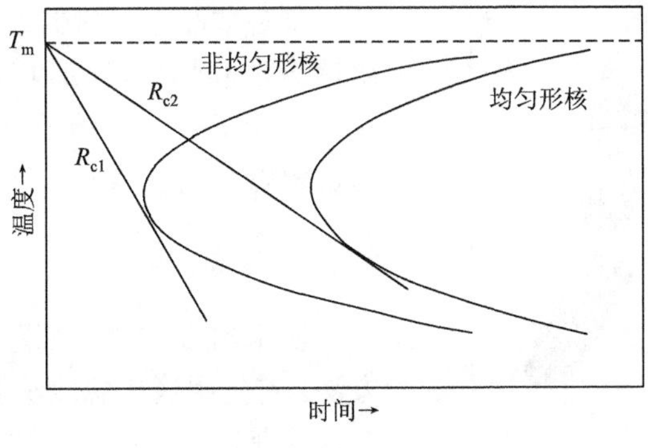

图 4-7　金属熔体凝固的 C 曲线图

通常，降低熔点可以使合金成分处于共晶点附近，由热力学原理有

$$\Delta G = \Delta H - T\Delta S \tag{4-19}$$

式中，ΔG 为相变自由能差；ΔH 和 ΔS 为焓变和熵变。

在熔点处，即 $T=T_m$ 时，有

$$\Delta G=0, \quad T_m=\Delta H/\Delta S \tag{4-20}$$

可见，要降低熔点，就要减小焓变或提高熵变。而增加合金中的组元数可以有效提高 ΔS，降低熔点 T_m。也就是说，多元合金比二元合金更容易形成非晶态。

在某些材料的热容-温度曲线上，随着温度升高，热容有一急剧增大的趋势，该点为玻璃化转变温度 T_g，表现在差示扫描量热（differential scanning calorimetry，DSC）曲线上是在 T_g 处向吸热方向移动。过冷金属液的结晶发生在 T_m 和 T_g 之间，因此提高 T_g 或 T_{rg}（T_g/T_m）值，金属更容易直接过冷到 T_g 以下而不发生结晶。

表 4-5 列出了一些非晶合金的临界冷却速率 R_c 和玻璃化转变温度，图 4-8 是铁基、铝基、镁基和锆基合金以及氧化物玻璃的 R_c 及 T_g 范围。目前研究较多的具有极低临界冷却速率的合金主要有 ZrATM、ZrTiTM（TM 为过渡族元素）、ALnNi（Ln 为镧系元素）、MgLnTM、PdNiP、PdCuSi 等。对于这些合金系，用常规的凝固工艺即可获得大块非晶合金。

表 4-5 几种非晶合金的临界冷却速率 R_c 和玻璃化转变温度 T_g（或比玻璃化转变温度 $T_{rg}=T_g/T_m$）

合金成分	R_c/(℃/s)	T_g/K（T_g/T_m）
$Fe_{82}B_{18}$	10^6	710
$Fe_{40}Ni_{40}P_{14}B_6$	8000	670（0.57）
$Pd_{40}Ni_{40}P_{20}$	0.75～1	590
$Pd_{82}Si_{18}$	1.1～8.5×10^4	617
$Pd_{77.5}Cu_6Si_{16.5}$	221	620
MgY（Ni，Cu）	87～115	398～568（>0.6）
$Zr_{65-x}Al_{7.5}Cu_{17.5}Ni_{10}Be_x$	1.5	650
$Zr_{60}Al_{20}Ni_{20}$	150	

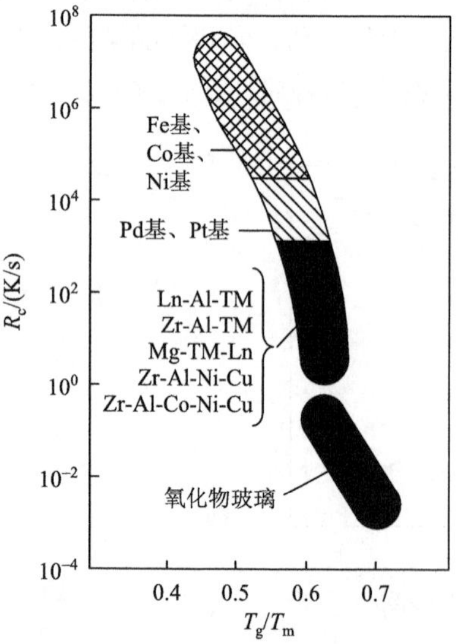

图 4-8 各种非晶合金和氧化物玻璃的临界冷却速率 R_c 及比玻璃化转变温度 T_g/T_m

4.3.2 非晶态材料的制备方法

制备非晶态材料的方法有很多，除传统的粉末冶金法和熔体冷却以外，还可采用气相沉积法、液相沉积法、溶胶-凝胶法和利用结晶材料通过辐射、离子渗入、冲击波等方法制备。

1. 粉末冶金法

粉末冶金法是一种制备非晶态材料的早期方法。首先用液相急冷法获得非晶粉末或用液相粉末法获得的非晶带破碎成粉末，然后利用粉末冶金方法将粉末压制或黏结成型，如压制烧结、热挤压、粉末轧制等。但是，由于非晶合金硬度高，粉末压制的致密度受到限制。压制后的烧结温度又不能超过其粉末的结晶温度（一般在 600℃以下），因而烧结后的非晶态材料整体强度无法与非晶颗粒本身的强度相比。黏结成型时，黏结剂的加入使大块非晶态材料的致密度下降，而且黏结后的性能在很大程度上取决于黏结剂的性质。这些问题都使粉末冶金大块非晶态材料的应用遇到很大困难。

2. 气相直接凝聚法

由气相直接凝聚成非晶态固体，采取的技术措施有真空蒸发、溅射、化学气相沉积等。蒸发和溅射可以达到极高的冷却速率（超过 10^8K/s），因此许多用液态急冷方法无法实现非晶化的材料如纯金属、半导体等均可以用这两种方法实现。但在这些方法中，非晶态材料的凝聚速率（生长速率）相当低，所以一般只用来制备薄膜。同时，薄膜的成分、结构、性能与工艺参数及设备条件关系非常密切。

1）溅射

与通常制备晶态薄膜的溅射方法基本相同，但对底板冷却要求更高。一般先将样品制成多晶或研成粉末，压缩成型，进行预烧，以作为溅射用靶，抽真空后充氩气到 1.33×10^{-1}Pa 左右进行溅射。目前，大部分含稀土元素的非晶态合金都采用这种方法制备，同时也用于制备非晶态的硅和锗，通常薄膜厚度在几十微米。

2）真空蒸发沉积

与溅射法相近，同为传统的薄膜制备工艺。纯金属的非晶薄膜结晶温度很低，因此目前常用真空蒸发配以液氦或液氮冷底板加以制备，并进行原位观测。为减少杂质的掺入，常在具有 1.33×10^{-8}Pa 以上的超真空系统中进行样品制备，沉淀速率一般为每小时几微米，膜厚为几十微米以下，过厚的样品因受内应力的作用而破碎。此外，这种方法也常用来制备非晶态半导体和非晶态合金薄膜。

3）电解和化学沉积法

和上述两种方法相比，该方法工艺简便、成本低廉，适用于制备大面积非晶态薄层。1947 年，美国标准计量局的 Brenner 等，首先采用这种方法制备出 Ni-P 和 Co-P 的非晶态薄层，并将此工艺推广到工业生产。20 世纪 50 年代初，Szekely 又采用电解法制备出非晶态锗，其后，Tauc 等加以发展，他们用钢板作为阴极，$GeCl_4$ 和 $C_3H_6(OH)_2$ 作为电解液，获得了厚约 30μm 的非晶态薄层。

4）辉光放电分解法

这是目前用于制备非晶态半导体锗和硅最常见的方法。首先是 Chittick 等发展起来的。将锗烷或硅烷放进真空室内，用直流或交流电场加以分解。分解出的锗或硅原子沉积在加热的衬底上，快速冷凝在衬底上而形成非晶态薄膜。与一般的方法相比，该方法突出的特点是：在所制成的非晶态锗或硅样品中，结构缺陷少得多。1975 年英国邓迪大学的 Spear 及其合作者又掺入少量的磷烷和硼烷，成功地实现了非晶态硅的掺杂效应使电导率增大 10 个数量级，从而引起全世界的广泛注意。

除上述几种方法以外，近年来也有用激光加热和离子注入法使材料表面形成非晶态的。前者是以高度聚焦的激光束使材料表面在瞬间加热熔化，激光移去后即快速急冷（对导热性能良好的金属和合金，冷却速率可达到 10^9～10^{15}℃/s），而形成非晶态表面层。美国联合技术研究中心正试图用这种技术在合金表面形成非晶态的耐蚀层，以提高合金的防腐能力。用离子注入法不仅可以注入金属元素，而且可以注入类金属或非金属元素，这是一种探索新型非晶态表面层的好方法。

3. 液体急冷法

如果将液体金属以大于 10^5℃/s 的速率急冷，使液体金属中比较紊乱的原子排列保留到固态，则可获得金属玻璃。为提高冷却速率，除采用良好的导热体作为基板外，还应满足下列条件：①液体必须与基板接触良好；②液体层必须相当薄；③液体与基板从接触开始至凝固终止的时间需尽量缩短。从上述基本条件出发，已研究出多种液体急冷方法。

1）喷枪法

Duwez 最早发展出喷枪技术。此方法的要点是：将少量金属装入一个底部有一直径约 1mm 小孔的石墨坩埚中，由感应加热或电阻加热，并在惰性气体中使之熔化，因为金属熔体的表面张力高，故不至于从小孔中逸出。随后用冲击波使熔体由小孔中很快喷出，在铜板上形成薄膜。如果有需要，可将基板浸入液氮中。冲击波由高压室内惰性气体的压力增加到某一定值时冲破塑料薄膜而产生，波速为 150～300m/s。后来，Willens 和 Takamori 等曾对喷枪法装置进行改进，将金属材料悬浮熔融。这样提高了熔化速率，并减少了熔体的污染。喷枪法的冷却速率很高，可达到 10^6～10^8℃/s，由此法制得的样品，宽约 10mm，长为 20～30mm，厚度为 5～25μm。但所得的样品形状不规则，厚度不均匀，且疏松多孔。

2）锤砧法

如果用两个导热表面迅速地相对运动而挤压落入它们之间的液珠，此液珠将被压成薄膜，并急冷成金属玻璃，锤砧法就是按此原理提出来的。用此法制得的薄膜要比用喷枪法制得的均匀，且两面光滑。但冷却速率不及喷枪法高，一般为 10^5～10^6℃/s。后来又发展出一种锤砧法与喷枪法相结合的装置。它综合了上述两种方法的优点，所制得的薄膜厚度均匀，且冷却速率快，这样获得的薄膜宽约为 5mm，长约为 50mm，厚度约为 70μm。

以上两种方法均属于不连续过程，只能断续地工作。后来发展出一些能连续制备玻璃条带的方法，图 4-9 就是这些方法的示意图。其基本特征为：液体金属的射流喷到高速运动的表面，熔层被拉薄而凝成条带。

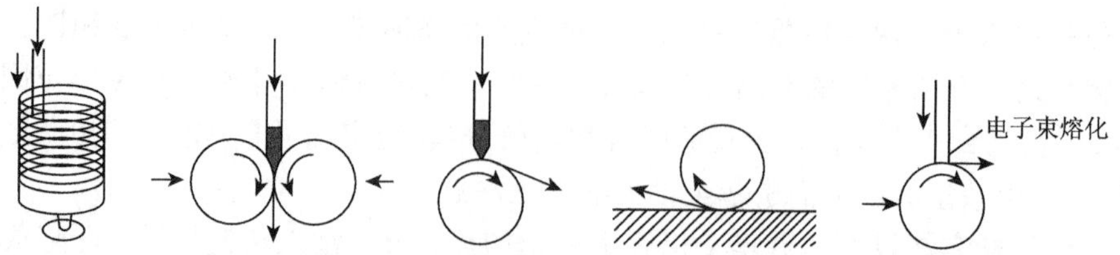

(a) 离心法　(b) 压延法　(c) 单辊法　(d) 熔体沾出法　(e) 熔滴法

图 4-9　液体急冷连续制备方法示意图

3）离心法

如图 4-9（a）所示，将 0.5g 左右的合金材料装入石英管，并用管式炉或高频感应炉熔化。随即将石英管降至旋转的圆筒中，并通入高压气体迫使熔体流经石英管底部的小孔（直径 0.02～0.05cm）喷射到高速旋转的圆筒内壁，同时缓慢提升石英管从而可得螺旋状条带。此方法的特点是，由旋转筒产生的离心力给予熔体一个径向加速度，使之与圆筒接触良好。因此，该方法最容易形成金属玻璃，而且可获得表面精度很高的条带，但条带的取出较困难。这种方法冷却速率可达到 10^6℃/s。

4）压延法

压延法又称双辊法，如图 4-9（b）所示。将熔化的金属流经石英管底部小孔喷射到一对高速旋转的辊子之间而形成金属玻璃条带。由于辊间有一定的压力，条带从两面冷却，并有良好的热接触，故条带两面光滑，且厚度均匀，冷却速率约为 10^6℃/s。然而，该方法工艺要求严格，射流应有一定长度的稳流；射流方向要控制准确；流量与辊子转数要匹配恰当，否则不是因凝固太早而产生冷轧，就是因凝固太晚而部分液体甩出。关于辊子的选材，既要求导热性能良好，又要求表面硬度高，而且还要适当考虑有一定的耐热蚀性。

5）单辊法

如图 4-9（c）所示，熔体喷射到高速旋转的辊面上而形成连续的条带。该方法工艺较易控制，熔体喷射温度可控制在熔点以上 10～200℃/s；喷射压力 0.5～2kgf/cm^2（表压，1kgf/cm^2 = 98.0665kPa）；喷管与辊面的法线约成 14°角；辊面线速度一般为 10～35m/s。当喷射时，喷嘴与辊面间的距离应尽量小，最好小到与条带的厚度相近。辊子材料最好采用铍青铜，也可用不锈钢或滚珠钢。通常用石英管作为喷嘴，如熔化高熔点金属则可用氧化铝或碳等。由于离心力的作用，熔体与辊面的热接触不理想，因此条带的厚度和表面状态不及上述两种方法。该方法的冷却速率约为 10^6℃/s，若需制备活性元素（如 Ti、Re 等）的合金条带，则整个过程应在真空或惰性气氛中进行。对工业性连续生长，辊子应通水冷却。

条带的宽度可通过喷嘴的形状和尺寸来控制。若制备宽度小于 2mm 的条带，则喷嘴可用圆孔；若制备宽度大于 2mm 的条带，则应采用椭圆孔、长方孔或成排孔（图 4-10）。条带的厚度与液体金属的性质及工艺参数有关。

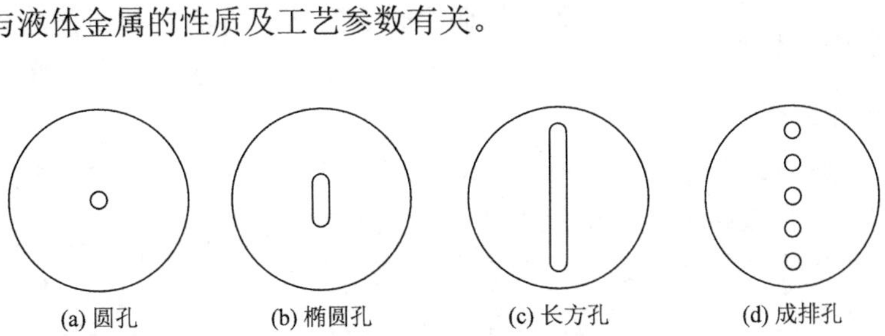

图 4-10　喷嘴形状示意图

6）熔体沾出法

如图 4-9（d）所示，当金属圆盘紧贴熔体表面高速旋转时，熔体被圆盘沾出一薄层，随之急冷而成条带。此法不涉及上述几种方法中喷嘴的孔型问题，可以制备不同断面的条带。其冷却速率不及上述方法高，所以很少用于制备金属玻璃，而常用于制备急冷微晶合金。

7）熔滴法

如图 4-9（e）所示，合金棒下端由电子束加热熔化，液滴接触到转动的辊面，随即被拉长，并凝固成丝或条带。这种方法的优点是：不需要坩埚，从而避免了坩埚的污染；不存在喷嘴的孔型问题，适合制备高熔点的合金条带。

4. 其他方法

1）结晶材料转变法

由结晶材料通过辐照、离子注入、冲击波等方法制得非晶态固体。目前，离子注入技术在金属材料改性及半导体工艺中用得很普遍，在许多情况下是利用了注入层的非晶态本质。高能注入离子与注入材料（靶）中的原子核及电子碰撞时有能量损失，因此，注入离子有一定的射程，只能得到一薄层非晶态材料。激光或电子束的能量密度较高（约 $100kW/cm^2$），用它们来辐照金属表面，可使表面局部熔化，并以 $4\times10^4\sim5\times10^6$K/s 的速率冷却。例如，对于 $Pd_{91.7}Cu_{4.2}Si_{5.1}$ 合金，可在表面上产生 400μm 厚的非晶态薄膜。

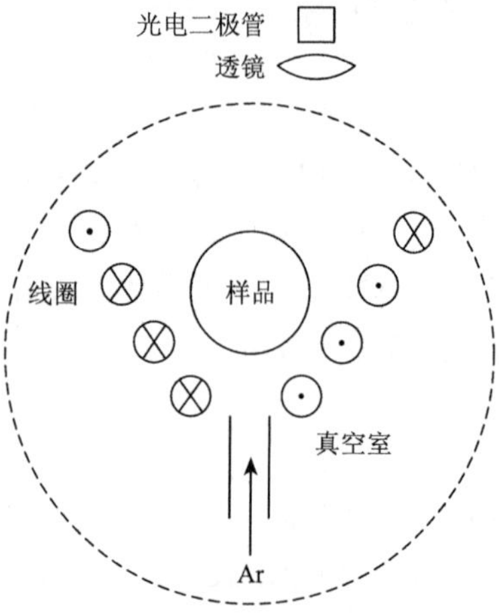

图 4-11　磁悬浮熔炼装置原理图

2）磁悬浮熔炼法

当导体处于图 4-11 所示的线圈中时，线圈中的高频梯度电磁场将使导体中产生与外部电磁场方向相反的感生电动势，该感生电动势与外部电磁场之间的斥力和重力抵消，使导体样品悬浮在线圈中。同时，样品中的涡流使样品加热熔化，向样品吹入惰性气体，样品便冷却、凝固，样品的温度可用非接触法测量。由于磁悬浮熔炼时样品周围没有容器壁，避免了引起的非均匀形核，因而临界冷却速率更低。该方法目前不仅用来研究大块非晶合金的形成，而且广泛用来研究金属熔体的非平衡凝固过程中的热力学及动力学参数，如研究合金溶液的过冷，利用枝晶间距来推算冷却速率、均匀形核率及晶体长大速率等。

3）静电悬浮熔炼法

将样品置于图 4-12 所示的负电极板上，然后在正负电极板之间加上直流高压，两电极板之间产生一梯度电场（中央具有最大电场强度），同时样品也被充上负电荷。当电极板间的电压足够高时，带负电荷的样品在电场作用下将悬浮于两极板之间。用激光照射样品，便可将样品加热熔化。停止照射，样品便冷却。该方法的优点在于样品的悬浮和加热是同时通过样品中的涡流实现的。样品在冷却时也必须处于悬浮状态，所以样品在冷却时还必须克服悬浮涡流给样品带来的热量，冷却速率不可能很快。

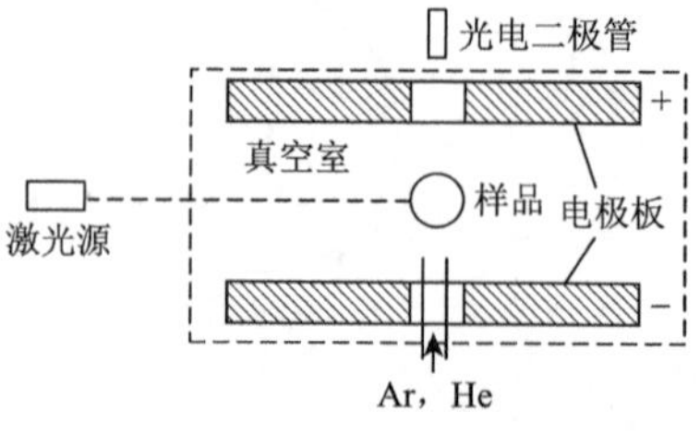

图 4-12　静电悬浮熔炼设备原理图

4）落管技术

将样品密封在石英管中，内部抽成真空或通入保护气。先将样品在石英管上端熔化，然后让其在管中自由下落（不与管壁接触），并在下落中完成凝固过程（图 4-13）。与悬浮法相类似，落管法可以实现无器壁凝固，可以用来研究非晶相的形成动力学、过冷金属熔体的非平衡过程等。

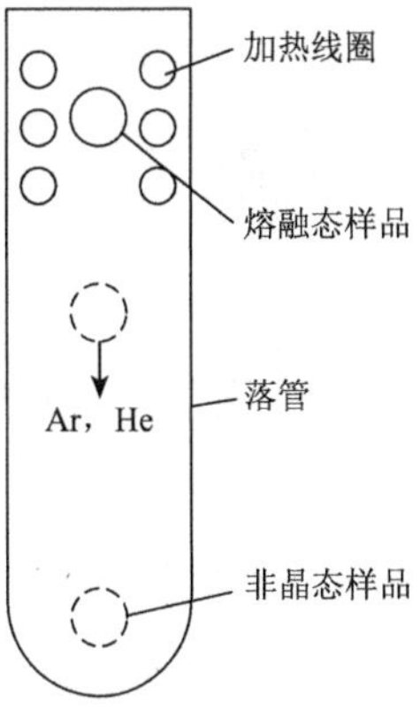

图 4-13　落管法制取大块非晶合金原理

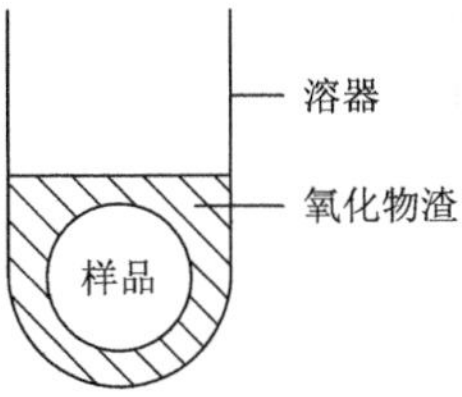

图 4-14　氧化物包裹熔炼示意图

5）低熔点氧化物包裹

如图 4-14 所示，将样品用低熔点氧化物（如 B_2O_3）包裹起来，然后置于容器中熔炼，氧化物的包裹起到两个作用：一是吸取合金熔体中的杂质颗粒，使合金熔化，这类似于炼钢中的造渣；二是将合金熔体与器壁隔离开来，包覆物的熔点低于合金熔体，因而合金凝固时包覆物仍处于熔化状态，不能作为合金非均匀形核的核心。这样，经过熔化、纯化后冷却，可以最大限度地避免非均匀形核。

5. 大块非晶材料制备的新方法

关于具有极低临界冷却速率和宽过渡区合金系列非晶态的研究可以追溯到 20 世纪 80 年代，发现合金的过冷区 $\Delta T_c = T_c - T_g$（T_c 为结晶温度）可达 70K。20 世纪 80 年代末，Inoue 等开发了临界冷却速率为 10～100K/s 的镁基、锆基合金。目前，国外关于大块非晶合金的研究主要集中在日本，尤其是日本东北大学材料研究所的井上明久研究小组做了大量工作，合金系列涉及过渡金属-类金属系、铁基、铝基、镁基等，研究方法覆盖了从粉末冶金法到水淬、区域熔炼等多种方法。例如，将 ZrAlNiCu 合金在石英管中熔化，然后将石英管淬入水中，得到了直径达 30mm 的非晶棒。用单向区域熔炼方法获得了尺寸为 10mm×12mm×300mm 的 ZrAlNiCuPd 合金棒材；用模铸方法制取了 ZrAlNiCu 合金棒材与板材。高压模铸还可以制造出表面光滑的非晶合金微型齿轮；用水淬方法得到的 PdNiCuP 合金棒的直径达 40mm。

国内关于大块非晶合金的研究开展不多，工作集中于中国科学研究院物理研究所的研究小组，他们利用落管、氧化物包裹、磁悬浮等技术，主要对 PdNiP 系合金的非晶形成动力学进行了研究，在实验室中制出了直径达 4mm 的非晶小球，并对非晶形成动力学及其稳定性进行了研究。

4.3.3　非晶态材料制备技术举例

1. 急冷喷铸技术

“急冷喷铸”就是将熔体喷射到一块运动着的金属基板上进行快速冷却，从而形成条带的过程。此过程的特征为：线速度高、流量大和急冷速率高（对金属来说，一般为 10^5～10^8℃/s）。尽管有不少学者对此工艺进行了研究，但还有许多基本问题和应用问题尚未解

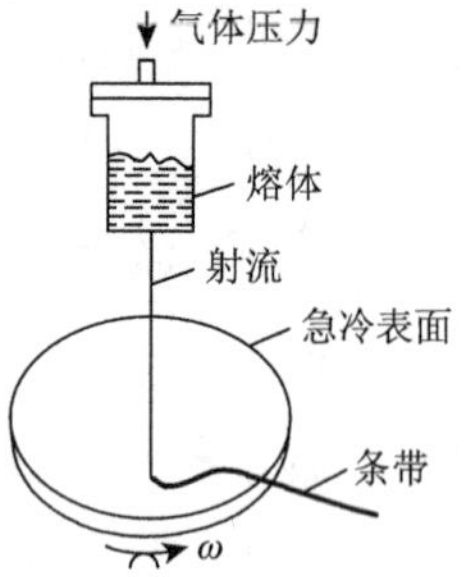

图 4-15　急冷喷铸示意图

决，如条带怎样形成？在其形成的过程中能、热和流体力的限制是什么？条带的尺寸和喷铸工件之间的基本关系是什么？等等。Mobley 曾具体地描述了急冷喷铸工艺。借助气体压力使熔体流经喷嘴而形成射流，它射到运动着的基板上即凝固成条带。关于条带形成的几何学如图 4-15 所示。射流的半径为 a（cm），它与急冷表面所形成的倾角为 θ。射流冲到急冷表面上铺开的熔层（puddle）宽度为 w（cm），急冷速率为 v（cm/s），得到的条带厚度为 t（cm），其宽度与熔层的宽度相同。

2. 真空蒸发技术

用真空蒸发的方法来制备元素或合金的非晶态薄膜已经有很长的历史了。蒸发时，在真空中将预先配制好的材料加热，并使从表面上蒸发出来的原子淀积在衬底上。原料加热可以采用电阻加热、高频加热或电子束轰击等方法，如图 4-16 所示。衬底可根据用途选用适当的材料，如玻璃、金属、石英、蓝宝石等。当然，在蒸发前，衬底都要进行仔细清洗。蒸发出来的原子在真空中可以不受阻挡地前进而凝聚在衬底表面。但是，即使在 1.33×10^{-4}Pa 的真空下，在蒸发原子向衬底运动的过程中，也不可避免地夹带着若干杂质，这对于沉积膜的性质会有很大的影响，在蒸发生长非晶态半导体 Si、Ge 时，衬底一般保持在室温或高于室温的温度；但在蒸发结晶温度很低的过渡金属 Fe、Co、Ni 时，一般要将衬底降温，如保持在液氮温度，才能实现非晶化。蒸发制备合金膜时，大都用各组分元素同时蒸发的方法。因为合金的结晶温度一般较高，如纯铁的结晶温度为 3K，当含有 10%（质量分数）的 Ge 时，结晶温度提高到 130K。只要保持衬底温度低于结晶温度，一般都可获得非晶态。

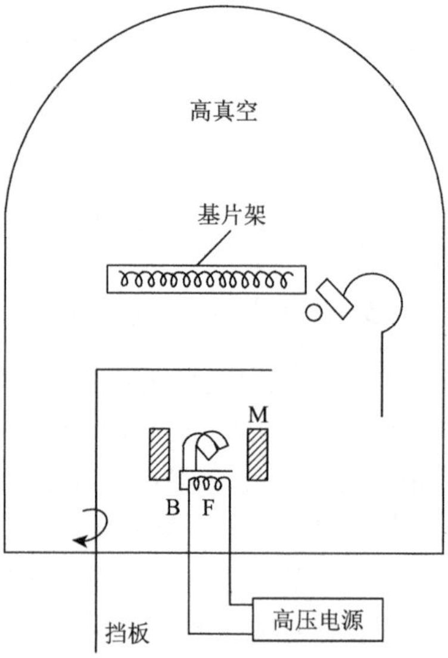

图 4-16　真空蒸发沉积

真空蒸发技术的缺点是合金的品种受到限制，成分很难调节。特别是当合金各组元的蒸气压相差很大时，合金成分的控制相当困难，必须能够单独调节各组元的蒸发速率才行。为此，可采用计算机控制。蒸发时的沉积速率与蒸发台的结构、真空度及蒸发材料有关，一般为 0.5～1nm/s。蒸发方法的优点是适用于制备薄膜，操作简单方便，衬底容易冷却，适用于制作非晶态纯金属或半导体，但膜的质量一般不好。

3. 辉光放电技术

1）辉光放电技术与装置原理

辉光放电法是利用反应气体在等离子体中发生分解而在衬底上沉积成薄膜，实际上是在等离子体帮助下进行的化学气相沉积。等离子体是由高频电源在真空系统中产生的。

根据在真空室内施加电场的方式，可将辉光放电法分为直流法、高频法、微波法及附加磁场的辉光放电。

直流辉光放电中，在两块极板之间施加电压，产生辉光，辉光区包含电子、离子、等离子体及中性分子等物质。在阴极上安放衬底，用以 Ar 稀释的硅烷作为反应气体通入辉光放电区，就可以在衬底上沉积非晶硅。高频辉光放电方法目前用得最普遍，又可分为电感耦合式和电容耦合式，使用的频率一般为 1～100MHz，常用 13.56MHz。其特点是反应室的形状和尺寸可以根据需要进行设计。

在电感耦合式装置（图 4-17）中，气体 G（纯硅烷或经过稀释的硅烷）通入石英反应管，石英管的直径为 5～10cm。石英管中的压强为 13.3～133Pa，气体流速为 0.1～10cm^3/s。用机械泵 RP 来保持石英中的气流和压强。衬底 S 置于基座 H 上，基座放在辉光放电离子区 P 的下部，辉光是用连接在 13.56MHz 的射频电源上的耦合线团来激发的。线圈绕在石英管的外面，线团的匝数根据电源的输出特性及反应器结构而定，一般只需要 3～5 匝，甚至 1～2 匝即可。这种系统比较简单，但只有严格控制工艺参数，样品的质量才能得到保证。薄膜的质量与氢含量和系统的几何尺寸也有密切的关系。一般说来，感应线圈与衬底的相对位置、衬底温度和射频功率是非常重要的因素。

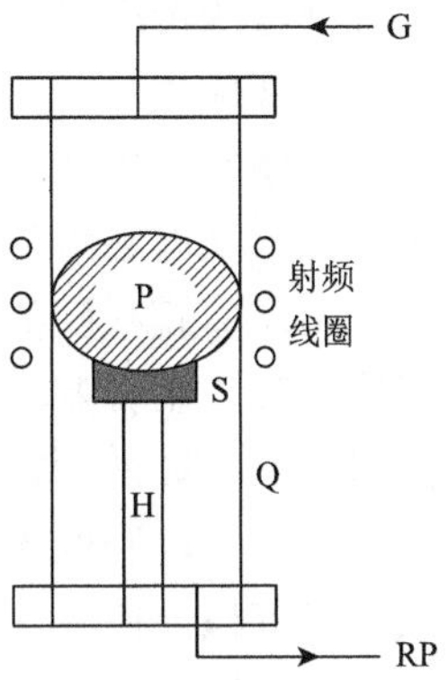

图 4-17　电感耦合辉光放电沉积装置

2）辉光放电工艺参数控制

虽然辉光放电装置并不复杂，但要生长出优质的非晶硅膜并非易事，因为从设备、材料到操作过程，影响薄膜质量的因素很多。

（1）反应室设计。设计反应室时，要特别注意气体在反应室中流动的方向。设计的原则是力求避免硅烷等反应气体在电极的局部区域过剩，而在另一些部位上枯竭；否则，不仅非晶硅膜的厚度不均匀，而且结构和性能也不均匀。气体可以从与极板平行的侧向通入，这样容易在进气端和出气端造成气体浓度同辉光区一样。反应气体也可以从极板中心通入，再从极板外缘排出，这时随着气流下游反应气体的耗竭，沉积面积反而增大，造成不均匀生长。如果气体从极板外缘通入，而从极板中心流出，则可以避免这一弊端，衬底经常放在下极板上，但硅烷气相分解生成的小颗粒以及上极板上的沉积物容易掉落在样品上，造成针孔及小丘，损害样品质量，因此最好把衬底放在极板上。

（2）杂质及安全性控制。反应气体的纯度和气体的种类对于非晶硅膜的质量有决定性影响。硅烷是基本的反应气体，最好采用未经稀释的高纯硅烷，其中所含的杂质应最少。

使用硅烷时要注意安全，因为高浓度的硅烷遇到空气就会起火燃烧。由机械泵排出的尾气中含有未反应的硅烷，往往在排气口燃烧，生成的氧化硅粉末容易使排气口堵塞，使机械泵不能正常工作。为了避免这一情况发生，可以在排气管路中充氯气以稀释，或者将排气口接入一敞开的水池，令硅烷在水面燃烧。

稀释至 3%～5%的硅烷使用时非常安全。通常认为用 5%～10%的稀释硅烷生长出的非晶硅膜，质量较用纯硅烷时差，但对此并无可靠的实验证据。如果工艺参数选择得当，用稀释的硅烷生长的薄膜质量并不见得差。但是对稀释用的气体的种类和纯度必须非常注意。常用的稀释剂有 Ar、H_2 和 He。一般的规律是用分子量小的气体稀释时，所得的非晶硅质量较好，无柱状结构，即组织比较均匀。但并非每个实验室都有条件获得高纯氦，而且其价格昂贵，故大都用 H_2 将硅烷稀释到 5%～10%。超纯氢也容易获取。氢容易自燃，为保证安全操作，应使尾气的排出通畅，并在出气口点燃。使用 Ar 非常安全，但如果工艺参数调节不当，容易得到柱状结构。此外，氩中的水含量和氧含量一般较高，而高纯氩的价格也比较昂贵。

在薄膜生长之前，在反应室及电极板上不可避免地会吸附空气、水及其他沾染物，非晶硅中常有的氧、氮、碳杂质就是由这些沾染物引入的。因此，要获得质量较高的薄膜，在沉积前应将反应室预抽真空至 1.33×10^{-3}Pa，并同时进行长时间的烘烤。

用作薄膜衬底的材料根据非晶硅的用途而定。例如，用于电导率测试的样品要求用绝缘衬底，如石英、蓝宝石或 7095 玻璃；用于红外透过测试的样品要求沉积在红外透明的衬底上，如两面抛光的高阻硅片；批量生产的太阳电池则制作在抛光的不锈钢带或生长有透明导电膜的玻璃上。但无论何种衬底，表面都要经过仔细抛光，并经化学清洗，或者在沉积前在原位进行等离子刻蚀，以清洗表面沾染物。

（3）反应流量及衬底温度控制。沉积时衬底的温度应保持在 200～400℃的范围内。衬底温度太低，则膜的柱状结构明显，组织疏松，在大气中容易吸水。衬底温度太高，则膜中的氢含量偏低，性能恶化，且容易形成微晶或多晶膜。衬底温度的直接测量比较困难，通常在反应室外面测量极板的温度，衬底的实际温度一般要比测量值低 30～50℃。

沉积时硅烷的流量可取 20～30cm^3/s。沉积时的功率密度可取 0.02～2.0W/cm^3。功率、流量和衬底温度是影响膜质量的三个最主要的因素，必须注意控制。

（4）生长过程描述。在辉光放电装置中，非晶硅膜的生长过程就是硅烷在等离子体中分解并在衬底上沉积的过程，对这一过程的细节目前了解得还很不充分，但这一过程对于膜的结构和性质有很大的影响。硅烷是一种很不稳定的气体，在 650℃以上即以显著的速率分解。在等离子体气氛中，由于电子温度可能高达 10000K，可以在较低的衬底温度下发生分解。粗略地说，非晶硅的生长过程可以分为以下三个阶段。

第一阶段，硅烷在等离子体中分解。硅烷分解的全反应为

$$SiH_4 \longrightarrow Si + 2H_2 \tag{4-21}$$

实际上，在反应过程中生成许多中间产物。因此，在辉光区包含 H、Si—H、Si—H_2 等活性物质。

第二阶段，H、Si—H、Si—H_2 等向衬底表面扩散输运，并吸附在衬底表面上。

第三阶段，吸附物在表面上发生反应。反应过程往往是不完全的，可形成 H、Si—H 等中性基，放出氢气。图 4-18 示意了这一过程。因此在非晶硅膜中含有不同数量的 Si—H、Si—H_2 以及聚合$(Si—H_2)_n$，各自含量随生长条件而异。

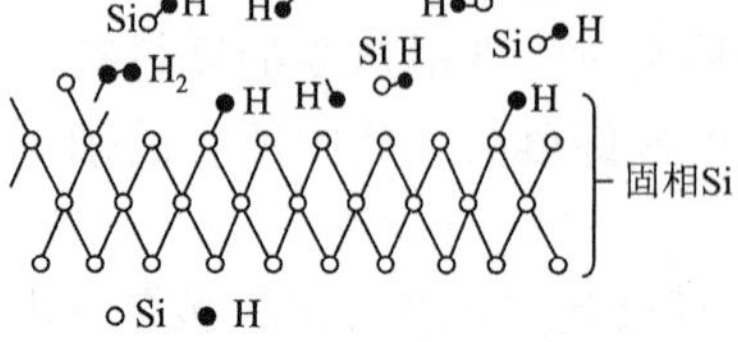

图 4-18　非晶硅的生长过程

$$SiH + H \longrightarrow Si + H_2 \tag{4-22}$$

4. 溅射技术

1）二极管溅射装置

溅射是比较成熟的薄膜沉积技术，简单地说，溅射就是在 0.133～13.3Pa 的氩气气氛中，在靶上施加高电场。产生辉光放电，生成的高能 Ar 离子轰击靶材的表面，使构成靶材的原子逸出，沉积在置于电极的衬底上。在用溅射法沉积非晶硅时，大都用多晶硅作为靶材，并使用 13.56MHz 高频电源。

用溅射法制备非晶硅早已为人们所知，但自从用辉光放电法制备了含氢的非晶硅，使之具有广泛的应用前景之后，溅射就成为制备非晶硅膜的主要方法之一。这种在溅射气氛中通以化学活性气体的溅射也称为反应溅射。图 4-19 为射频二极管溅射装置的示意图。

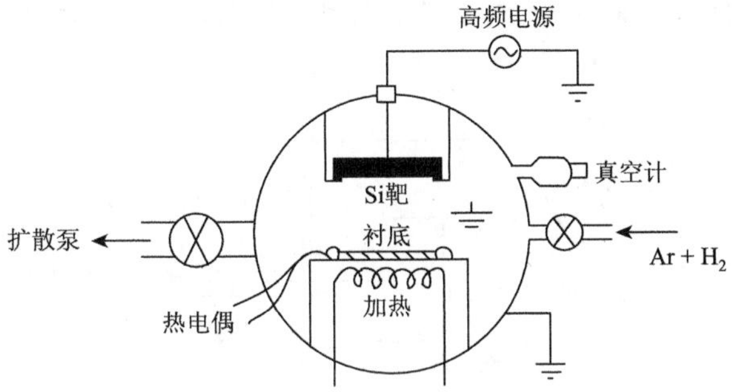

图 4-19　射频二极管溅射装置示意图

2）技术特点

与辉光放电法相比，溅射技术有以下几个特征。

（1）膜中的氢含量较高，可达 6%～7%。

（2）溅射时，高能粒子对膜表面的轰击比较严重，这有利于去除表面上结合较弱的原子，但也造成了膜表面的轰击损伤，产生缺陷。

（3）溅射制备工艺参数调节范围比辉光放电法大，但设备比较复杂，产量低，比较适合实验室条件下使用。

（4）用掺杂的多晶硅作为靶，可以生长 P 型或 N 型的非晶硅膜，不必像辉光放电那样采用剧毒的硼烷或磷烷，操作比较安全。

5. 化学气相沉积技术

1）化学气相沉积反应装置

图 4-20（a）是一种常压化学气相沉积（chemical vapor deposition，CVD）反应器示意图，衬底置于用高频线圈加热的石墨基座上，反应在石英罩内进行。为了提高气体的扩散速率，改善沉积均匀性，常用低压化学气相沉积（low pressure chemical vapor deposition，LPVCD）的方法，如图 4-20（b）所示。石英管反应器置于电阻炉内（故为热壁管反应器），衬底平行排列在石英管内的支架上，反应气体从石英管一端进入，另一端用机械泵抽气，保持反应器内为低真空。

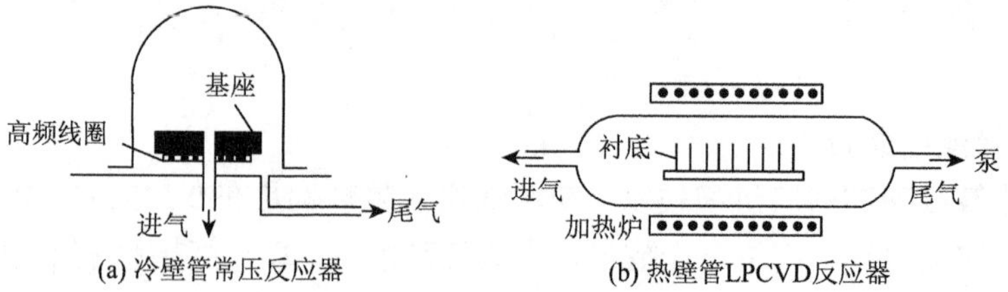

图 4-20　CVD 反应器示意图

2）均匀反应 CVD 装置

为了改善 CVD 非晶硅膜的质量，发展了一种均匀反应 CVD（HOMOCVD）方法。将加热至 6000℃左右的热硅烷通过低温（低于 300℃）衬底，在衬底上沉积的非晶硅膜中包含了较多硅烷分解的中间产物，因而膜中的氢含量大大提高。图 4-21 是均匀反应 CVD 装置的示意图。

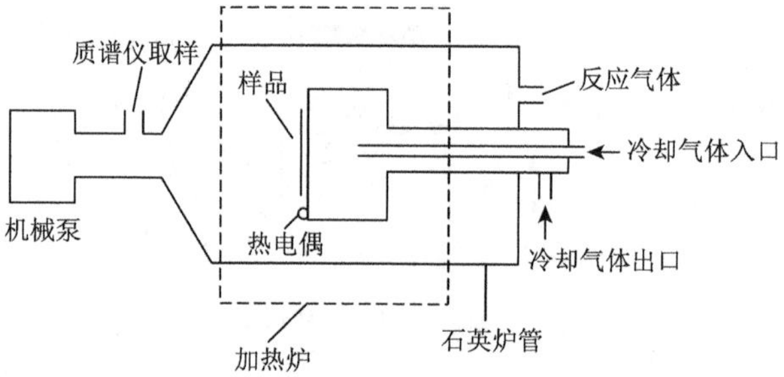

图 4-21　均匀反应 CVD 装置示意图

3）CVD 反应参数控制

与辉光放电法不同的是，经典的 CVD 法是热分解过程。CVD 法生长非晶硅是利用硅的气体化合物（主要是硅烷）的热分解。在电子工业中，CVD 法广泛地应用在单晶硅膜的外延生长和多晶硅膜沉积中，这时，生长温度一般为 900～1100℃。在同样的沉积系统中，降低生长温度，即可得到非晶硅膜。图 4-22 是生长速率和温度倒数的关系。反应气体常用硅烷，并用超纯氢稀释至 3%左右，生长温度约为 600℃，这时可达到 1μm/h 的生长速率。也可以用其他的反应气体如氯硅烷或氟硅烷，但分解比较困难，故用得不多。高硅烷如 Si_2H_6、Si_3H_8 等很不稳定，生长温度可降至 450℃以下，能完全避免非晶膜晶化。反应气体用载气（如氢）送入反应器，载气亦可用于沉积前或沉积后冲洗反应器及管道。根据需要，可以将 PH_3 或 B_2H_6 混入硅烷中，一同送入反应器，生长 P 型或 N 型非晶硅膜。

6. 液体急冷技术

将液体金属或合金急冷，从而把液态的结构冻结下来以获得非晶态的方法为液体急冷技术，可用来制备非晶态合金的薄片、薄带、细丝、粉末，适宜大批量生产，是目前广为流行的非晶态合金制备方法。急冷装置有多种类型，其中喷枪法、活塞法及抛射法

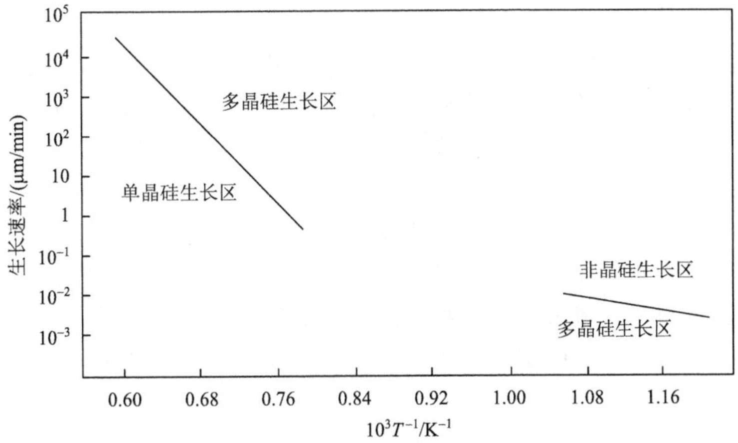

图 4-22　单晶、多晶和非晶硅膜生长的温度范围和生长速率范围

都只能得到数百毫克的非晶态薄片，而离心法、单辊法及双辊法都可用来制作连续的薄带，适合工业生产。

1）薄膜的制备

用急冷法制备非晶态合金薄片所用的设备示意于图 4-23 中。喷枪法是用高压气体将熔化金属的液滴喷在热导率很高的基板表面，使之高速冷却。活塞法是在熔融液滴下落的过程中，在活塞和砧板之间高速压制以获得极高的冷却速率。抛射法则是将液滴高速抛射到冷却基板上。

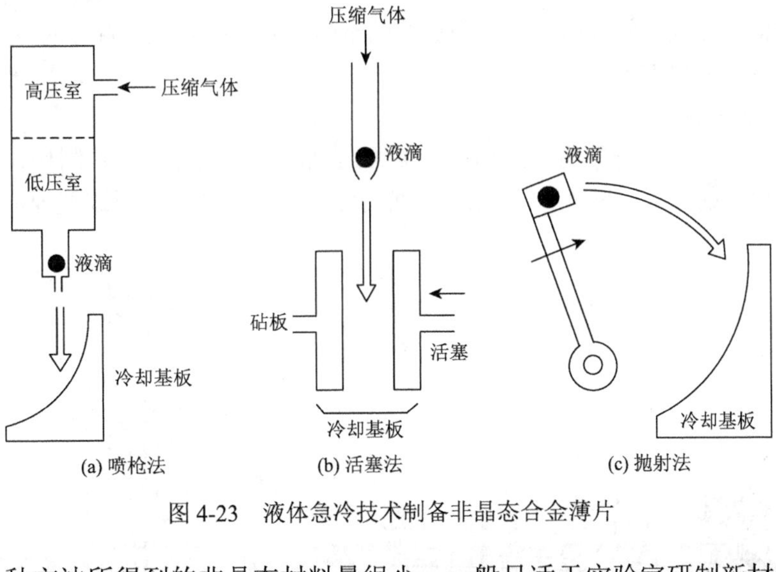

图 4-23　液体急冷技术制备非晶态合金薄片

上述几种方法所得到的非晶态材料量很少，一般只适于实验室研制新材料。此外，所得样品形状不规则，厚度不均匀，性能测试有一定的困难，对于需要较大样品的力学性能测试困难更大。但上述方法有一个很大的优点，即冷却速率相当高，可达 10^9K/s，很适合新材料的研制。还有一点值得注意，样品可以制得很薄，可直接用作透射电子显微镜的样品进行观察而不必减薄，避免了在减薄过程中可能发生的结构变化。

2）薄带的制备

图 4-24 是几种制备非晶态薄带的方法和设备示意图，分别为离心法、单辊法和双辊法。它们的主要部分是一个熔融金属液熔池和一个旋转的冷却体。金属或合金用电炉或高频炉熔化，并用惰性气体加压使熔料从坩埚的喷嘴中喷到旋转冷却体上，在接触表面凝固成非晶态薄带。在实际使用的设备上，当然还要附加控制熔池温度、液体喷出量及旋转体转速等的装置。图 4-24 所示的三种方法各有优缺点：在离心法和单辊法中，液体和旋转体都是单面接触冷却，故应注意产品的尺寸精度及表面光洁度。双辊法是两面接触的，尺寸精度较好，但调节比较困难，只能制作宽度在 10mm 以下的薄带。目前在生产中大都采用单辊法，薄带的宽度可达 100mm 以上，长度可达 100mm 以上。

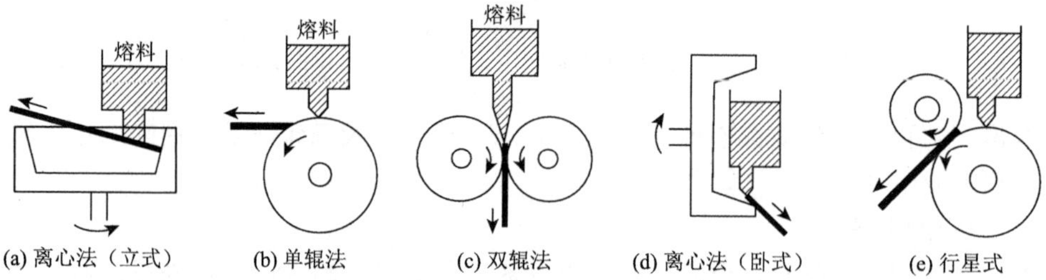

图 4-24　液体急冷技术制备非晶态合金薄带

随着金属玻璃进入工业生产，已经发展了包括后续工序的联机系统，但基本原理仍然是一样的。图 4-25 是美国联合公司的非晶态合金生产线示意图。其特点是对熔料的喷出量可进行自动控制，并可用反馈系统调节薄带的尺寸。此外，还附有理带和卷带装置，最终提供成卷的金属玻璃商品。

3）细丝的制备

非晶态合金丝有独特的用途，但圆形断面的细丝用辊面冷却很难制作，一般用液态金属在水中铸造的方法，图 4-26 介绍的两种方法都是将液体金属料连续地流入冷却介质

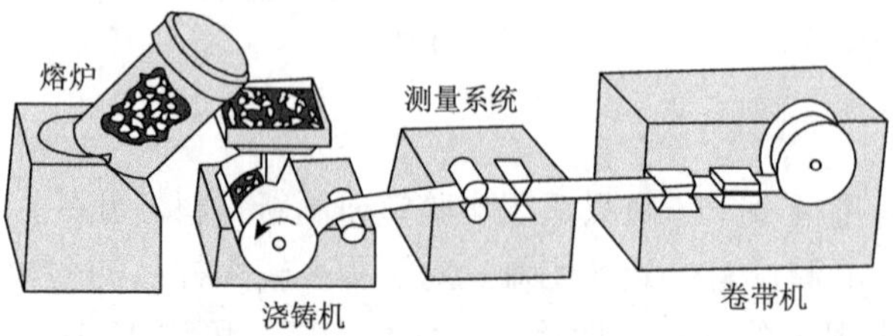

图 4-25　非晶态合金生产线

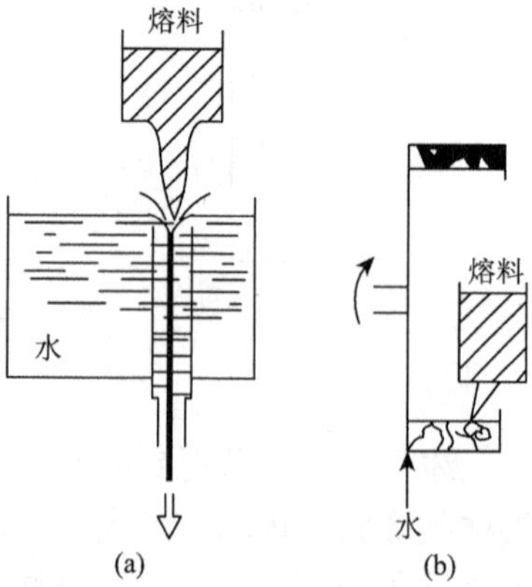

图 4-26　非晶态合金细丝制备方法

中。冷却介质可用蒸馏水或氯化钠溶液，冷却速率为 10^4～10^5K/s，因此无法控制铁基金属玻璃丝。但若选择适当的类金属元素含量，仍有可能获得直径为 100～150μm 的铁基、钴基、镍基金属玻璃丝。

4）粉末的制备

利用非晶态合金粉末的活性，可以制成催化剂或储氢材料，因此研究人员对于制备金属玻璃粉末也有浓厚的兴趣。特别是用液体急冷法制造出的非晶态薄带的厚度和宽度都较小，因而在工程上应用受到限制，如制造低磁滞变压器铁心就有困难。而用非晶态粉末烧结的方法就有可能实现制造大块非晶态材料这一迫切愿望。

非晶粉末的制备方法可分为两大类，即雾化法和破碎法。下面主要介绍雾化法。

雾化法是用超声气流将金属液吹成小滴而雾化，如图 4-27（a）所示，而气流本身又起到淬火冷却剂的作用。超声频率为 80kHz 左右，冷却速率取决于金属液滴的尺寸和雾化用气体的种类。用氦气雾化的效果比用氩气好，用压力为 8.1MPa 的氧气曾制成了 $Cu_{60}Zr_{40}$ 粉末，颗粒为球状，直径小于 50μm，完全是非晶态。当颗粒尺寸增大到 125μm 时，则颗粒内包含有部分结晶区。当颗粒尺寸超过 125μm 时，则得到结晶粉末。估计当颗粒尺寸为 20μm 时，冷却速率为 10^5K/s。

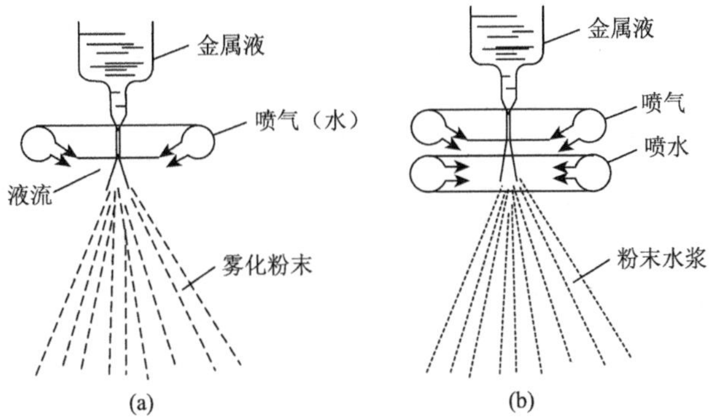

图 4-27　非晶态合金粉末的制备方法

也可用液体（如水）代替气体作为淬火介质，这样冷却速率较高，但得到的颗粒形状不很规则。用这种方法曾制成了 $Fe_{69}Si_{17}B_{14}$ 非晶态合金粉末，颗粒尺寸小于 20μm，但尺寸不均匀。如果同时使用气体和液体喷流，如图 4-27（b）所示，气体将小颗粒（10～15μm）淬火，而大颗粒则由高速喷射的液体提供较高的冷却速率，平均淬火冷却速率可达 10^5～10^6K/s。目前，用 4.2MPa 的氩和 1.6MPa 的水雾化淬火，已得到 $Cu_{60}Zr_{40}$ 非晶粉，气-液雾化时的冷却速率较高，因此大尺寸颗粒仍可保持非晶态。这种方法还有另外一个优点，即可以改变气流和液流的相对喷出量，以控制颗粒的形状。

思　考　题

4-1. 简述非晶材料在微观结构上的基本特征。

4-2. 制备非晶合金必须解决哪两个关键问题？

4-3. 简述大块非晶合金的制备方法。

4-4. 简述玻璃的制备方法。

参考文献

曹茂盛. 2018. 材料合成与制备方法. 哈尔滨：哈尔滨工业大学出版社.

马景灵. 2016. 材料合成与制备. 北京：化学工业出版社.

王一禾，杨膺善. 1989. 非晶态合金. 北京：冶金工业出版社.

吴建生. 张寿柏. 1998. 材料制备新技术. 上海：上海交通大学出版社.

第 5 章　纳米材料制备技术

纳米材料是指三维空间尺度至少有一维处于纳米量级（1～100nm）的材料，它是由尺寸介于原子、分子和宏观体系之间的纳米粒子所组成的新一代材料。纳米材料的概念形成于 20 世纪 80 年代中期，由于纳米材料会表现出特异的光、电、磁、热、力学等性能，纳米技术迅速渗透到材料的各个领域，成为当前世界科学研究的热点。按物理形态，纳米材料大致可分为纳米粉末、纳米纤维、纳米膜、纳米块体和纳米相分离液体五类。

纳米材料的制备是纳米技术研究的重要基础，是纳米特性研究、纳米测量技术，纳米应用技术及纳米产业化的必备前提条件，也是纳米材料研究者始终关注和研究的重点。

目前，纳米材料的制备方法很多。根据是否发生化学反应可以分为物理方法和化学方法两类；根据制备状态的不同可分为气相法、液相法和固相法三类；按照纳米材料形成物态可分为纳米微粒、纳米纤维、纳米薄膜和纳米块材（纳米结构）制备。

本章将按照纳米材料的不同物态分别介绍其制备方法。

5.1　气相法制备纳米颗粒

气相法制备纳米颗粒可分为物理气相沉积法与化学气相沉积法两大类。

5.1.1　物理气相沉积法制备纳米颗粒

物理气相沉积可以说是制备纳米颗粒一种最基本的方法，其基本原理是用物理方法将欲制备纳米颗粒的原料气化，使之成为原子或分子，然后再使原子或分子凝聚，形成纳米颗粒。预蒸发的原料可以是块体材料、粉末，也可以是连续纤维。在制备过程中都是物理变化过程，不伴随有燃烧之类的化学反应。根据加热及颗粒产生的方式不同，可分为热蒸发、离子溅射等方法。

1. *热蒸发法*

热蒸发法也称为气体蒸发法，该方法早在 1963 年由 Ryozi Uyeda 及合作者研制出。即通过在较纯净的惰性气体中的蒸发和冷却过程获得较纯净的纳米微粒。热蒸发法是在氩、氦等惰性气体中将金属、合金或陶瓷蒸发、气化，然后与惰性气体相撞、冷却、凝结而形成纳米颗粒。

热蒸发法制备纳米颗粒的整个过程是在高真空室内进行的。通过真空泵使真空室真空度达到 0.1Pa 后充入低压的纯净惰性气体（He 或者 Ar，纯净度应该在 99.999%以上）。将欲蒸发的物质（金属、CaF_2、NaCl 等离子化合物、过渡族金属氧化物等）置于坩埚内，

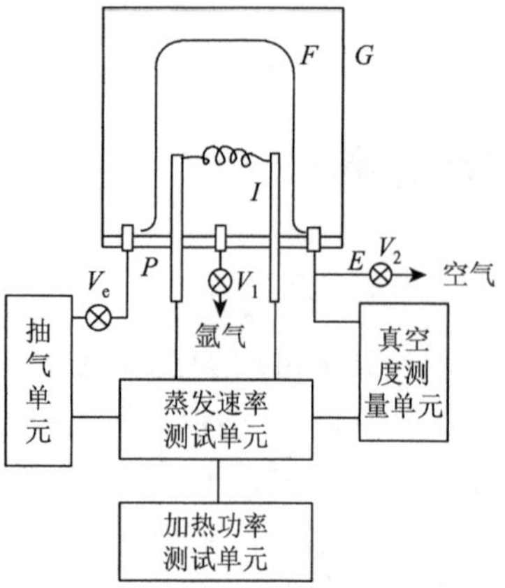

图 5-1 热蒸发法制备纳米颗粒原理示意图

通过钨电阻加热器或石墨加热器等加热装置逐渐加热蒸发，生成原物质烟雾。烟雾通过凝聚形成纳米微粒沉积于微粒收集器上。其工作原理如图 5-1 所示。

发热体一般做成螺旋状或舟状。发热材料除钨丝和石墨外，还可以选择钼、钽等高温金属以及氧化铝等耐高温材料。在实际选择发热体时应注意：①发热体与蒸发原料在高温熔融后不能形成合金；②蒸发原料的蒸发温度不能高于发热体的软化温度。

热蒸发法可通过调节惰性气体压力、蒸发物质的分压（即蒸发温度和蒸发速率）来控制纳米颗粒的大小。实验结果表明，随着蒸发速率的增加（等同于蒸发温度的升高），纳米颗粒的粒径变大。随着蒸发室压力下降，纳米微粒的粒径变小。

采用热蒸发法制备的纳米颗粒表面清洁，粒径分布窄，粒度易于控制。热蒸发制备纳米颗粒的过程也可以在非真空环境中进行，主要用于制备金属氧化物纳米颗粒，如 ZnO 等。和真空蒸发相比，该工艺设备要求不高，但制得的颗粒粒径较大，不容易控制，比较适合要求不高的纳米颗粒的制备。

2. 等离子体蒸发法

普通蒸发法制备纳米颗粒通常要将原料加热到相当高的温度才能使物质蒸发，然后在低温的介质上沉积。为了保证获得粒径小、粒径分布集中的纳米颗粒，就要求热源温度场分布范围尽量小，热源附近的温度梯度大。等离子体加热蒸发就是利用了等离子体的高能量而实施加热蒸发的。一般等离子体的焰流温度可高达 1800℃以上，存在大量的高活性物质颗粒，能与反应物颗粒迅速交换能量，有助于纳米颗粒的形成。此外，等离子体尾焰区的温度较高，离开尾焰区温度急剧下降，原料颗粒在尾焰区处于动态平衡的饱和，脱离尾焰区后温度骤然下降而处于过饱和状态，形核结晶而形成纳米颗粒。

等离子体加热蒸发法可以制备出各类包括金属、合金、金属间化合物和非金属化合物的纳米颗粒。其优点在于产品收率高，特别适合制备高熔点物质的纳米颗粒。但是，等离子体喷射的射流容易将熔融物质本身吹散飞开，对收集造成影响，这是要解决的技术难点。

等离子体蒸发法按照产生等离子体的方式可分为直流电弧等离子体和高频等离子体，由此派生出来的纳米颗粒制备方法有直流电弧等离子体法、混合等离子体法和氢电弧等离子体法等。

1）直流电弧等离子体法

通过直流放电时气体电离产生高温等离子体，然后加热原料使其熔化、蒸发，形成气态颗粒。气态颗粒遇到周围的气体就会被冷却或发生反应形成纳米颗粒。该方法的实验装置如图 5-2 所示，纳米颗粒生成室内充满惰性气体，通过真空系统排气量来调节蒸发气体的压力，提高等离子体枪的发射功率可以提高由蒸发而生成的颗粒数量。生成的纳米颗粒黏附于水冷管状的铜板上，气体被排出在蒸发室外，运转数十分钟后，进行慢氧化处理，然后打开生成室，将黏附在圆筒内侧的纳米颗粒收集起来。在惰性气氛中，由于等离子体温度高，几乎可以制备任何金属的颗粒。但由于等离子体喷射到中心部分的温度较高，而与水冷铜坩埚接触的边缘部分温度较低，熔体内部具有明显的温度梯度，生成的纳米颗粒粒度分布范围较宽。另外，蒸发原料与水冷铜坩埚相接触，在坩埚壁上的热损失比较严重，会降低纳米颗粒的生成速率。研究结果表明，这一现象对低熔点、高热导率的 Al 和 Cu 的纳米颗粒生成速率影响较大，而对 Fe 及 Ni 的纳米颗粒生成速率影响较小。

2）混合等离子体法

混合等离子体法是采用射频（radio frequency，RF）等离子体为主要加热源，并将直流（direct current，DC）等离子体和射频等离子体组合，由此形成混合等离子体加热方式，来制备纳米颗粒，其实验装置如图 5-3 所示。

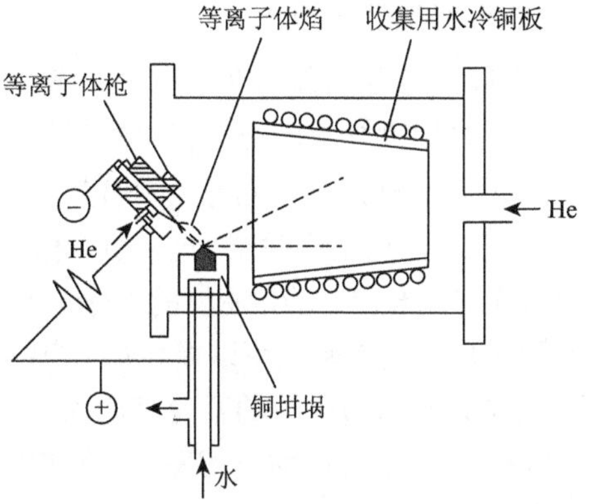

图 5-2　直流电弧等离子体法制备纳米颗粒的实验装置

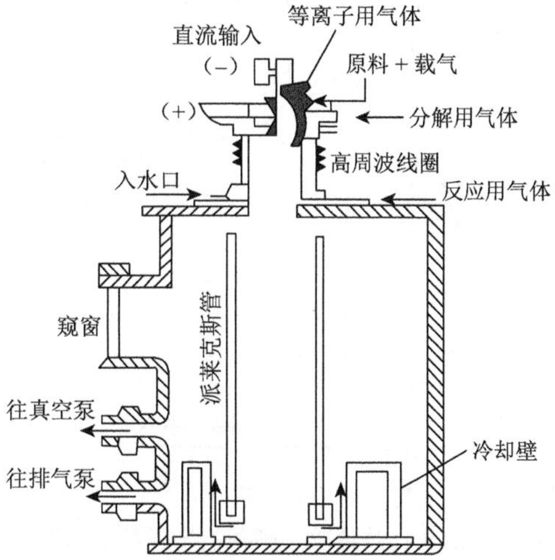

图 5-3　以混合等离子体为加热源制备纳米颗粒的装置

RF 等离子体是由感应线圈产生射频磁场而发生的等离子体，具有以下优点：产生等离子体时没有采用电极，不会有电极物质混入等离子体而导致等离子体中含有杂质，因此制得的纳米颗粒纯度较高；可使用惰性气体，同时等离子体所处的空间大，气体流速比直流等离子体慢，致使反应物在等离子体空间停留时间长，物质可以充分加热和反应。

3）氢电弧等离子体法

该方法是由日本的 Tanaka 等率先提出的，国内研究者也自行设计了可批量生产纳米金属颗粒的多电极氢电弧等离子体法纳米材料制备装置。该方法的工作原理是：含有氢气的等离子体与金属间产生电弧，使金属熔融，电离的氮、氩等气体和氢气溶入熔融金属，然后释放出来，在气体中形成了金属的超微粒子，用离心收集器或过滤式收集器使颗粒与气体分离从而获得纳米颗粒。

以氢气作为工作气体，等离子体中的氢原子化合为氢分子时会放出大量的热，从而产生强制性的蒸发，使产量大幅度增加。一般来说，纳米颗粒的生成量随等离子体中氢气浓度的增加而上升。

用氢电弧等离子体法制备的纳米颗粒的平均粒径与制备条件和材料有关。一般为几十纳米。使用该方法已经制备出 30 多种纳米金属、合金和氧化物等，如纳米铁、钴、镍、铜、锌、铝、银、铋、锡、钼、锰、铟、钛、钯、氧化铝、氧化钛等。

使用氢电弧等离子体方法制备的纳米金属粒子具有下面几个显著的特点。

（1）具有储氢和吸氢性能，粒子中含有一定量的氢。

（2）具有特殊的氧化行为。以此方法制备的纳米铁离子，在空气中加热，温度低于 600℃时，粒子由金属外壳和氧化物内核组成，这是由于储藏的氢遇热释放出来，还原了外表的氧化层。

（3）具有薄壳修饰特性。在制备一些特殊原料的过程中使用添加第二种特定元素的方法，由于氢的还原作用，容易形成一种具有稀土外壳和过渡金属内核的纳米复合离子。

（4）具有再分散特性。在一定的机械外力作用下，平均粒径为 50nm 的粒子可以再分散为 3～5nm。

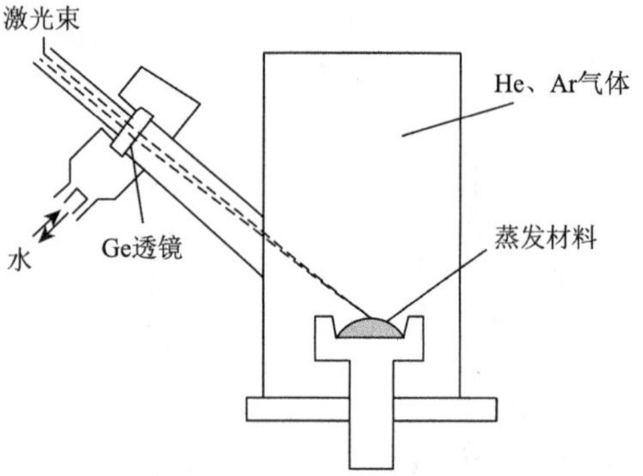

图 5-4　激光加热蒸发法制备纳米颗粒示意图

3. 激光加热蒸发法

激光加热蒸发法是一种光学加热蒸发物料的方法，采用大功率激光束直接照射于原材料靶材，通过原材料对激光能量的有效吸收使物料蒸发，从而形成纳米微粒。一般 CO_2 和 YAG 大功率激光器均发出高能量密度的平行光束，经过透镜聚焦后，功率密度可以提高到 $10^4W/cm^2$ 以上，激光光斑作用区域的温度可达几千摄氏度，可以使各类高熔点物质蒸发，制得相应的纳米颗粒。其工作原理如图 5-4 所示。

除在惰性气体中制备金属纳米颗粒以外，在各种活性气体中，激光加热蒸发法也可以制备氧化物、碳化物和氮化物等陶瓷纳米颗粒。

激光加热蒸发法制备纳米颗粒有很多优点。首先，适合制备各类高熔点的金属和化合物纳米颗粒。其次，激光光源可以独立地设置在蒸发系统外部，这样激光器可以不受蒸发室内部条件的影响，物料通过对入射激光能量的吸收，可以迅速地被加热。制备过程中激光光束能量高度集中，周围环境温度梯度大，有利于纳米颗粒的快速凝聚，从而获得粒径小、分度集中的高品质纳米颗粒。可以通过调节蒸发区的气氛压力来控制所制备纳米颗粒的粒径。以 CO_2 激光束照射 SiC 粉末为例，随着气氛压力的上升，纳米颗粒的粒径会变大。

蒸发材料能否有效地吸收激光是激光加热蒸发法制备纳米颗粒是否可行的关键因素。因此要选择合适的激光光源，如 Nd:YAG 激光比 CO_2 激光更容易被吸收。

为了提高原料对激光的吸收率，发展了一种激光-感应复合技术。其基本原理是：首先利用高频感应将金属材料整体加热到较高温度，从而使金属材料对激光的吸收率大大提高，有利于充分发挥激光的作用，然后引入激光可以使金属材料迅速蒸发，并产生很大的温度与压力梯度，不仅粉末产率较高，而且易于控制粉末粒度。该方法具有粉末纯度高、工艺可控性强、易于实现工业化生产等优点，但能量利用率不高，且由于加热温度在 2000℃以下，不适合制备高熔点金属和合金的纳米颗粒。

4. 电子束加热蒸发沉积

电子束加热蒸发沉积法的主要原理是：在有高偏压的电子枪与蒸发室之间产生压差，使用电子透镜聚焦手段使电子束集并轰击物质表面，使物质被加热和蒸发，最后凝聚为细小的纳米颗粒。电子束功率密度达 10^5～10^6W/cm^2 以上，特别适合蒸发 W、Ta、Pt 等高熔点金属，可以制备出相应的金属、氧化物、碳化物、氮化物等纳米颗粒。

电子束加热蒸发沉积制备纳米颗粒装置如图 5-5 所示。电子在电子枪内由阴极放射出来。电子枪内必须保持高真空（0.1Pa），为了使电子从阴极材料表面高速射出，还需要加上高的偏压。为了防止异常放电，电子束与残留气体碰撞而发生散射，使电子束不能有效地到达靶材并使其熔化，靶材所在的熔融室内必须始终在高真空状态。但蒸发出来的原子必须在一定的气体压力下才能与气体分子发生碰撞，并最终凝结成纳米颗粒。所以，电子枪与蒸发室之间必须有一定的压力差。图 5-5 所示的装置对气体导入方式进行了改进，在蒸发室最后一段的小孔上方形成一个压差区。由气体导入口导入的气体大部分流入蒸发室，保证纳米颗粒生成所需压力的同时，该压差部位对于形成由小孔部流向蒸发室的气流具有防止生成的纳米颗粒被吸入电子系统、消除电子枪和电子束系统的污染以及能使设备长时间运转的优点。

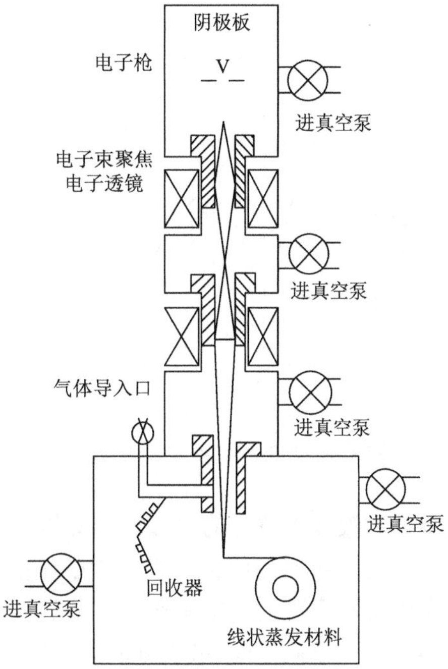

图 5-5　采用电子束加热的气体中蒸发法纳米颗粒制备装置

5. 电弧放电加热蒸发法

电弧放电加热蒸发法以两平板电极间产生的电弧来加热原料物质，使其熔融、蒸发，后经冷却和收集获得纳米颗粒。

如果将两个金属电极插入气体或者液体等绝缘体中并施加电压，随着电压增加，两极间的电压-电流曲线如图 5-6 所示。当电压增加到一定程度后，两平板电极间介质被击穿，产生放电电弧。继续提高电压，可观察到电流增加，在 *b* 点产生电晕放电。当所加电压超过电晕放电电压后，即使不再增加电压，电流也会自然增大，向瞬时稳定的放电状态即电弧放电移动。电晕放电与电弧放电中间的过渡放电为火花放电。火花放电持续时间短，但可以释放出很大的能量，在放电发生的瞬间产生高温，除了热能，同时还伴有很高的机械能，这就是电火花切割的原理。在放电过程中，电极、被加工物质会生成加工屑，如果有目的地控制加工屑的生成过程，就有可能制造纳米颗粒。

电弧放电蒸发可以在液体中进行，图 5-7 是采用电弧放电加热蒸发法制备纳米 Al_2O_3 颗粒的实验装置。在水槽内放入金属铝粒形成一个堆积层，把电极插入堆积层中，施加一定的放电电压，利用铝粒间发生的火花放电来制备纳米颗粒。在制备过程中，要反复进行稳定的火花放电，以阻止铝粒间的放电所产生的相互热熔连接。由于放电使得从铝粒表面发生细微的金属剥离和水的电解，由水的电解产生的—OH 基团与 Al 作用生成浆液状 $Al(OH)_3$。将其进行固液分离和煅烧，可获得 $Al(OH)_3$ 颗粒。

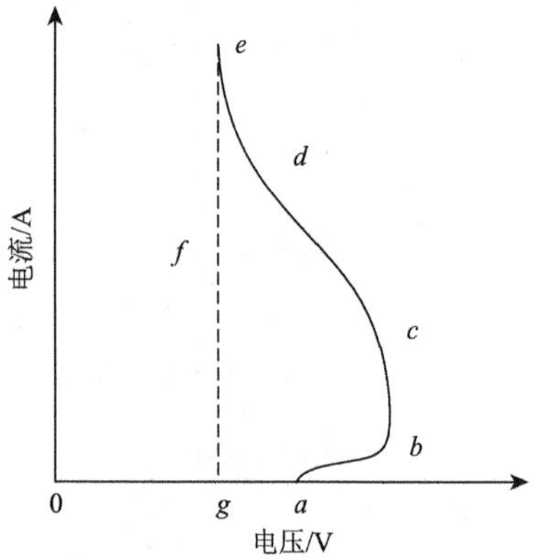

图 5-6　两极间的电压-电流曲线

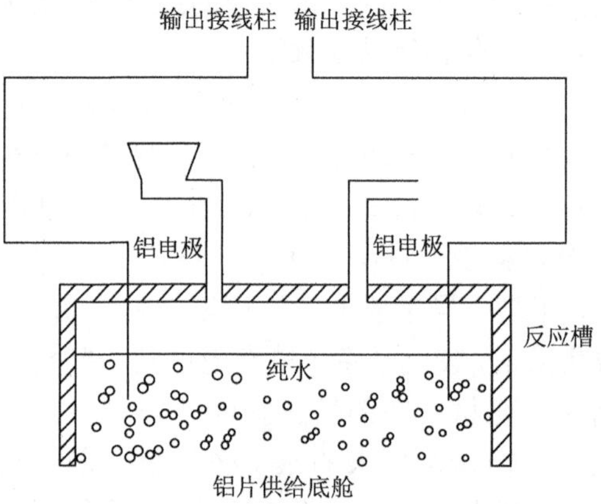

图 5-7　电弧放电加热蒸发法合成纳米 Al_2O_3 颗粒的装置

在液体中进行的电弧放电蒸发法具有以下优点。

（1）液面的保护可以有效隔绝空气进入反应体系，在简单的装置中，无须复杂的真空设备和烦琐的真空操作，却能达到真空热蒸发的效果。

（2）不同于一些高温瞬时反应，各种物质在同一液相中，既为反应产物也是反应起始物。这种复杂的交替反应造成了最终产物的多样性和新颖性。

（3）设备简单，操作方便，时间短，见效快，成本低廉，能进行工业化生产。

6. 高频感应加热蒸发法

该方法的原理是利用高频感应的强电流产生热量使原料物质被加热、熔融、蒸发获得纳米颗粒，其实验装置如图 5-8 所示。

在高频感应加热过程中，高频大电流流向被绕制成环状或其他形状的加热线圈（通常是用紫铜管制作）。由此在线圈内产生极性瞬间变化的强磁束，将装有金属等被加热物体的坩埚放置在线圈内，磁束就会贯通整个被加热物体，在被加热物体的内部与加热电流相反的方向，便会产生相对应的很大的涡电流。因为被加热物体内存在电阻，所以会产生很多焦耳热，使物体自身的温度迅速上升，达到对所有金属材料加热的目的。另外，由于电磁波对熔体的连续搅拌作用，熔体内各点的温度比较均匀。采用高频感应加热蒸发法最重要的优点是生成的纳米颗粒均匀，产能也比较大。

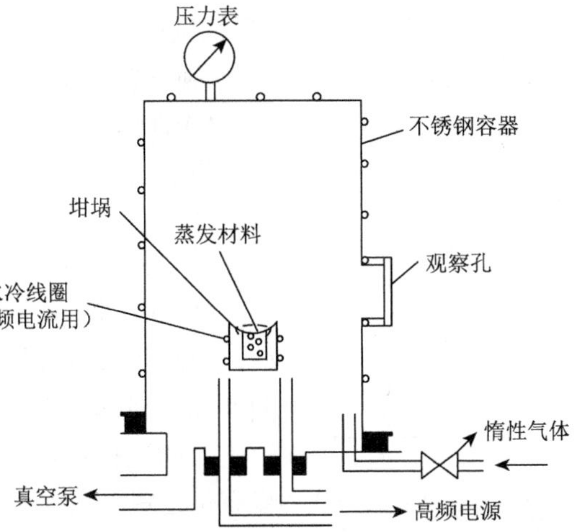

图 5-8　高频感应加热蒸发法制备纳米颗粒的实验装置

该方法的优点是所制备的纳米颗粒粒径容易控制，主要参数有蒸发压力和熔体温度以及充入的气体类型等。实验结果表明，蒸发压力越大，所制备的纳米颗粒粒径越大。

7. 离子溅射法

离子溅射法制备纳米颗粒是在部分真空的溅射室中辉光放电，产生正的气体离子：在阴极（靶）和阳极（试样）间电压的加速作用下，正电荷的离子轰击阴极表面，使阴极表面材料原子化；形成的中性原子，从各个方向溅出，蒸发原子被惰性气体冷却而形成纳米颗粒，其工作原理如图 5-9 所示。阴极材料就是预制备的纳米颗粒的物质，当然使用反应气体的反应溅射可以制备化合物纳米颗粒，如碳化物、氮化物等。放电电流、电压以及气体的压力是影响纳米颗粒生成的主要因素，此外，靶材的面积也是影响纳米颗粒产率的重要因素。

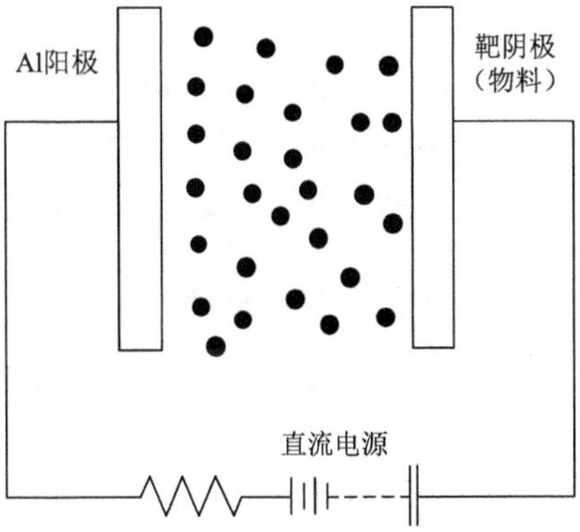

图 5-9　离子溅射法工作原理

离子溅射法制备超细纳米颗粒具有很多优点：和其他蒸发法需要在蒸发材料被加热和熔融后其原子才由表面放射出去不一样，溅射法两极板间辉光放电中的氩离子携带很高的能量撞击阴极，将靶材中的离子从其表面撞击出来，因此不需要坩埚，蒸发材料放在什么位置都可以，可以具有很大的发射面；制取的纳米颗粒均匀、粒度分布集中；适合制备高熔点材料的纳米颗粒。

5.1.2　化学气相沉积法制备纳米颗粒

一种或者数种反应气体在加热、激光、等离子体等作用下发生化学反应析出超微细粉末颗粒的方法，称作化学气相沉积（CVD）法。CVD 技术起源于 20 世纪 60 年代，由于具有设备简单、容易控制，制备的粉末材料纯度高、粒度分布窄、能连续稳定生产、能量消耗少等优点，已逐渐成为一种重要的粉体制备技术。

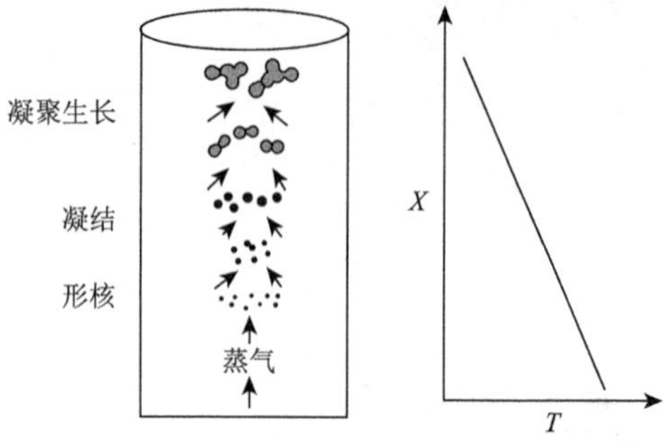

图 5-10 粉末颗粒在具有负温度梯度的反应器中生长过程示意图

CVD 法不仅可以制备金属粉末，也可以制备氧化物、碳化物、氮化物等化合物粉体材料。目前，用此方法制备 TiO_2、SiO_2、Sb_2O_3、Al_2O_3、ZnO 等超微粉末已实现工业化生产。

CVD 法制粉过程主要包括化学反应、形核、晶粒生长以及粒子凝并与聚结四个步骤。图 5-10 为粉末颗粒在具有负温度梯度的反应器中生长的过程示意图。在整个过程中，前三个步骤是在短时间内完成的，后期的凝并与聚结对粉末颗粒的尺寸、结构、形貌等起决定作用。

1. 化学反应

通过物质之间的化学反应，得到粉末产品的前驱体，并使之达到后续形核过程所需要的过饱和度。例如，用 CVD 法制备镍、铁等超细金属粉末的化学反应通式为

$$MeCl_2(g) + H_2(g) \longrightarrow Me(s) + 2HCl \qquad (5\text{-}1)$$

在一定温度下，气化的金属氯化物与氢气反应，生成金属原子与氯化物气体。金属原子即为固态金属粉末形核或生长的前驱体。

温度和反应物浓度是影响这一过程的主要因素。CVD 法制粉的合成反应多数为快速的瞬间反应，因此常受传递因素的控制。

2. 粉末颗粒的形核

CVD 制粉过程中，单位时间、单位体积内的形核率可由经典的形核公式来计算。

$$I = N_e \frac{kT}{h} \exp\left[\frac{-(\Delta G + \Delta g)}{kT}\right] \qquad (5\text{-}2)$$

由上式可知，决定形核率 I 大小最关键的因素是 ΔG，而气相→固相的转变过程 ΔG 直接取决于其过饱和度。在采用 CVD 法制粉时，高过饱和度主要通过大的温度梯度，即高温蒸发、低温冷凝来实现，但实际上形核速率并非随着过饱和度的增加而无限制地增加。在快速冷却系统里，由于黏度明显增大，阻碍了分子的运动，从而抑制了有序晶体的形成。

在选择反应体系和设计工艺参数时，有两个问题必须考虑。

（1）能否气相形核。只有过饱和度足够大的反应体系才能在气相中均匀形核而得到粉体，因此必须选择平衡常数大的反应体系。

（2）临界晶核尺寸。过饱和度增大，临界晶核尺寸减小。在过饱和状态下，临界晶核尺寸代表稳定存在颗粒的最小尺寸。在过饱和气态中的颗粒，当其尺寸小于临界时将会消融，相反，尺寸大于临界半径的颗粒将会继续长大。

3. 晶核生长

在通常的形核过程中，新形成的晶核表面都会吸附反应物中的原子或离子，并在颗粒表面发生相应的化学反应，通过外延生长使核表面扩张，这就是核的表面反应与扩散机制。由此导致的外延与表面反应生长，使得晶核长大。

实际 CVD 制粉过程中，形核与生长过程很难截然分开，总有一些已经生成的颗粒不断长大，而另一些新颗粒又在生成。

4. 颗粒凝并与聚结

气相中形成的单体核、分子簇和初级粒子在布朗运动作用下发生碰撞，凝并聚结为最终颗粒，这就是颗粒的凝并生长机制。这种生长机制几乎在所有超微颗粒制备中都普遍存在。

如果两个颗粒通过碰撞能够在合成时间内完全融合在一起，则可以生成一个较大的、致密的颗粒。否则，通过碰撞结合成为团聚体，即两个颗粒来不及完全融合，在颗粒之间留下空隙成为团聚结构。通常提高合成温度可以加速融合过程，在高温时，颗粒粒度小，表面扩散系数很大，因而以表面扩散为主要机制的颗粒烧结凝并的速率也很大，能够使多个初级颗粒及时凝并，形成大量的微小密实颗粒；一旦温度降低，将会限制颗粒间的节点生长，从而阻碍颗粒的并合，使得树枝状的凝聚体开始形成生长。凝并碰撞生长机制的存在，导致最终颗粒的粒径较生长初期明显增大，并造成颗粒成分、结构与形态方面的诸多差异。

采用 CVD 法合成纳米微粉具有诸多优点：产物纯度高、颗粒分散性好、粒径小、颗粒均匀、粒径分布集中、粒子的比表面积大、活性高。采用一些特定的方法可以合成某些难以合成的合金、氧化物、碳化物、氮化物、硼化物纳米颗粒，通过控制相应的气体介质和合成工艺参数，可以获得优质的纳米颗粒。

通过 CVD 制备纳米粉体材料的方法有很多，按照反应气体类型不同可分为气相氧化、气相还原、气相热解、气相水解等；按照反应器内压力不同可分为常压 CVD、低压 CVD、超真空 CVD 等；按照加热方式不同可将其分为电阻 CVD、等离子 CVD、激光 CVD、火焰 CVD 等。

1）电阻化学气相沉积技术

电阻 CVD 属常规化学气相沉积技术，其合成超微粉末的过程主要包括原料处理、反应操作参量控制、形核与生长控制，以及冷凝控制等，该实验装置系统如图 5-11 所示。其沉积温度很高，一般为 800～2000℃，且反应器中温度梯度小，反应物停留时间长，但由于其使用的反应室是一个简单的管式炉结构，设备简单，产量大，易于实现工业化生产，因而受到人们的重视。

2）等离子体化学气相沉积技术

等离子体化学气相沉积（plasma chemical vapor deposition，PCVD）又称为等离子体增强化学气相沉积，它是借助气体辉光放电产生的低温等离子体来增强反应物质的化学活性，促进气体间的化学反应，从而在较低温度下进行沉积的过程。按照等离子体能量

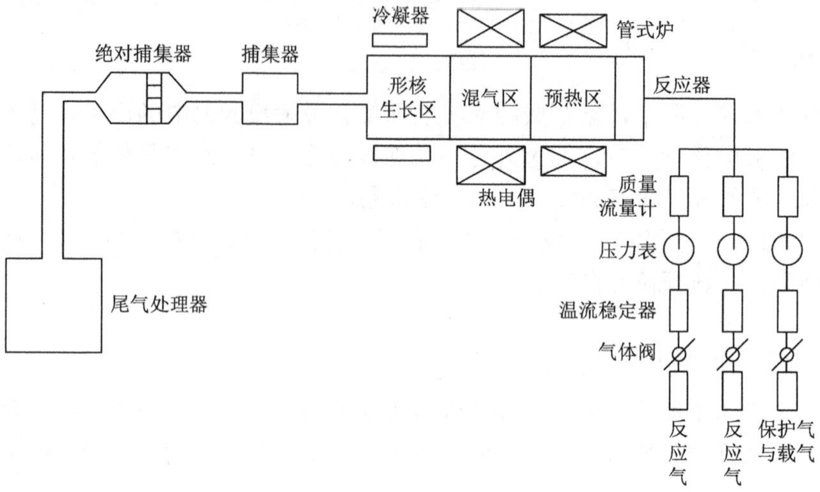

图 5-11　电阻化学气相沉积制备纳米微粉实验装置系统

源方式划分，则有直流辉光放电、射频放电、高频等离子体放电和微波等离子体放电等。常规 CVD 技术中需要使用外热使初始气体分解，而 PCVD 技术是利用等离子体中电子的动能去激发化学气相反应，有效地降低了化学反应温度。

等离子体作为热源有以下优点。

（1）温度高，等离子炬中心温度可达 10000℃左右。

（2）活性高，等离子体是处于高度电离状态的物质，对发生化学反应有利。

（3）气氛纯净、清洁，等离子体由纯净气体电离产生，不会含有普通化学火焰中存在的未燃烧尽的炭黑及其他杂质。

（4）温度梯度大，等离子体反应器的温度梯度非常大，很容易获得高过饱和度，也很容易实现快速淬冷。

3）激光化学气相沉积技术

激光化学气相沉积（laser chemical vapor deposition，LCVD）又称为激光诱导化学气相沉积，是一种在化学气相沉积过程中利用激光束的光子能量激发和促进化学反应的沉积方法。由于反应物气体内分子或原子对入射激光光子具有很强的吸收作用，可在瞬间被加热和活化，在极短的时间内反应气体分子或原子由于激光的照射而获得足够的化学反应所需要的能量，迅速完成反应→形核→凝聚的生长过程，形成相应物质的纳米颗粒。

激光化学气相沉积反应制备纳米颗粒的实验装置一般都由激光器、反应器、纯化装置、真空系统、气路与控制系统等基本单元组成，如图 5-12 所示。该方法制备纳米颗粒的一个关键性的先决条件是入射的激光能引起化学反应。当反应物的吸收与激光某一波长相近或重合时，反应物能最有效地吸收光子产生可控气相反应，瞬时完成形核、长大和终止过程。在反应过程中，可以采用光敏剂（SH_6、C_2H_4）进行能量传递，以促进反应气体的分解。

采用 $SiH_4+C_2H_4$ 体系，以 50W 连续波 CO_2 激光器作为热源，合成出纳米级 SiC 粉末。SiH_4+NH_3 体系，合成出 Si_3N_4 纳米粉末，粒径可达 70nm；以 150W 的 CO_2 激光器为光源，$Fe(CO)_5$ 作为主原料，制备出 2～10nm 的 γ-Fe_2O_3 粒子。

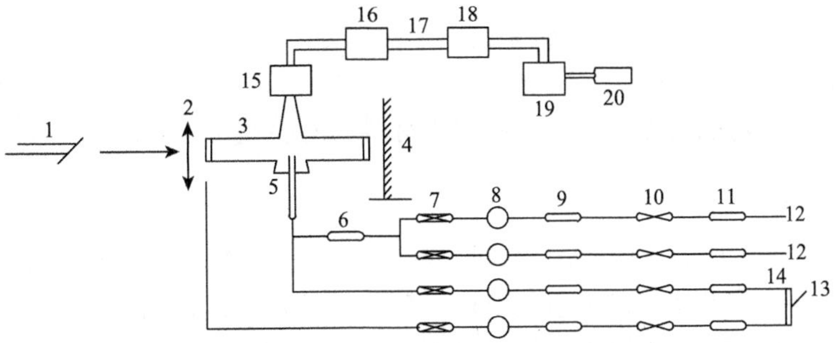

图 5-12　激光化学气相沉积制备纳米微粉的实验系统

1-激光器；2-聚焦透镜；3-反应器；4-光束截止屏；5-反应器喷嘴；6-混气室；7-质量流量计；8-压力表；9-稳压器；10-气体调节阀；11-净化器；12-反应气体；13-惰性气体；14-分流器；15-收集器；16-绝对捕集器；17-气阻调节阀；18-尾气处理器；19-缓冲器；20-真空泵

激光化学气相沉积制备纳米颗粒具有以下优点。

（1）原料气体分子直接吸收激光辐射而反应。

（2）容易得到高温，能够对反应区域的条件加以控制。

（3）生成物没有来自反应器的污染。

（4）反应体积小，温度梯度大。

（5）制备的粉末强度高、颗粒细小均匀，且颗粒间不团聚。

由于激光功率的限制，该制备方法产率低，辅助装置多，系统非常复杂，且激光运行成本高，难以实现工业化。

4）火焰化学气相沉积

火焰化学气相沉积一般是指利用气体燃烧产生的火焰所提供的温度场和速度场来获得超微颗粒的过程。火焰决定整个过程的温度场、速度分布以及粒子的停留时间，进而决定最终粒子的特征。火焰气相沉积法工艺简单，生产成本低，易于实现工业化；产品纯度高、球形度高、粒径可控；能实现前驱体之间原子水平的混合，在掺杂改性方面具有优势，主要有甲烷/空气火焰 CVD 法、H_2/O_2 火焰 CVD 法、CO 火焰 CVD 法和工业丙烷/空气火焰 CVD 法。

5.2　液相法制备纳米颗粒

液相法制备纳米颗粒的基本特点是以均相的溶液为出发点，通过各种途径完成化学反应，生成所需要的溶质，再使溶质与溶剂分离，溶质形成一定形状和大小的颗粒，以此为前驱体，经过热解及干燥后获得纳米颗粒。

5.2.1　沉淀法

沉淀法是液态法制备纳米颗粒方法中工艺简单、成本低、所得粉体性能良好的一种崭新的方法。根据沉淀方式的不同，可分为直接沉淀法、共沉淀法和均相沉淀法三种。1967 年加拿大矿业与技术调查部首先展开了这方面的研究工作。1976 年，Mnrata 等利用共沉淀法制备了锆钛酸铅镧（PLZT）压电陶瓷颗粒。1989 年，Haile 等采用沉淀法制备了 ZnO 压敏陶瓷粉末。从 20 世纪 80 年代开始，沉淀法开始广泛应用于铁电材料、超导材料、粉末冶金、功能陶瓷材料、结构陶瓷材料、薄膜及其他材料的制备。

1. 沉淀法的原理

包含一种或多种阳离子的可溶性盐溶液，当加入沉淀剂（如 OH^-、CO_3^{2-} 等）后，在特定的温度下使溶液发生水解或直接沉淀，形成不溶性氢氧化物、氧化物或无机盐，直接或经热分解可得到所需的纳米颗粒。图 5-13 所示为沉淀法制备纳米颗粒的工艺流程。

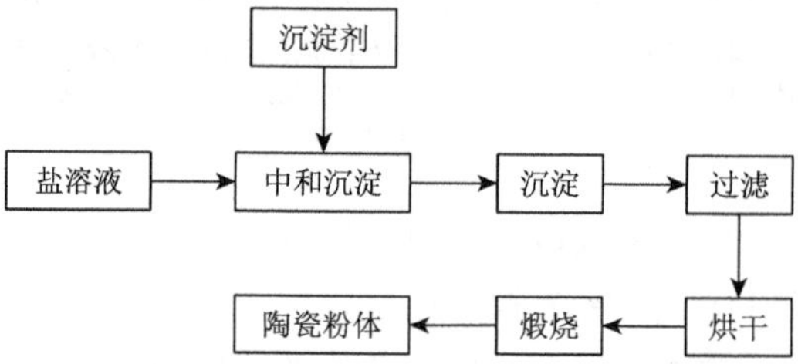

图 5-13　沉淀法制备纳米颗粒的工艺流程

与其他一些传统无机材料制备方法相比，沉淀法具有以下优点。

（1）工艺与设备都较为简单，沉淀期间可将合成和细化一道完成，有利于工业化。

（2）可以精确控制各组分的含量，使不同组分之间实现分子/原子水平上的均匀混合。

（3）在沉淀过程中，可通过控制沉淀条件及沉淀物的煅烧条件来控制所得粉末的纯度、颗粒大小、分散性和相组成。

（4）样品烧结温度低、致密、性能稳定且重现性好。

但是沉淀法制备粉体有可能形成严重的团聚结构，从而破坏粉体的特征。一般认为，沉淀、干燥及煅烧过程都有可能形成团聚体。因此，要制备均匀、超细的粉体，就必须对粉体制备的全过程进行严格控制。

2. 沉淀法原料选择及溶液配制

原料的选择直接决定了生产成本的高低、工艺的复杂程度及产品粒子的性质。因此，原料选择对沉淀法制备材料的性质至关重要。由于制备材料的不同，通常选择可溶于水的硝酸盐、氯化物、草酸盐或金属醇盐等。

溶液配制是沉淀法制备材料过程中第一个关键的操作步骤。通常将含有制备目标物质元素的几种溶液混合，或用相应物质的盐类配制成水溶液，必要时还可以在混合液中加入各种沉淀剂，或向溶液中加入有利于沉淀反应的某些添加剂。为实现溶液均匀混合或同步沉淀，配制溶液时可按化学计量比来调整溶液中金属离子的浓度。对于某些特殊的难以同时共存的离子在配制溶液时，还需要加热或严格控制各溶液的相对浓度。

3. 沉淀法制备纳米颗粒的影响因素

1）盐溶液的浓度

盐溶液的浓度决定了形核粒子的聚集速率和生成速率，溶液浓度高，粒子的聚集速率占优势，沉淀时反应生成大量的核并聚集在一起，得到无定形沉淀；溶液浓度低，粒子的生长速率占优势，得到晶形沉淀，但浓度过低影响粉体的收率。

2）溶液的 pH

不同阳离子沉淀的 pH 不同，只有将溶液的 pH 调至合适的范围，阳离子才会得到全部沉淀。

3）反应温度

温度影响形核速率和长大速率。制备超细粉体应在最大形核速率对应的温度发生沉淀反应，由于形核数量多，可得到一次颗粒细小均匀的粉体。温度过低，对反应速率不利，容量造成颗粒聚集速率增加而导致粉体团聚；温度过高，则可能导致沉淀物容易发生水解。

4）搅拌

为了保持溶液中 pH 的分布以及沉淀产物的均匀性，在整个反应过程中应进行强烈搅拌，沉淀结束后一般仍需保持在此温度连续搅拌一定时间，让沉淀粒子发育完善。使颗粒均匀化、球形化。沉淀反应时，母盐和沉淀剂会引入一些其他离子，必须经过水洗去除，否则在后续工艺中将对粉体性能产生影响。水洗时为保证各成分不流失，水洗液仍需保持在完全沉淀时的 pH。

5）沉淀剂加入方式

从外部加入沉淀剂有两种方式：一为正滴，即将沉淀剂滴加到盐溶液中，直至沉淀完全所需的 pH，在整个反应过程中溶液的 pH 不断连续变化。二为反滴，即将盐溶液与沉淀剂以一定比例同时加入容器中，沉淀反应一直在固定的 pH 下进行，生成的沉淀均匀、细小。沉淀剂加入得慢，粉体缓慢式形核；沉淀剂加入得快，粉体爆炸式形核。

4. 沉淀法制备纳米微粉应用举例

1）沉淀法制备氧化铝微粉

氧化铝是白色晶状粉末，已经证实氧化铝有 α、β、γ、δ、η、θ、κ 和 χ 等 11 种晶体，不同的制备方法及工艺条件可获得不同结构的纳米氧化铝：χ、β、η 和 γ 型氧化铝，其特点是多孔性、高分散、高活性，属活性氧化铝；α-Al_2O_3 比表面积小，具有耐高温的惰性，但不属于活性氧化铝，几乎没有催化活性；β-Al_2O_3、γ-Al_2O_3 的比表面积较大，孔隙率高，耐热性强，成型性好，具有较强的表面酸性和一定的表面碱性，广泛用作催化剂和催化剂载体等新的绿色化学材料。

沉淀法制备纳米氧化铝微粉所使用的主盐有氯化铝，沉淀剂可选用氨水、氢氧化钠、碳酸钠、碳酸氢铵等，其工艺流程如图 5-14 所示。

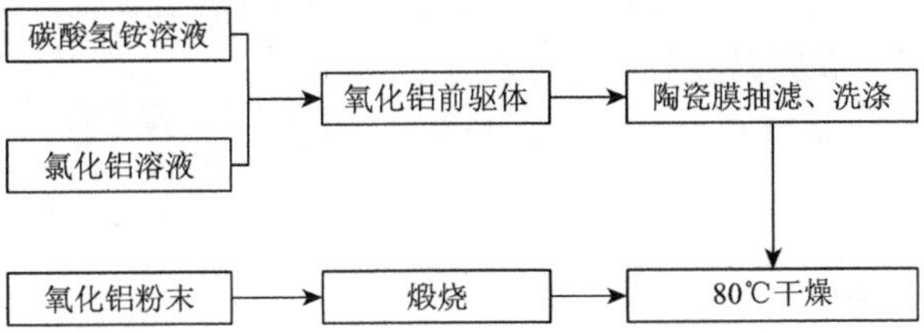

图 5-14　沉淀法制备氧化铝纳米微粉工艺流程

（1）沉淀反应。配制一定浓度的氯化铝溶液和碳酸钠溶液，磁力搅拌，待氯化铝溶解后将氯化铝溶液缓慢倒入碳酸氢铵溶液中，调节 pH，反应一定时间后，停止搅拌。

（2）陶瓷膜过滤，用去离子水清洗，洗涤至无氯离子，乙醇洗涤、浸泡，陈化 2h。

（3）把沉淀物陈化后的溶液放入 80℃烘箱干燥。

（4）干燥后的前驱体，经研磨后，放入坩埚，置于马弗炉中，在 650℃下煅烧保温 2～3h。

（5）煅烧后的粉体即为产品。

采用碳酸氢铵作为沉淀剂制备氧化铝粉末过程中的沉淀反应方程式如下：

$$AlCl_3 + 4NH_4HCO_3 \longrightarrow NH_4AlO(OH)HCO_3 \downarrow + 3NH_4Cl + 3CO_2 + H_2O \qquad (5\text{-}3)$$

反应产物为 $NH_4AlO(OH)HCO_3$，其结构能有效地避免硬团聚的出现，颗粒间的结合力大大减小，所得粉料疏松，易于分散。此外，其副产物为氯化铵，在高温煅烧后分解，产生的气体易回收，污染小，且可提高产物的纯度。

2）沉淀法制备纳米 ZrO_2 微粉

纳米 ZrO_2 广泛应用于精密结构陶瓷、功能陶瓷、纳米催化剂、固体燃料电池材料、功能涂层材料、高级耐火材料、光纤插接件、机械陶瓷密封件、高耐磨瓷球、喷嘴、喷片等化工、冶金、陶瓷、石油、机械、航空航天等工业领域中。高纯氧化锆在电子工业中作为功能陶瓷材料。由于具有高的折射率和耐高温性，高纯氧化锆可用作搪瓷瓷釉、耐火材料及电绝缘材料等。高纯 ZrO_2 也可用于耐火坩埚、X 射线照相、研磨材料，与钇一起用以制造红外光谱仪中的光源灯。

沉淀法制备纳米 ZrO_2 所用原料为 $ZrOCl_2·8H_2O$，沉淀剂为氨水。化学沉淀法制备纳米 ZrO_2 的工艺流程如图 5-15 所示。为使反应能够充分进行，采用正滴加法将氨水加入已配制好的 $ZrOCl_2$ 溶液中，加入表面活性剂，然后在 40～60℃水浴中加热搅拌 1h，调节溶液 pH。沉淀反应方程式如下：

$$ZrOCl_2 \cdot 8H_2O + 2NH_3 \cdot H_2O \longrightarrow Zr(OH)_4 \downarrow + 2NH_4Cl + 7H_2O \qquad (5\text{-}4)$$

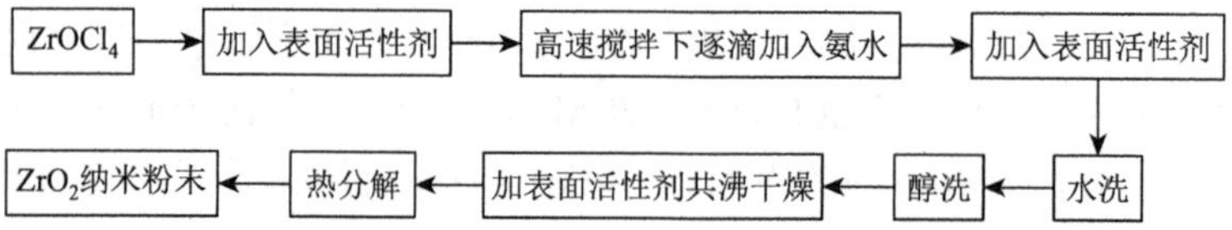

图 5-15　化学沉淀法制备纳米 ZrO_2 微粉工艺流程

待反应完成后，将沉淀物水洗干净，用无水乙醇清洗两遍，干燥，煅烧得到 ZrO_2 纳米粉体。影响 ZrO_2 纳米粉体质量的主要因素有反应物的起始浓度、搅拌速度、表面活性剂的种类及添加方式、煅烧温度等。

5.2.2　水热合成法

1. 水热合成法原理

水热合成法是在特制的密闭容器（高压釜）里，采用水溶液作为反应介质，通过对反应容器加热，创造一个高温、高压的反应环境，使得通常难溶或不溶的物质通过溶解或反应生成该物质的溶解产物，并达到一定的过饱和度而进行结晶和生长的方法。“水热”一词源于地质学，英国地质学家 Roderick Murchison 第一次使用“水热”一词来描述高温高压条件下地壳中的岩石形成。许多矿物就是地球在表层长期演化变迁过程中发生水热反应的产物。1851 年，de Sénarmont 以密闭玻璃容器为反应器，并将此反应器置于高压釜内以防爆炸。他用这种方法合成了许多氧化物、碳酸盐、氟化物、硫酸盐以及硫化物，其中包括具有很好的电学特征、在现代固体化学中起重要作用的 Ag_3AsS_3。

水热合成法制备纳米粉体的化学反应过程是在流体参与的高压容器中进行的。水热反应过程初步认为包括以下几个过程：前驱体充分溶解→形成原子或分子生长→基原→形核结晶→晶粒生长。

高温时，密封容器中一定填充度的溶媒膨胀，充满整个容器，从而产生很高的压力。外加压式高压釜则通过管道输入高压流体产生高压。为使反应较快和充分进行。通常还需在高压釜中加入各种矿化剂。水热法一般以氧化物或氢氧化物作为前驱体，它们在加热过程中的溶解度随温度的升高而增加，最终导致溶液过饱和并逐步形成更稳定的氧化物新相。反应过程的驱动力是最后可溶的前驱体或中间产物与稳定氧化物之间的溶解度差。

在水热法中，水起到两个作用。

（1）液态或气态水是传递压力的媒介。

（2）在高压下，绝大多数反应物均能部分溶解于水，促使反应在液相或气相中进行。

一般水热生长过程的主要特点是：过程是在压力与气氛可以控制的密闭系统中进行的，生长温度比熔融态和熔盐等方法低很多；生长区基本处在恒温和等浓度状态，且温度梯度很小；属于稀薄相生长，溶液黏度很低。

高压釜是水热晶体生长的关键设备，晶体生长的效果与它直接有关。一般生产中所用的高压釜主要是由釜体、密封系统、升温和温控系统、测温测压设备以及防爆装置组成的。此外，根据反应需要，有的釜体内还加有挡板，从而使生长区与溶解区之间形成一个明显的温度梯度差。由于高压釜长期在高温高压下工作，并同酸碱等腐蚀介质接触，这就要求制作高压釜的材料既要耐腐蚀，又要有较好的高温力学性能。所以高压釜多由高强度、低蠕变钢材制成，如不锈钢或镍铬钛耐热钢等。

2. 水热合成法的分类

用水热法制备的颗粒，最小粒径已经达到纳米的水平，归纳起来可分成以下几种类型。

1）水热氧化

水热氧化是以金属单质为前驱体，在高压釜中与水反应后生成相应的金属氧化物的过程。反应过程可表示为

$$mM + nH_2O \longrightarrow M_mO_n + H_2 \tag{5-5}$$

式中，M 可为铬、铁及合金等。

2）水热沉淀

通过在高压釜中的可溶性盐或化合物与加入的各种沉淀剂反应，形成不溶性氧化物或含氧盐的沉淀。反应过程为

$$2KF + nMCl_2 \longrightarrow KM_nF_2 + 2KCl + (n-1)Cl_2 \quad (5\text{-}6)$$

操作方式可以是间歇的，也可以是连续的。制备过程可以在氧化、还原或惰性气氛中进行。

3）水热合成

水热合成是将两种或两种以上成分的氧化物、氢氧化物、含氧盐或其他化合物在水热条件下处理，重新生成一种或多种氧化物、含氧盐的方法。反应过程如下：

$$nFeTiO_3 + 2KOH \longrightarrow K_2O \cdot nTiO_2 + nFeO + H_2O \quad (5\text{-}7)$$

4）水热分解

水热分解是氢氧化物或含氧盐在酸或碱溶液中的水热条件下分解形成氧化物粉体，或氧化物在酸或碱溶液中再分散为细粉的过程。反应过程如下：

$$ZrSiO_4 + 2NaOH \longrightarrow ZrO_2 + Na_2SiO_3 + H_2O \quad (5\text{-}8)$$

5）水热结晶

水热结晶以非晶态氢氧化物、氧化物或水凝胶作为前驱体，在水热条件下结晶成新的氧化物颗粒。这种方法可以避免沉淀-煅烧和溶胶-凝胶法制得的无定形粉体的团聚，也可以作为用这两种方法或其他方法制备的粉体团聚等后续步骤。反应过程如下：

$$2Al(OH)_3 \longrightarrow Al_2O_3 + 3H_2O \quad (5\text{-}9)$$

近年来，水热法制备粉体技术又有了新的突破，如将微波技术引入水热制备技术中，在很短的时间内即可制得优质的 TiO_2、Al_2O_3 等粉体。超临界水热合成装置问世后，可在该装置内连续制取 Fe_2O_3、TiO_2、ZrO_2、BaO 等一系列氧化物陶瓷粉体，既提高了功效，又降低了成本。

反应电极埋弧法是水热法制备纳米材料领域的新技术。该方法将两块金属板浸入能与金属反应的电解质流体中，借助低电压、大电流条件，在电极之间出现火花，使局部区域内温度和压力短暂升高，导致电极和周围的电解质流体蒸发并沉积。

3. 水热合成法应用举例

1）氧化铈纳米粉体的水热合成

氧化铈是稀土族中一个重要的化合物，是一种用途非常广泛的材料，在玻璃、陶瓷、荧光粉、催化剂等领域中有广泛的应用，特别是在机动车尾气净化催化剂中，氧化铈作为一种重要的助剂，对改进催化剂的性能起到举足轻重的作用。

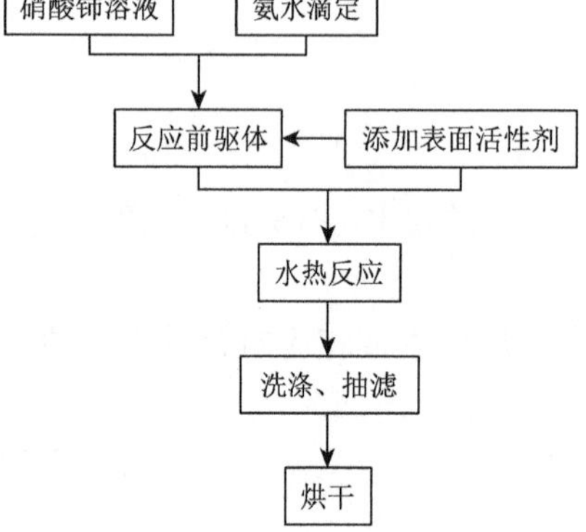

图 5-16　以硝酸铈为原料用水热法制备纳米氧化铈的工艺流程

水热法合成纳米氧化铈颗粒的报道很多，也一度成为国内外的研究热点。水热法制备纳米氧化铈大多以硝酸铈为原料，选用的沉淀剂有草酸、氨水等，常用的表面活性剂为十二烷基硫酸钠。影响氧化铈颗粒质量的主要参数有硝酸铈溶液的浓度、沉淀剂的类型、表面活性剂的种类、反应温度、反应时间以及过滤和干燥条件等。图 5-16 为以硝酸铈为原料用水热法合成纳米氧化铈颗粒的工艺流程。

2）钛酸铋钠的水热合成

压电陶瓷在很多领域有广泛的应用。传统的压电、铁电陶瓷大多是含铅陶瓷，氧化铅在烧结过程中具有相当大的挥发性，会对人体、环境造成极大危害。为了保护自然环境，缓解日益严重的污染问题，需要对目前宜用的材料从基础上加以改进。近年来，钛酸铋钠作为一种无铅环境协调性的压电陶瓷材料开始引起人们越来越多的注意。

水热法合成钛酸铋钠的过程是将五水硝酸铋、钛酸正四丁酯和氢氧化钠按照钛酸铋钠的化学组成计量比配制成水热反应溶液，然后将反应液转移到聚四氟乙烯衬里的不锈钢高压釜中，在一定温度下反应一段时间后经洗涤、过滤、干燥后即可获得钛酸铋钠粉体。水热反应温度、反应时间、矿化剂浓度、体系酸碱度对钛酸铋钠粉体的结晶性有不同程度的影响。

3）水热合成法合成硫属化合物

硫属化合物是指含有ⅥA 族 S^{2-}、Se^{2-}、Te^{2-}的化合物，现在的研究基本分为两个方向：一是半导体领域，硫属化合物半导体薄膜，主要包括Ⅱ-Ⅵ族和Ⅳ-Ⅵ族化合物半导体；二是多元金属硫属化合物，尤其是过渡金属硫属化合物。在这类化合物中，由硫属化合物晶体制得的新型固体材料，具有以链状或片层状结构单元为主体的新的结构类型。它们通常具有别的材料不具备的特殊物理化学性能，已经成为当今材料科学发展的新方向。

PbS 是重要的Ⅳ-Ⅵ族半导体，禁带宽度为 0.4eV，玻尔半径 20nm。这使得对大晶粒或微晶来说，其量子效应依然很显著。此外，PbS 纳米颗粒的光学特性使它在发光装置方面（如发光二极管）具有极大潜力。水热法制备 PbS 可以用 $Pb(Ac)_2$ 和 $Na_2S_2SO_3$ 作为前驱体，水作为溶剂，同时加入 $C_{17}H_3COOK$ 作为表面活性剂，制备出 PbS 颗粒。PbS 颗粒被胶态粒子限制，使得样品形貌呈以（002）晶格平面为表面的立方体。另外，也可以用 $PbCl_2$ 和硫代乙酰胺作为前驱体，水作为溶剂，在 120℃反应 18h 制备出粒径小于 100nm 的 PbS 颗粒。

CdS 是一种非常重要的半导体材料，其禁带宽度为 2.42eV。CdS 由于独特的量子效应，其非线性光学行为引起了人们的极大兴趣，可用于制备发光二极管、太阳能电池和光电装置。水热法合成 CdS 可以用乙二胺作为溶剂，Cd 粉和 S 粉直接反应，制备出平均粒径为 10nm 的 CdS 纳米颗粒。

5.2.3　溶剂热法

1. 溶剂热法简介

溶剂热反应是水热反应的延伸，它与水热反应的不同之处在于所使用的溶剂为有机溶剂，而不是水。在溶剂热反应中，一种或几种前驱体溶解在非水溶剂中，在液相或超临界条件下，反应物分散在溶液中并且变得比较活泼，反应发生，产物缓慢生成。该过程相对简单而且易于控制，并且在密闭体系中可以有效防止有毒物质的挥发和制备对空气敏感的前驱体。另外，物相的形成、粒径的大小、形态也能够控制，而且产物的分散性较好。在溶剂热条件下，溶剂的性质（密度、黏度、分散作用）相互影响，变化很大，且其性质与通常条件下相差很大，相应反应物（通常是固体）的溶解、分散过程以及化学反应活性得到很大的提高或增强。这就使得反应能够在较低的温度下发生。

通过溶剂热合成的纳米粉体，能够有效避免表面羟基的存在，这是其他湿化学方法无法比拟的。尽管在溶剂热反应中不能绝对避免无水，如盐的结晶水和反应生成的水，但以下两点原因的存在使得水对产物的影响可以忽略。

（1）溶剂热反应的高温、高压条件使得有机溶剂对水的溶解度大为提高，实际上对水起到了稀释作用。

（2）相对于大大过量的有机溶剂，水的量小得可以忽略。因此，溶剂热合成纳米功能材料是一种高效经济的材料制备新途径。

2. *溶剂热法常用溶剂*

溶剂能够影响反应路线，对于同一个反应，若选用不同的溶剂，可能得到不同的目标产物，或得到产物的颗粒大小、形貌不同，同时也能影响颗粒的分散性。因此，选用合适的溶剂和添加剂，一直是溶剂热反应的一个研究方向。反应条件（温度、时间、添加剂等）影响产物的颗粒、形貌及分散性，通过调节反应条件，可以得到具有一定形貌、颗粒大小均匀、分散性好的纳米材料。溶剂热反应中常用的溶剂有乙二胺、甲醇、乙醇、二乙胺、三乙胺、吡啶、苯、甲苯、二甲苯、1, 2-二甲氧基乙烷、苯酚、氨水、四氯化碳、甲酸等，在溶剂热反应过程中溶剂作为一种化学组分参与反应，既是溶剂，又是矿化的促进剂，同时还是压力的传递媒介。

3. *有机溶剂热法应用举例*

随着环境污染的日益严重，利用半导体粉末作为光催化剂催化降解有机物的研究已成为热点。纳米二氧化钛催化氧化作为一种新兴的污染处理技术，具有处理速度快、降解没有选择性、设备简单、操作方便、无二次污染、处理效果好等特点，其可应用于废水及含油污水处理、空气净化、杀菌、病毒的破坏、除臭、有机物的降解等，目前在环境污染治理方面的应用越来越广泛。

溶剂热法制备二氧化钛纳米颗粒的实验过程为高速搅拌下将钛酸丁酯原料稀释到丙酮中，置入石英容器中后放入高压反应釜，然后升温至240℃保温进行溶剂热反应，一段时间后停止加热，自然冷却到室温后取出样品，经热处理后获得氧化钛纳米颗粒。

5.2.4　微乳液法

微乳液法用两种互不相溶的溶剂在表面活性剂的作用下形成一种均匀的乳泡，剂量小的溶剂被包裹在剂量大的溶剂中形成一个微泡，其表面由表面活性剂组成，从微泡中生成的固相可使形核、生长、凝结、团聚等过程局限在一个微小的球形液滴内，从而形成球形颗粒，又避免了颗粒之间的进一步团聚。

1943年，Schulman等往乳状液中滴加醇，首次制得了透明或半透明、均匀并长期稳定的微乳状液体系。1982年，Boutonnet等首先正式提出了在油包水（W/O）微乳液的水核中制备 Pt、Pd、Rh、Ir 等金属团簇微粒，开拓了一种新的纳米颗粒制备方法。微乳液法与传统的纳米颗粒制备方法相比，制备的颗粒不易聚结，大小可控，分散性好，是制备单分散纳米颗粒的重要方法，近年来得以迅速发展。

1. 微乳液的结构、组成及其特征参数

微乳液通常是由表面活性剂、助表面活性剂、油和水所组成的透明的各向同性的热力学稳定体系，根据微乳液连续相的不同，可分为水包油型（O/W，正相型微乳液）、油包水型（W/O，反相型微乳液）和双连续型结构。常用的表面活性剂是二磺基琥珀酸钠，其特点是不需要助表面活性剂即可形成微乳液。此外，还有阴离子表面活性剂，如十二烷基磺酸钠、十二烷基苯磺酸钠；阳离子表面活性剂，如十六烷基三甲基溴化铵；以及非离子表面活性剂，如 Triton X 系列（聚氧乙烯醚类）也可以形成微乳液。溶剂常用非极性溶剂，如烷烃或环烷烃等。其中，反相微乳液中含有油包水的水核，此水核具有形状和大小可调节、水核内的反应物在碰撞中易发生反应等优点，能实现纳米粒子的有效合成、粒径的控制和单分散性，成为制备纳米金属及其化合物最为普遍采用的方法。

反相微乳液是由水相、油相、表面活性剂和助表面活性剂四部分构成的。若将表面活性剂和助表面活性剂溶解在非极性或极性很低的有机溶剂中，当表面活性剂超过一定量临界微胶束浓度时，表面活性剂开始形成油包水的聚集体，即反胶束，溶液能明显地增溶极性液体（如水、水溶液），此时反胶束内提供一个微小的水核作为纳米级空间反应器（简称“微反应器”），从微乳液中析出固相，使成核、生长、聚结、团聚等过程局限在这个水核中，能避免颗粒之间进一步团聚。

反相微乳液为目前制备纳米颗粒的研究热点，是因为它具有以下一些特殊的特点。

（1）分散相中的水相比较均匀，水核大小可控制在 1～100nm。

（2）由于水核非常小，溶液呈透明或半透明状。

（3）具有很低的界面张力，能发生自动乳化，不需要外界提供能量。

（4）处于热力学稳定状态，离心沉降不分层。

（5）在一定范围内，可与水或有机溶剂互溶。

2. 微乳液法制备纳米颗粒

1）反相微乳液制备纳米颗粒的优点

由于反相微乳液的水核直径小、分散性好，水核内部的水相是很好的化学反应环境，与传统的制备方法相比，反相微乳液体系制备纳米颗粒具有以下优点。

（1）制备出的纳米颗粒的粒径小、分布窄，且单分散性好。

（2）实验装置简单、操作容易，可人为地控制颗粒大小。

（3）用于制备催化材料、磁性材料等时，可选不同的表面活性剂对颗粒表面进行改性，使它们具有更优异的性能。

（4）制备复合材料时不但组分均匀，而且由于颗粒表面包覆了一层表面活性剂，颗粒不易聚结。

所以，反相微乳液体系可广泛地应用于制备各种功能纳米金属材料。

2）反相微乳液体系制备纳米粒子的方式及机理

反相微乳液体系制备纳米粒子的方式主要有以下三种情况。

（1）反应物的一种增溶在水核内，另一种以水溶液的形式与前者混合，在相互碰撞的作用下，水相反应物穿过微乳液的界面膜进入水核内，与另一反应物作用，产生晶核并长大。产物粒子的最终粒径是由水核尺寸决定的。纳米颗粒形成后，体系分为液相和固相两相。微乳液相含有生成的粒子，进一步分离可得到预期的纳米颗粒。合成机理如图 5-17 所示。许多氧化物或氢氧化物粒子的制备就是基于这种反应机理。如用 NaOH 与微乳液中的 $FeCl_3$ 反应制备 Fe_2O_3 纳米颗粒，得到球形的、分散的纳米 Fe_2O_3 胶体粒子，其半径在 1.5nm 左右。

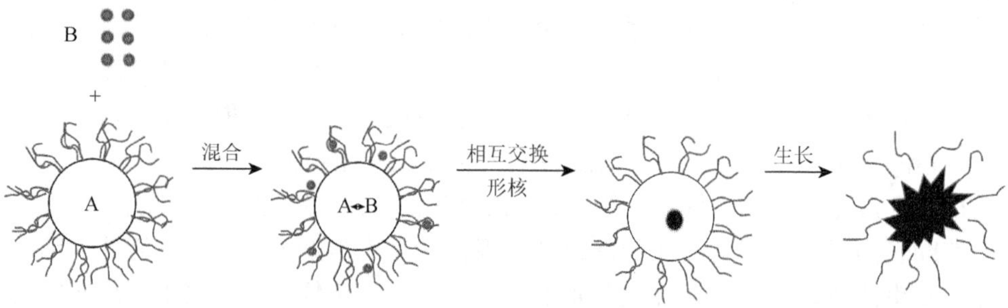

图 5-17　单个反相微乳液体系合成机理

（2）反应物的一种增溶在水核内，另一种为气体，如 CO_2、NH_3、O_2，将气体溶入液相中，充分混合使两者发生反应制备纳米颗粒。如用超临界流体-反胶团方法在琥珀酸-2-乙基己基酯磺酸钠（sodium-2-ethylhexyl succinate sulfonate，AOT）/丙烷/水体系中制备 $Al(OH)_3$ 胶体粒子，采用快速注入氨气的方法得到球形均匀分散的超微颗粒。

（3）将反应物 A、B 分别增溶在两份完全相同的反相微乳液中，混合两份微乳液，水核的碰撞、结合与物质交换，引起化学反应，生成 AB 的沉淀颗粒。反应刚开始时，首先形成的是生成物的晶核，随后的沉淀附着在晶核上，使粒子不断长大。由于水核半径是固定的，当粒子的大小接近水核的大小时，表面活性剂分子所形成的膜附着在粒子的表面，作为保护剂限制了沉淀的进一步生长，这样水核的大小控制了纳米颗粒的最终粒径。因为所合成的粒子被限定在水核内部，所以合成出来的颗粒大小和形状取决于水核的大小和形状。合成机理如图 5-18 所示。

3）反相微乳液制备纳米颗粒的影响因素

反相微乳液制备纳米颗粒的影响因素有很多，如表面活性剂的种类及浓度、水与表面活性剂的比值、反应物的浓度、还原剂的浓度、处理工艺等，都会在一定程度上影响纳米颗粒的形貌、粒径大小或分布。

4）反相微乳液法制备纳米颗粒的研究进展

1982 年，Boutonnet 等首先报道了反相微乳液体系制备出单分散金属纳米 Pd、Rh、Ir 等颗粒。随后，许多研究者开始利用各种反相微乳液体系成功制备了多种纳米材料：金属单质纳米颗粒，如 Ag、Ni、Cu、Fe 等；合金纳米颗粒，如 Fe-Ni、Fe-Au、Fe-Cu

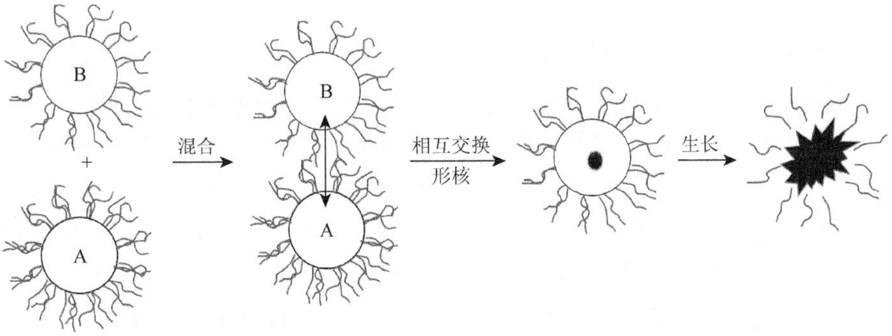

图 5-18　两反相微乳液体系合成机理

等；无机化合物纳米颗粒，如 $CaCO_3$、羟基磷灰石等；半导体纳米颗粒，如 CdSe、Pbs、CdS 等；氧化物纳米颗粒，如 Fe_2O_3、TiO_2、SiO_2 等；聚合物纳米颗粒，如聚丙烯酰胺等；高温超导纳米微粒，如 Bi-Pb-Sr-Ca-Cu-O、Y-Ba-Cu-O 等。制得的纳米颗粒的大小可控、粒径分布窄、呈单分散性。

近几年来，随着研究人员对反相微乳液法制备纳米颗粒的深入研究，一些新的改进方法也相继产生。例如，有学者在制备 CdS 纳米颗粒时，首先以甲烷或乙烯等分子量较小的碳氢化合物气体对反相微乳液加压，使水核中形成笼形化合物，增大压力时，笼形化合物从水核中析出，此时，体系含水量下降，而纳米颗粒仍存在于水核中。经上述过程后，纳米颗粒的稳定性和抗光腐蚀性明显提高。

3. 反相微乳液法应用举例

1）纳米氧化锌的制备

以无水乙醇为助表面活性剂，适当比例的十二烷基苯磺酸钠（sodium dodecyl benzene sulfonate，DBS）、甲苯、水自发形成 W/O 型微乳液，与氢氧化钠溶液反应，回流除水、分离、洗涤，产物加热到 170℃，可得到纳米氧化锌微粉。选用的微乳液为油包围水相的 W/O 型微乳液体系，锌盐溶解在水相中，形成极其微小，而且被表面活性剂、油相包围的水核，该水核具有纳米级空间，是很好的微反应器，所生成的微粒十分微小，微粒的大小与水核的半径有关。

2）纳米氧化钛的制备

以 Triton X-100 为表面活性剂，正己醇为助表面活性剂，用含有氨水和四氯化钛盐溶液的微乳液滴分散在环己烷中形成 TX-I00/正己醇/水/环己烷的微乳液体系，完成反应后，通过超速离心，使纳米微粉与微乳液分离。再以有机溶剂除去附着在表面的油和表面活性剂。最后经干燥处理，可得到高纯度纳米单分散 TiO_2。该法得到的产物粒径小，分布均匀，易于实现高纯化。

5.2.5　溶胶-凝胶法

溶胶-凝胶（sol-gel）法是 20 世纪 60 年代发展起来的一种制备玻璃、陶瓷等无机材料的工艺，国内外众多研究人员和公司采用该方法来制备纳米材料。

1. 溶胶-凝胶法制备纳米材料的基本原理

溶胶-凝胶法的基本原理是：将前驱体（金属醇盐或无机盐）溶于溶剂中，形成均相溶液，以保证前驱体的水解反应在均匀的水平上进行。前驱体与水进行的水解反应如下：

$$M(OR)_n + xH_2O \longrightarrow M(OH)_x(OR)_{n-x} + xROH \tag{5-10}$$

此反应可以延续进行直至生成 $M(OH)_r$，同时也发生前驱体的缩聚反应，反应式分别为

$$—M—OH + HO—M \longrightarrow -M—O—M— + H_2O\text{ (失水缩聚)} \tag{5-11}$$

$$—M—OR + HO—M \longrightarrow M—O—M— + ROH\text{ (失醇缩聚)} \tag{5-12}$$

在此过程中，反应生成物聚集成粒径 1nm 左右的粒子并形成溶胶；经陈化，溶胶形成三维网络而成凝胶；将凝胶干燥以除去残余水分、有机基团和有机溶剂，得到干凝胶；干凝胶研磨后煅烧，除去化学吸附的羟基和烷基团，以及物理吸附的有机溶剂和水，得到纳米粉体。

2. 溶胶-凝胶法制备纳米微粉的工艺流程

溶胶-凝胶法制备纳米微粉的工艺流程如图 5-19 所示。

图 5-19　溶胶-凝胶法制备纳米微粉的工艺流程

第一步是制取包含金属醇盐和水的均相溶液，以保证醇盐的水解反应在分子水平上进行。由于金属醇盐在水中的溶解度不大，一般选用醇作为溶剂，醇和水的加入应适量，习惯上以水/醇盐的物质的量之比计量。催化剂对水解速度、缩聚速度、溶胶、凝胶在陈化过程中的结构演变都有重要影响，常用的酸性和碱性催化剂分别为盐酸和氨水，pH 配制过后需施加搅拌。为防止反应过程中易挥发组分散失，造成组分变化，一般需加回流冷凝装置。

第二步是制备溶胶。制备溶胶有两种方法：聚合法和颗粒法，两者的差别是加水量的多少。聚合溶胶是在控制水解的条件下使水解产物及部分未水解的醇盐分子之间继续聚合而形成的，因此加水量很少，而粒子溶胶则是在加入大量水，使醇盐充分水解的条件下形成的。金属醇盐的水解反应和缩聚反应是均相溶液转变为溶胶的根本原因，控制醇盐水解缩聚的条件如加水量、催化剂和溶液的 pH 以及水解温度等是制备高质量溶胶的前提。

第三步是将溶胶通过陈化得到湿凝胶。溶胶在敞口或密闭的容器中放置时，溶剂蒸发或缩聚反应继续进行而导致向凝胶的逐渐转变，大小粒子由于溶解度不同而造成平均粒径增加。在陈化过程中，胶体粒子逐渐聚集而形成网络结构，整个体系失去流动性。

第四步是凝胶的干燥，除去残余水分、有机基团和有机溶剂。湿凝胶内包裹大量溶剂和水，在干燥过程中往往伴随着很大的体积收缩，因而很容易引起开裂。

第五步是对凝胶进行热处理，除去化学吸附的羟基和烷基基团，以及物理吸附的有机溶剂和水，得到纳米粉体。

3. 溶胶-凝胶法制备纳米微粉的特点

（1）纯度高。溶胶-凝胶法的原料可以用蒸馏或结晶方法提纯，保证原料的纯度，没有机械研磨等过程所引入的杂质，制得的材料纯度较高。

（2）化学组成均匀。各组分在分子级混合，可以得到化学组成准确、相结构均匀的多组分固溶体。

（3）加工温度较低。在较低的温度合成时，产物粒度分布均匀且细小；较低的烧结温度可以有效控制某些易挥发成分的挥发。

（4）可以控制颗粒尺寸。

（5）工艺操作简单，不需要昂贵的设备，易于工业化。

溶胶-凝胶法制备纳米氧化物虽然有许多优点，且已有一些工业化生产，但仍存在工艺周期长、原材料利用不够充分以及产物易团聚的不足，因而缩短工艺周期、充分利用原材料降低成本和解决产物团聚等是今后需要研究解决的问题。

4. 溶胶-凝胶法应用举例

1）溶胶-凝胶法制备纳米 $BaTiO_3$ 微粉

钛酸钡（$BaTiO_3$）有优良的铁电、压电、耐压和绝缘性能，是电子陶瓷元器件的基础母体原料。

以高纯 $Ti(SO_4)_2$ 和 $Ba(NO_3)_2$ 为原料，先将氨水加入 $Ti(SO_4)_2$ 中，使其生成 $TiO(OH)_2$ 沉淀，然后用硝酸溶解沉淀，与 $Ba(NO_3)_2$ 溶液反应，在所得混合盐溶液中加入氨水，得到 $TiO(OH)_2$ 和 $Ba_2O(OH)_2$ 的共沉淀，将沉淀过滤分离出来后再分散到 pH 为 7～9 的溶液中，借助机械搅拌形成稳定的水溶胶。水溶胶经过水浴蒸发脱水得到含水量为 90%的新鲜凝胶。将新鲜凝胶在 50℃下真空蒸发得到 TiO_2-BaO 干凝胶。以后再经过烧结，最终即可得到合格的 $BaTiO_3$ 微粉，整个工艺流程如图 5-20 所示。

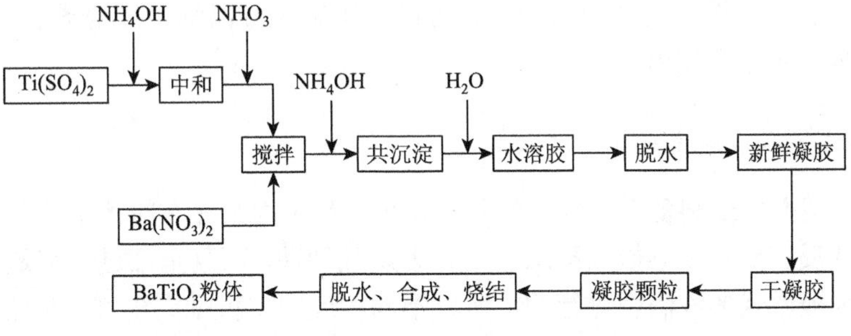

图 5-20　溶胶-凝胶法制备纳米钛酸钡微粉的工艺流程

2）溶胶-凝胶法制备纳米 LaP_5O_{14} 微粉

稀土磷酸盐材料因其独特的性质已经受到广泛的研究，在荧光材料方面已经有广泛应用。

采用纯度为 99.99%的氧化镧、分析纯硝酸和磷酸为原料，将 La_2O_3 和 HNO_3 按物质的量之比 1∶6 化学计量混合，在磁力搅拌器上加热搅拌，调节 pH 为 2～3，制备出 $LaNO_3$ 溶液。在 80℃的水浴温度下，将稀释后的 $LaNO_3$ 溶液以 60 滴/min 的速率滴入稀释的磷酸溶液中，用磁力搅拌器搅拌 1h，制备出具有不同 La 与 P 物质的量之比的溶胶（考虑到热处理过程中有磷的挥发，在化学计量配比上适当提高磷酸的含量）。溶胶在 110℃下烘干 24h 得到凝胶，将凝胶置于加盖的刚玉坩埚中在不同温度下煅烧得到 LaP_5O_{14} 粉体。

5.2.6　喷雾热解法

1. 喷雾热解法原理

喷雾热解（spray pyrolysis）工艺的原理很简单，就是将含有所需正离子的某种盐类的溶液喷成雾状，送入加热至设定温度的反应室内，通过化学反应生成纳米颗粒。喷雾热解法实际上是 CVD 工艺的变种。两者的区别仅在于前者是用充分分散的溶液雾滴而不是用挥发性液体的蒸气作为反应剂。喷雾热解设备装置如图 5-21 所示。

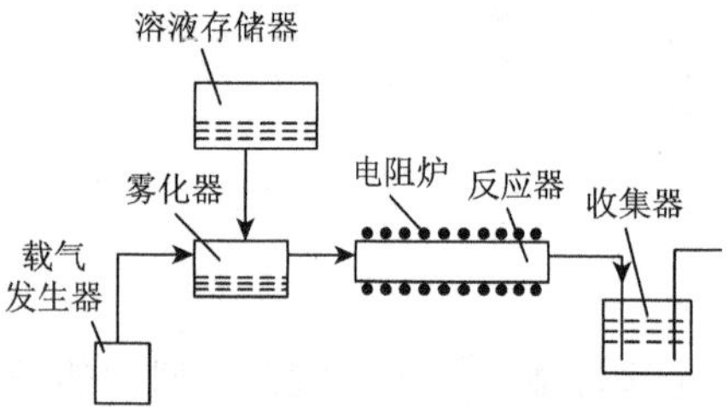

图 5-21　喷雾热解设备装置示意图

喷雾热解法制备纳米颗粒的主要过程有溶液配制、喷雾、反应、收集四个基本环节。为保证反应进行，在送入的金属盐溶剂中添加可燃性物质，其燃烧热起到分解金属盐的作用。

因为要配制溶液，故必须选择可溶性盐类作为原料。可用氯化物、硝酸盐、硫酸盐及醋酸盐等。溶剂可用纯水，也可以用有机溶剂或两者的混合物。喷雾的方法有很多，如压力式、气流式及超声雾化等。反应室温度要预先设定好。其原则是要保证能够发生反应。加热方式多用电阻炉，也可以用热空气、燃气等。近年来又发展了等离子体加热方式。

收集应跟冷却、尾气处理一起考虑。可以采用旋风分离法、过滤器法、静电法及淋洗法。一般是几级组合使用。

2. 喷雾热解工艺特点

（1）可以很方便地制备多种组元的复合粉体，且不同组元在粉体中的分布非常均匀。因为该工艺从反应到粉末颗粒成型总共只有短短几秒钟，而且全部过程都是各自独立的，是在尺寸仅为数微米的液滴中进行的，所以不同程度的偏析是完全可以忽略不计的。

（2）颗粒形状好。这显然跟它的气相反应、特殊的收集过程有关。因此用这种工艺制备的粉体是完全不需要球磨的。如果工艺控制得当，所制备的每一个粉末颗粒都呈光滑实心球形。

（3）无论成分多么复杂，从溶液到粉末都是一步完成的，劳动强度低。

喷雾热解法的上述三条优点是非常吸引人的，但是还存在一些待解决的问题。一是喷雾工艺有待改进，二是收集设备不如单纯液相法那么简单。

3. 喷雾热解法应用举例

1）喷雾热解法制备（Y，Gd）BO_3:Eu 荧光粉

等离子体显示板是数字信息领域最有应用前景的大平面显示器，是大屏幕挂壁彩色电视的首选。因（Y，Gd）BO_3:Eu 荧光粉在真空紫外线激发下有很高的发光效率，而被广泛用作等离子体电视的红色发光荧光粉。

喷雾热解法制备（Y，Gd）BO_3:Eu 荧光粉所采用的试剂为光谱纯级 Y_2O_3、Gd_2O_3 和 Eu_2O_3，分析纯级硼酸和硝酸。按照一定比例称取 YZO_3、Gd_2O_3 和 Eu_2O_3，混合并溶于硝酸后，再缓慢加热至结晶去除多余的硝酸，制备得到硝酸钇钆铕混合物，再加入称量好的硼酸溶液中，室温下搅拌均匀。将配制好的上述前驱体溶液加入雾化器内，溶液经雾化形成大量微小液滴组成的气溶胶，由空气送至石英反应器中经过蒸发、干燥、分解、结晶反应等过程后得到（Y，Gd）BO_4:Eu 前驱体粒子，再经过一定温度煅烧，使其进一步结晶完善，即可得到（Y，Gd）BO_3:Eu 粉体。

2）喷雾热解法制备铋系高温超导母粉

在对高温超导材料成材的研究中发现，原始粉末的制备工艺对最终材料的超导性能有强烈影响，因此制备高质量的超导体原始粉末一直是超导材料研究领域中活跃的一部分喷雾热解法制备铋系高温超导母粉的原料为分析纯的五水硝酸铋、硝酸铅、四水硝酸钙、三水硝酸铜、硝酸锶。用稀硝酸溶解硝酸铋，另外四种硝酸盐用水溶解，最后相互混合制得前驱体溶液。前驱体硝酸盐混合溶液由压缩空气供往热解炉，经雾化器雾化为气溶胶液滴。在炉体的高温环境下，微液滴经蒸发、干燥、热解等过程得到混合金属氧化物粉末，脱硝热解 NO 的尾气经吸收瓶碱液中和后排放。从热解炉下收集得到的氧化物粉末进行热处理即可得到铋系超导母粉。

5.3　固相法制备纳米颗粒

5.3.1　机械粉碎法

机械粉碎方式制备纳米颗粒主要包括高能球磨及高能气流粉碎，这是在传统的机械粉碎技术基础上发展起来的。机械粉碎法是在给定外场力作用下，如冲击、挤压、碰撞、剪切或摩擦，使大颗粒破碎成超细微粒的一种技术。

粉碎极限是机械粉碎必须面临的一个重要问题。随着颗粒粒径的减小，被粉碎物料的结晶均匀性增强，颗粒强度增大，断裂能提高，粉碎所需的机械应力也大大增加，欲使颗粒粒度越细，粉碎的难度就越大。传统的机械粉碎方法如球磨、振动磨、搅拌磨所能制备的粉末颗粒粒径都在微米级，能够制备纳米颗粒的机械粉碎方法是在传统机械粉碎设备发展而来的高能球磨和高能气流磨。

1. 高能球磨法

高能球磨法（high energy ball milling，HEBM）的基本原理是将粉末材料放在高能球

磨机内进行球磨，粉末被磨球反复碰撞，承受冲击、摩擦和压缩多种力的作用，被反复挤压、变形、断裂、焊合及再挤压变形使物料颗粒粉碎到要求或极限尺寸。高能球磨法主要用于加工相对较硬的、脆性的材料，这种技术已经扩展到生产各种非平衡结构材料，包括纳米晶、非晶和准晶材料。

高能球磨法中粉末形成纳米晶有两种途径：粗晶材料经过高能球磨形成纳米晶；非晶材料经过高能球磨形成纳米晶。

粗晶粉末经高强度机械球磨，产生大量塑性变形，并产生高密度位错。在初期，塑性变形后粉末中的位错先是纷乱地纠缠在一起，形成“位错缠结”。随着球磨强度的增加，粉末变形量增大，缠结在一起的位错移动形成“位错胞”，高密度位错主要集中在胞的周围区域，形成胞壁。这时变形的粉末是由许多“位错胞”组成的，胞与胞之间有微小的取向差。随着球磨强度进一步增加，粉末变形量增大，“位错胞”数量增多，尺寸减小，跨越胞壁的平均取向差也逐渐增大。当粉末的变形量足够大时，构成胞壁的位错密度急剧增大而使胞与胞之间达到一定的取向差，胞壁转变为晶界形成纳米晶。

非晶粉末在球磨过程中的晶体生长是一个形核与长大的过程。在一定条件下，晶体在非晶基体中形核。晶体的生长速率较慢，且其生长受到球磨造成的严重塑性变形的限制，由于机械合金化使基体在非晶体中形核位置多且生长速率慢，所以形成纳米晶。

高能球磨法制备纳米颗粒的工艺参数中，球磨时间、球磨转速、球磨介质、球料比、装样率是主要影响因素。

（1）球磨转速。球磨机的转速越高，就会有越多的能量传递给研磨物料。但是并不是转速越高越好。这是因为球磨机转速提高的同时，球磨介质的转速也会提高，当达到某一临界值时，磨球的离心力大于重力，球磨介质就会紧贴球磨容器内壁，磨球、粉料和磨筒处于相对静止状态，此时球磨作用停止，球磨物料不产生任何冲击作用，不利于塑性变形和合金化进程；另一方面，转速过高会使球磨系统升温过快，有时不利于机械合金化的进行。

（2）球磨时间，在开始阶段，随着时间的延长，粒度下降较快，但球磨到一定时间后，即使继续延长球磨时间，物料的粒度下降幅度也不太大，不同的样品有不同的最佳球磨时间。因此，在一定条件下，随着球磨进程的发展，合金化程度会越来越高，颗粒尺寸会逐渐减小并最终形成一个稳定的平衡态，即颗粒的冷焊和破碎达到动态平衡，此时颗粒尺寸不再发生变化。但另一方面，球磨时间越长，造成的污染也就越严重，影响产物的纯度。

（3）球磨介质，高能球磨中一般采用不锈钢球为球磨介质，为避免球磨介质对样品的污染，在球磨一些易磨性较好的物料时，也可以采用瓷球。球磨介质要有适当的密度和尺寸，以便对球磨物料产生足够的冲击。

（4）球料比，在球磨过程中，球料比是决定研磨效果的关键因素，因为它决定了碰撞时所捕获的粉末量和单位时间内有效碰撞的次数。在相同条件下，随着球料比增加，球磨能量升高，微粒粒度变细，但球料比过大，生产率过分降低，这是不可取的。

在转速和装样率固定不变的情况下，粒度和均匀性系数随着时间和球料比的变化而变化：球料比越小，球磨时间越短，获得的粉体粒度越大，均匀性越低；反之，粒度越小，均匀性系数越大。

在转速和球料比不变的情况下，粉体粒度和均匀性随着时间的变化而变化：时间越短，装样率大，获得粉体的粒度大，均匀性系数小；反之，粒度小、均匀性系数大。

在时间和装样率均不变的情况下，粉体粒度和均匀性系数随着转速和球料比的变化而变化：大的球料比、大的转速可以得到较细的粉体。而且可以看到，在小的球料比下高能球磨法已经成功制备出以下几种纳米晶材料：纯金属纳米晶、互不相容体系的固溶体、纳米金属间化合物等。

高能球磨可以很容易地使具有体心立方（bcc）结构（如 Cr、Mo、W、Fe 等）和 hcp 结构（如 Zr、Hf、Ru 等）的金属形成纳米晶结构，而具有 fcc 结构的金属（如 Cu）则不易形成纳米晶。

用常规熔炼方法无法将相图上几乎不互溶的几种金属制成固溶体，但用机械合金化很容易做到。近年来，用此种方法已制备了多种纳米固溶体。例如，将粒径小于 100nm 的 Fe、Cu 粉体放入球磨机中，在氩气保护下球磨一段时间，可以得到粒径为十几纳米的 Fe-Cu 合金纳米粉。

纳米金属间化合物，特别是一些高熔点的金属间化合物在制备上较为困难。目前，已经在 Fe-B、Ti-Si、Ti-B、Ti-Al、Ni-Si、W-C、Si-C、Ni-Mo、Nb-Al、Ni-Zr 等十余个合金体系中应用高能球磨法制备了不同晶粒尺寸的纳米金属间化合物。

目前，已经发展了应用于不同目的的各种高能球磨方法，包括滚转磨、摩擦磨，振动磨、行星磨、分子磨、平面磨和高能磨。

2. 高速气流粉碎

气流粉碎采用的气流磨是一种较成熟的超微粉碎技术，现在也常用于纳米颗粒的制备。

气流粉碎是利用高速气流（300～500m/s）或热蒸气（300～500℃）的能量使颗粒产生相互冲击、碰撞、摩擦而被较快粉碎。在粉碎室中，颗粒之间的碰撞频率远高于颗粒与器壁之间的碰撞，因此粉碎效率大为提高，产品的粒径可达 1～5nm。气流磨的技术发展较快，20 世纪 80 年代德国 Alpine 公司开发的流化床逆向气流磨不仅可粉碎较高硬度的物料颗粒，今后经过改进可使大部分产品的粒径达到纳米范畴。

常见的气流粉碎机，其粉碎机理大致相同，一般都是在粉碎力的作用下对物料颗粒进行冲击、剪碎或磨碎。目前，已经开发和发展了多种技术手段来实施高速气流粉碎，如喷射式气流粉碎、扁平式气流粉碎、循环式气流粉碎等。

5.3.2　固相还原法

固相还原法一般指的是用还原剂将含有预制备物料元素的固态化合物还原以制备纳米颗粒的方法。固相还原法可以用来制备金属、碳化物、氮化物等纳米颗粒。常见的还原剂有氢气、一氧化碳、炭黑等，被还原的物质可以是氧化物等含有预制备粉末颗粒元素的化合物等。固相还原法制备粉末颗粒方法简单，不需要复杂的设备，易操作，容易实现工业化生产。缺点是所制备的粉末颗粒粒度分布不均、粒度较大，需要后续的分级处理以获得纳米颗粒。

以制备还原铁粉为例，在 H_2 气氛下，将 $FeC_2O_4·2H_2O$ 或 FeOOH 等前驱体或铁的氧化物分解、还原以制备超细铁粉。以 $FeC_2O_4·2H_2O$ 为例，其工艺流程如图 5-22 所示。前驱体形貌及性能直接影响铁粉的粒度、形貌以及磁学性能。因此，前驱体的选择或制备应以所需铁粉粒度及性能而定。对于 $FeC_2O_4·2H_2O$ 分解还原过程，分解温度及时间对热分解产物 FeO 或 Fe_3O_4 的粒度有影响，一般最终热分解温度越高，保温时间越长，则粒度越大。较佳的热分解温度为 260℃左右，保温 0.5～1h，得到的 FeO 或 Fe_3O_4 粒度较细小。还原温度和还原时间对产物 α-Fe 是否充分还原以及形貌极其重要。还原温度低或还原保温时间不够，则产物还原不充分；还原温度太高或保温时间过长，会破坏产物良好形貌，甚至烧结。经实验研究，还原温度在 510℃比较合适，还原时间一般为 2.5h，可以得到形貌良好（近等轴）、粒度细小（50nm 左右）的超细铁粉。

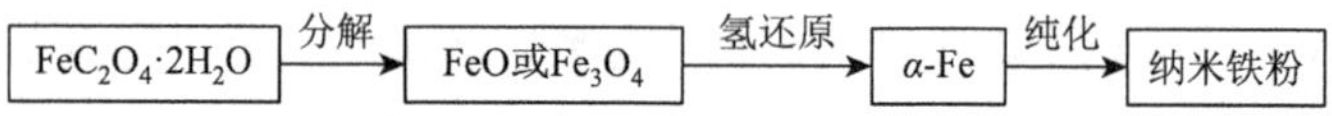

图 5-22　固相还原法制备纳米铁粉工艺流程

5.4　一维纳米材料的制备

一维纳米材料，主要是指在径向尺寸低于 100nm，长度方向上尺寸远大于径向尺寸，长径比可以从十几到上千上万，空心或者实心的一类材料。早在 1970 年，法国科学家就首次制备出直径约为 7nm 的碳纤维。1991 年，日本 NEC 公司饭岛首次用高分辨透射电子显微镜在以石墨电极进行电弧放电的产物中发现了碳纳米管，这推动了整个准一维纳米材料领域的研究。一维纳米材料因其优异的光学、电学、磁学及力学等性质引起了凝聚物理界、化学界和材料界研究者的关注，成为纳米材料研究的热点。

目前，一维纳米材料可以根据其空心或实心，以及形貌不同分为以下几类：纳米管、纳米棒或纳米线、纳米带及纳米同轴电缆等。

纳米管的典型代表就是碳纳米管，它可以看作由单层或者多层石墨按照一定的规则卷绕而成的无缝管状结构，其他的还有 Si、Se、Te、Bi、BN、BCN、WS_2、MoS_2、TiO_2 纳米管等。

纳米棒一般是指长度较短、纵向形态较直的一维圆柱状（或其截面呈多角状）实心纳米材料，而纳米线是指长度较长，形貌表现为直的或弯曲的一维实心纳米材料。不过，目前对于纳米棒和纳米线的定义和区分比较模糊。其典型代表有单质纳米线，如 Si 和 Ge 等；氧化物纳米线，如 SnO_2 和 ZnO 等；氮化物纳米线，如 GaN 和 Si_3N_4 等；硫化物纳米线，如 CdS 和 ZnS 等；三元化合物纳米线，如 $BaTiO_3$ 和 $PbTiO_3$ 等。

纳米带与以上两种纳米结构存在较大差别，其截面不同于纳米管或纳米线接近圆形，而是呈现为四边形，其宽厚比分布范围一般为几到十几。纳米带的典型代表为氧化物，如 ZnO、SnO_2 等。

纳米同轴电缆是指径向在纳米尺度的核/壳准一维结构，其代表产物有 C/BN/CSi/SiO_2、SiC/SiO_2 等。

随后的十几年里，人们利用各种方法又陆续合成了多种准一维纳米材料，如纳米管、纳米线、纳米棒、半导体量子线、纳米带和纳米线阵列等。一维纳米材料的制备方法有很多，如图 5-23 所示。前面介绍的纳米颗粒制备方法中很多都可以用于制备一维纳米材料，如蒸发法、电弧放电法、激光沉积法等。下面介绍几种常见的一维纳米材料的制备方法。

- 物理法
  - 机械拉伸法
  - 蒸发冷凝法
  - 电弧放电法
  - 激光烧蚀法
  - 激光沉积法
- 化学法
  - 化学气相沉积法
  - 溶液反应法
  - 电化学法
  - 模板法
    - 碳纳米管模板法
    - 氧化铝模板法
    - 聚合物膜模板法
    - 生命分子模板法
  - 聚合法
- 综合法
  - 蒸发悬浮法
  - 静电纺丝法
  - 固-液相电弧放电法
  - 爆炸法

图 5-23　常见一维纳米材料的制备方法

5.4.1　气相法制备一维纳米材料

在合成一维无机纳米材料时，气相法是使用最多的方法。它的优势在于可以生长几乎任何一维无机纳米材料，操作比较简单易行。

1. 气相法合成一维纳米材料的机理

1）气-液-固（VLS）生长机制

早在 20 世纪 60 年代，Wagner 就利用 VLS 长生机制来制备 Si 单晶晶须，在随后的几十年中，通过这种普适性的方法制备出了大量的单质或化合物晶须。随后，随着纳米材料的发展，人们通过控制催化剂的尺寸，制备了大量的纳米线、纳米棒、纳米管。VLS 生长机制一般要求必须有催化剂存在，在适宜的温度下，催化剂能与生长材料的组元互熔形成液态的共熔物，生长材料的组元不断从气相中获得，当液态中溶质组元达到过饱和后，晶须将沿着固-液界面的一个择优方向析出，长成线状晶体。很显然，催化剂的尺寸将在很大程度上控制所生长晶须的尺寸。实验证明，这种生长机制可用来制备大量的单质、二元化合物甚至成分更复杂的单晶，而且该方法生长的单晶基本上无位错，生长速率快。人们通过控制催化剂的尺寸制备出了大量的一维无机纳米材料。如 Fe、Au 催化合成了半导体纳米线 Si、Ge、Ⅱ-Ⅵ族和Ⅲ-Ⅴ族纳米线；Au、Ga 和 Sn 等催化合成了氧化物一维纳米材料等。

2）气-固（VS）生长机制

除 VLS 生长机制外，另外一种 VS 生长机制也经常用来制备一维无机纳米材料。在 VS 过程中，首先通过热蒸发、化学还原、气相反应产生气体，随后该气体被传输并沉积在基底上。这种生长晶须的方式经常被解释为以界面上微观缺陷（位错、孪晶等）为形核中心生长出一维材料。在 VS 生长机制生长一维无机纳米材料的过程中，形貌的控制主要是通过控制过饱和度和温度来实现的。采用 VS 生长机制与碳热还原法合成了 ZnO、MgO、Al_2O_3、SnO_2 纳米线，采用氧化物作为原料，利用简单的物理蒸发法制备出了系列无机半导体氧化物纳米带。

3）氧化物辅助生长方式

氧化物辅助生长方式最先是由香港城市大学的 Lee 小组提出来的。不同于通常的金属催化的 VLS 生长机理，在一维无机纳米材料的形核和生长过程中，他们利用氧化物代替金属生长了大量高纯的一维无机纳米材料，如 GaAs、Ga_2O_3、Si、MgO、Ge_3N_4 等一维无机纳米材料，并认为生长硅纳米线时可以不需要金属催化剂。在氧化物辅助生长过程中通过热蒸发或激光烧蚀产生的气态 Si_xO（$x>1$）起关键性作用。

2. *电弧放电法*

电弧放电法制备一维纳米材料的原理与前面介绍的用该方法制备纳米颗粒的原理相同，所不同的是一维纳米材料的生长需要合适的催化剂。

电弧放电法是制备碳纳米管最原始的方法。单壁碳纳米管最初就是在用石墨电弧法制备富勒碳的过程中发现的。石墨电弧放电法制备碳纳米管的原理是石墨电极在电弧产生的高温下蒸发，在阴极沉积出纳米管。传统的电弧法是在真空的反应容器内充以一定量的惰性气体，在放电过程中，阳极石墨棒（较细）不断消耗，同时在阴极石墨电极（较粗大）上沉积出含有碳纳米管的结疤。这种方法的特点是简单快速，但产量不高，且碳纳米管烧结成束，其中还存在很多非晶碳杂质。

电弧催化法是在电弧放电法的基础上发展起来的，在阳极中掺杂不同的金属催化剂（如 Fe、Co、Ni、Y 等），利用两极的弧光放电来制备碳纳米管。电弧催化法主要用来制备单壁碳纳米管。

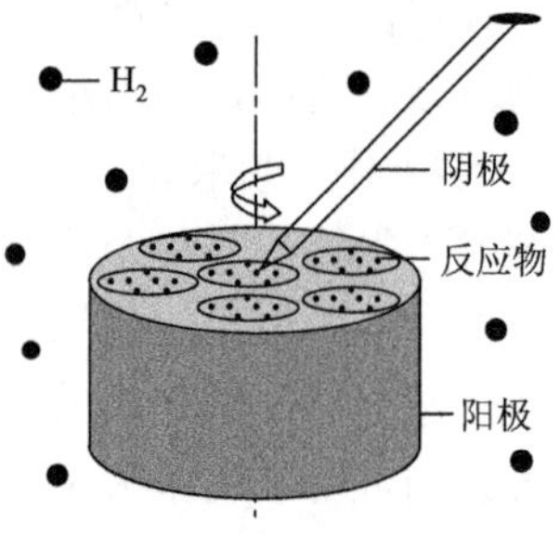

图 5-24　半连续氢电弧放电法制备单壁碳管的装置示意图

在单壁碳纳米管发现之初，电弧放电法制备出的产物中含有大量的无定形碳、金属催化剂颗粒等杂质，而碳管的含量很低。为了进一步提高单壁碳纳米管的产量和质量，采用半连续氢电弧放电法，实验装置如图 5-24 所示。与传统电弧法相比，氢电弧放电方法具有以下特点。

（1）在大直径阳极圆盘中填充混合均匀的反应物，可有效克服传统电弧法中反应物数量有限且均匀性差的缺点，有利于单壁碳纳米管的大批量制备。

（2）阴极棒与阳极圆盘上表面成斜角，在电弧力的作用下可在反应室内形成一股等离子流，及时将单壁碳纳米管产物携带出高温反应区，避免了产物烧结。同时保持产物区内产物浓度较低，有利于单壁碳纳米管的连续生长。

（3）阴极与阳极的位置均可调整，当部分原料反应完毕后可通过调整电极位置，利用其他区域的原料继续合成单壁碳纳米管。

除单壁碳纳米管外，电弧放电法还可以用于制备双壁、多壁碳纳米管。原理与单壁碳纳米管制备方法相似，只是在装置和工艺参数方面有所不同。该方法也用于制备其他一维纳米材料。生长时间影响纳米线的大小，时间过长会使副产品增多。在反应及生长的温度区域内，一般来说，高温可以减少生成纳米线时产生的缺陷。

3. *激光蒸发法*

激光蒸发法是制备单壁碳纳米管最为常用的一种方法，且产率较高。其制备方法是：

置于加热炉中的水平石英管中放入含量约 1%的 Ni 和 Co 压成的石墨靶，在其前后，各放置一个 Ni 收集环，管中通有流量为 300mL/min、压力为 66.66kPa 的氩气，在 1200℃以上的高温下，用 Nd-TAC 激光轰击石墨靶，每个脉冲的宽度为 8nm，功率约 3J/cm^2。石墨靶将生成气态碳，这些气态碳和催化剂粒子被气流从高温区带向低温区，在催化剂的作用下生长成单壁碳纳米管。1996 年，Thess 等对实验条件进行了改进，在 1200℃下，采用 50ns 的双脉冲激光照射含有 Ni/Co 催化剂颗粒的石墨靶，获得了高质量的单壁碳纳米管管束。产物中的单壁碳纳米管的含量大于 70%，直径在 1.38nm 左右。该方法首次得到相对较大数量的单壁碳纳米管，但在制备过程中，随着石墨的蒸发，金属/石墨靶的表面产生金属富集，致使单壁碳纳米管的产率降低. Yudasaka 采用双靶装置，即将金属/石墨混合靶改为纯过渡金属或其合金及纯石墨两个靶。将两靶对向放置，并同时受激光照射。这样就可以消除石墨挥发导致石墨靶表面金属富集引起的产量下降问题。

4. 化学气相沉积法

化学气相沉积法是在一定的气流条件下，加热前驱体粉末使之与气体发生气相反应后，经沉积得到一维纳米材料的方法。化学气相沉淀法可用于制备多种一维纳米材料，如碳纳米管、ZnO 纳米线、GaP 纳米线、InN 纳米线、B_4C 纳米线等。

以化学气相沉积法制备 InN 纳米线为例。首先在（100）硅衬底上沉积 10nm 厚的 Au 膜，将纯 In 箔片放于氧化铝反应舟内作为气态 In 源，然后将沉积了 Au 膜的硅衬底放置于氧化铝反应舟上，最后将氧化铝反应舟置于传统管式炉的中心，向炉内以 40SCCM（标准毫升/分钟）的速率通入氨气作为 N 源，以 20SCCM 的速率通入氮气作为载气，制备温度为 500℃，保温 8h，即可得到直径为 40～80nm 的 InN 纳米线。

5.4.2　液相法制备一维纳米材料

1. 水热法

水热法合成纳米材料的原理在水热法合成纳米颗粒部分已经有过介绍，这里主要介绍水热法合成一维纳米材料。

水热法已广泛用于合成各种纳米线材料。水热法合成纳米线主要从两方面入手。

（1）利用产物本身晶体的各向异性，在一定条件下，某个晶面生长更快，从而合成纳米线，包括难溶物在一定条件下先溶解再结晶生成产物。目前，研究较多的是钒酸盐、铌酸盐和钨酸盐，某些产物有很高的长径比和良好的均一性。但该方法受产物本身特性的影响，应用并不广泛。

（2）利用模板法辅助生长合成纳米线，目前研究主要是利用合适的表面活性剂辅助作为软模板来合成。

表面活性剂作用可分为两种：一是在一定条件下形成特定的微结构，如线状孔道等起到模板作用；二是与产物的某些面相作用，减缓甚至限制了该面的生长从而起到模板作用。有关模板法的内容，将在后面的章节中介绍。模板法因不受产物本身特性的影响而具有广泛的研究前景。

水热法合成纳米线的报道有很多。如以 V_2O_5 和 Ag_2O 为原料，180℃水热反应 24h，合成了直径为 30～50nm、长径比高达 1000 的 $Ag_2V_4O_6$ 纳米线；而以 NH_4VO_3 和 $AgNO_3$ 为原料，180℃水热反应 12h，则制得直径 50nm、长数十微米的 $AgVO_3$ 纳米线。与纳米线一样，有关用水热法制备纳米棒的报道也很多，水热法合成纳米棒的方法和优缺点类似于纳米线，但纳米棒具有较小的长径比，所以更容易合成，目前合成最多的是氧化物和硫化物。

用水热法制备铜纳米棒，以 $CuSO_4·5H_2O$ 和 NaOH 作为原料，保持 Cu^{2+} 和 OH^- 浓度比为 1∶4，加入与 Cu^{2+} 等量的山梨醇作为还原剂，在 180℃水热条件下，反应 20h 后得到铜纳米棒。

2. 微乳液法

在微乳液中，表面活性剂吸附在水滴表面形成“水池”，“水池”可以看作一个微反应器。混合两种微乳液后，含有不同反应物的“水池”通过布朗运动不停地相互碰撞，在微乳液颗粒间，组成界面的表面活性剂和助表面活性剂可以相互渗入，其中一个“水池”中的物质进入另一个“水池”中，并进行化学反应，颗粒就在“水池”中形核、生长。微乳液界面有一定的强度，使得颗粒长大有一定的限度，并可以阻止颗粒的团聚。

前面已经提到，表面活性剂为两性分子，当溶液条件、pH、温度或电解质浓度不同时，在溶液中有不同的聚集状态，胶束可呈球形、圆柱形、柔性双层泡囊、双平面层等结构，其平衡结构取决于自组装过程的动力学和分子内、分子间的凝聚力。两性分子形成聚集体的主要驱动力是碳氢化合物-水界面的疏水性吸引力及亲水性离子的空间位阻。当表面活性剂的浓度达到一定值后可以形成棒状胶束，作为引导金属纳米线合成的软模板琥珀酸-2-乙基已基酯磺酸钠（AOT）是最常用的表面活性剂，它不需要助表面活性剂即可形成微乳液。阴离子表面活性剂如十二烷基硫酸钠（sodium dodecyl sulfate，SDS）、十二烷基苯磺酸钠（sodium dodecyl benzene sulfonate，DBS）。阳离子表面活性剂如十六烷基三甲基溴化铵（cetyltrimethylammonium bromide，CTAB），以及非离子表面活性剂，如 Triton X 系列等，也可用来形成反胶团或微乳液。

3. 电化学法

电化学法包括电化学沉积、电化学水解和电化学聚合。在制备纳米线的范畴里，电化学沉积主要指金属阴极被还原形成沉积，这种方式适合利用模板的纳米孔道制备金属纳米线；电化学水解是通过还原使阴极区呈现碱性，从而促进金属盐水解形成沉积，这种方式可直接用于制备金属氧化物纳米线；电化学聚合主要用于导电高分子纳米线的制备。

5.4.3 模板法制备一维纳米材料

1. 模板法的发展历史

1970 年，Possin 在用高能离子轰击云母的孔道时制备出直径只有 40nm 的多种金属线。1986 年，Williams 等制备出了单根金纳米线，并对 Possin 的方法进行了改进。Martin 等首次正式提出了模板法的概念，他们为一维纳米结构材料的一维纳米孔道模板合成法的发展起到非常重要的促进作用。1987 年他们首次以聚碳酸酯过滤板为模板制备了铂纳米线阵列，探讨了其在微电极中应用的可能性。1989 年，他们在阳极氧化铝模板的孔道内合成了金纳米线，并研究了它的透光性能，此后模板法得到了迅速发展。目前，模板法已经成功地用于电沉积制备一维纳米结构材料。模板在制备过程中所起到的作用，有点类似于铸造工艺中所使用的模具，但是纳米材料的形成仍然需要利用常规的化学反应来制备，如电化学沉积、化学镀、溶胶-凝胶法、化学气相沉积法等。

模板是指含有高密度纳米柱形洞、厚度为几十至几百微米的膜。模板合成法是合成纳米线及碳纳米管等纳米材料的一项有效技术，由于模板合成法制备纳米结构材料是物理、化学多种方法的集成，在纳米结构制备科学上占有极其重要的地位。人们可以根据需要设计组装多种纳米结构的阵列，从而得到常规体系不具备的物性。该技术最典型的特点就是由于模板具有限域能力，容易调控所制一维材料的尺寸及形状，可以制作多种所需结构的纳米材料。它提供了一个能够控制并改进纳米颗粒在结构材料中排列的有效手段，因此模板合成法迅速发展成为制备纳米线和纳米管的一种十分重要的途径。

2. 模板的种类

1）多孔阳极氧化铝

多孔阳极氧化铝（porous anodic oxide aluminum，AAO）膜具有自组织生长的高度有序纳米孔阵列结构。由高纯铝箔在一定温度下经热处理后，在酸性较强的能够溶解氧化铝的多质子酸（如硫酸、草酸、磷酸）中经电化学阳极氧化获得。该膜是一种无机材料，和聚合物膜相比具有能经受更高的温度、更加稳定、绝缘性好、孔洞分布均匀、孔密度高等优点。通常孔心距为 4～460nm，孔密度为 10^9～10^{11} 个/cm^2。多孔阳极氧化铝模板的制备工艺流程如图 5-25 所示。

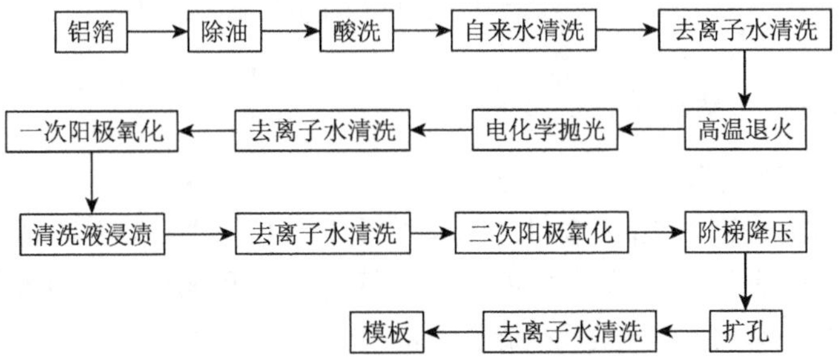

图 5-25　多孔阳极氧化铝模板的制备工艺流程

2）介孔分子筛 MCM-41

1992 年，Kresge 等首次报道了一种新颖的介孔氧化硅材料 MCM-41，它是一种利用水热分子自组织方法（self-organized method），利用一定浓度的有机导向剂（表面活性剂）与无机物种（单体或齐聚体）相互作用形成的六方相液晶织态结构。当通过热处理或化学手段除去有机导向剂后，所得到的介孔固体称为 MCM-41 介孔分子筛。它呈现多层次有序结构，可以在多个尺度层次上具有特定的有序结构或形貌。纳米量级上，MCM-41呈有序的“蜂巢状”多孔结构，其孔径可以在1.5～30nm调节，孔道的纵横比可以很大。

3）聚合物模板

孔径微米或纳米级的聚合物多孔膜，这种膜多由聚碳酸酯、聚酯或其他聚合物制备，生产过程一般是用高能重离子穿透塑料薄膜时在塑料中形成直径约为10nm的柱形损伤区，经过适当的化学蚀刻后形成孔洞，这就是核孔膜，孔洞呈随机分布，主孔密度较低，约为10^9个/cm^2，孔径最小一般到10nm左右。聚合物模板是一种含有无序分布的孔洞的模板。

4）金属模板

1995年日本学者Masuda等采用两阶段复型法制备了Pt和Au的纳米孔洞阵列模板。2001年我国于冬亮等采用类似的方法以氧化铝模板为母板制备了金属镍的有序纳米孔洞阵列模板，合成过程如图5-26所示，基本原理如下：采用一种有序介孔固体（孔贯穿上下表面并且有序排列）作为母板，在孔中注入异丁烯酸甲酯并使其聚合形成聚甲基丙烯酸甲酯，然后脱去母板，剩下的是复型的有序介孔模板，再通过真空气相沉积金属，充满整个复型孔模板，最后通过焙烧，去除聚甲基丙烯酸甲酯所构成的复型孔模板，剩下的是与原始有序介孔固体相同的金属。金属模板具有良好的导电性，只是目前还未广泛应用，可能与其制备工序复杂及难以脱去有关。

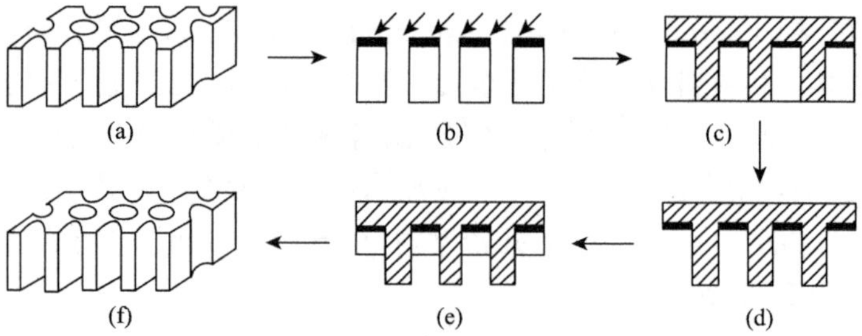

图5-26　金属纳米孔洞阵列模板的制备过程

3. 模板法制备一维纳米材料应用举例

1）模板法制备碳纳米管

Lijima发现碳纳米管以来，碳纳米管在全球引起了广泛关注，主要制备方法有电弧法、激光法和裂解法等。这些方法所产生的碳纳米管易弯曲和成束，不规整，而模板法能避免这一缺陷。1996年，Li等用溶胶-凝胶法将纳米铁颗粒植入多孔二氧化硅基体中，在700℃下催化分解乙炔，获得垂直于基体方向生长、长约50mm的碳纳米列阵。

Andrews等以二甲苯为碳源，将摩尔分数为6.5%的二茂铁催化剂前驱体溶于二甲苯溶液中，然后将其在约675℃以下热解并沉积在石英基片上，所生长的碳纳米管具有很好的定向性。该法的碳源转化率达25%，可实现半连续制备，有望实现工业化生产。

2）模板法制备ZnSe半导体纳米材料

将电化学方法与模板技术相结合，利用对AAO的填充和孔洞的空间限制，就可以制备纳米线和纳米管材料。材料的长度可以通过金属的沉积量来控制，材料的直径可以通过 AAO 孔洞的大小来调节。金属电沉积的量增多时，其纵横比（即长度与直径比）增加，反之则减小。由于纳米金属材料的某些性能主要取决于其纵横比，控制纳米线材料的纵横比显得尤其重要。通常认为，在控制纳米线生长速率方面，电沉积是一种有效的方法，已广泛用来制备各种纳米线。

有研究表明，纳米线可看作由一连串微小的球状纳米颗粒构成，通过在有序的孔中沉积多种金属离子以改变孔中粒子的组装方式，纳米颗粒间的表面、界面及量子尺寸效应可使材料获得一些新颖的性能。目前，基本的合成步骤分为三步：一是铝阳极氧化膜的制备及孔径的调节；二是金属或半导体在孔内电沉积；三是对氧化铝模板及阻挡层的径向腐蚀，释放出有序的纳米线阵列，再经后序处理，获得所需纳米材料。基于第三步处理方法的不同，可以开发出各种纳米元器件。

思　考　题

5-1. 简述纳米材料的特性和力学性能特点。
5-2. 简述纳米材料制备过程中的主要问题及解决方法。
5-3. 化学气相沉淀法制备纳米微粉的主要过程是什么？
5-4. 水热合成法制备纳米微粉的原理及主要过程是什么？
5-5. 微乳液合成纳米微粉过程中表面活性剂的作用是什么？
5-6. 影响球磨法制备纳米微粉的主要工艺参数有哪些？
5-7. 气相法合成一维纳米材料的机理是什么？
5-8. 模板法合成一维纳米材料的特点是什么？

参 考 文 献

黄开金. 2009. 纳米材料的制备及应用. 北京：冶金工业出版社.
李群. 2008. 纳米材料的制备与应用技术. 北京：化学工业出版社.
李晓俊，刘丰，刘小兰，等. 2006. 纳米材料的制备及应用研究. 济南：山东大学出版社.
倪星元，姚兰芳，沈军，等. 2007. 纳米材料制备技术. 北京：化学工业出版社.
孙万昌，张毓隽. 2016. 先进材料合成与制备. 北京：化学工业出版社.
张志焜，崔作林. 2000. 纳米技术与纳米材料. 北京：国防工业出版社.

第6章　薄膜材料制备技术

薄膜材料兴起于20世纪60年代，是新理论与高技术高度结合的材料，是电子、信息、传感器、光学、太阳能利用等技术的核心基础。

薄膜是采用一定方法，使处于某种状态的一种或几种物质（原材料）的基团以物理或者化学方式附着于某种物质（衬底材料）表面而形成一层新的物质，这层新的物质就称为薄膜。薄膜的基本特征是具有二维延展性，其厚度方向的尺寸远小于其他两个方向的尺寸。不管是否能够形成自支撑的薄膜，衬底材料都是必备的前提条件，即只有在衬底表面才能获得薄膜。厚度是薄膜的一个重要参数。它不仅影响薄膜的性能，而且与薄膜质量有关。薄膜厚度的范围尚没有确切的定义，一般认为小于几十微米，通常在1μm左右。按结晶状态，薄膜可以分为非晶态与晶态，后者进一步分为单晶薄膜和多晶薄膜。单晶薄膜是从外延生长，特别是同质外延和结晶而来的。在单晶衬底材料上进行同质或异质外延，要求外延薄膜连续、平滑且与衬底材料的晶体结构存在对应关系，并且是一种定向生长。这就要求单晶薄膜不仅在厚度方向上有晶格的连续性，而且在衬底材料表面方向上也有连续性。多晶薄膜是指在一个衬底材料上生长的由许多取向相异的单晶集合体组成的薄膜。相对于晶态薄膜，非晶态薄膜是指在薄膜结构中原子的空间排列表现为短程有序和长程无序。

薄膜制备是一门迅速发展的材料技术，其制备方法可分为物理气相沉积（physical vapor deposition，PVD）和化学气相沉积（CVD）等。薄膜的制备方法综合了物理、化学、材料科学以及高技术手段。本章将简要介绍薄膜制备的基本方法和几类典型的制膜技术，主要内容有真空蒸镀、溅射镀膜、化学气相沉积等。

6.1　物理气相沉积——真空蒸镀

物理气相沉积是利用某种物理过程，如物质的热蒸发或在受到粒子轰击时物质表面原子的溅射等现象，实现物质原子从源物质到薄膜的可控转移过程。这种薄膜制备方法相对于化学气相沉积方法具有以下几个特点。

（1）需要使用固态的或者熔融态的物质作为沉积过程的源物质。

（2）源物质经过物理过程而进入气相。

（3）需要相对较低的气体压力环境。

（4）在气相中及在衬底表面并不发生化学反应。

PVD另外的特点是在低压环境中，其他气体分子对于气相分子的散射作用较小，气相分子的运动路径近似为一条直线；气相分子在衬底上的沉积概率接近100%。物理气相沉积技术中最为基本的两种方法是蒸镀法和溅射法：在薄膜沉积技术发展的最初阶段，蒸镀法相对于溅射法具有一些明显的优点，包括较高的沉积速率、相对较高的真空度，以及由此导致的较高的薄膜纯度等，因此蒸镀法受到相对较高的重视。但另一方面，溅射法也具有自己的一些特点，包括在沉积多元合金薄膜时化学成分容易控制、沉积层对衬底的附着力较好等。同时，现代技术对于合金薄膜材料的需求也促进了各种高速溅射方案以及高纯靶材、高纯气体制备技术的发展。这些都使得溅射法制备的薄膜质量得到了很大的改善。如今，不仅蒸镀法和溅射法两种物理气相沉积方法已经大量应用于各个技术领域，而且为了充分利用这两种方法各自的特点，还开发出许多介于上述两种方法之间新的薄膜制备技术。

6.1.1　真空蒸发镀膜

真空蒸镀是将需要制成薄膜的物质放于真空中进行蒸发或升华，使之在一定温度的工件（或称基片、衬底）表面上凝结沉积的过程。它是一种非常简单的薄膜制备技术，真空蒸镀设备也比较简单，除真空系统以外，它由真空室、蒸发热源、基片架、挡板以及监控系统等组成。许多物质都可以用蒸镀方法制成薄膜，当用多种元素同时蒸镀时，可获得一定配比的合金薄膜。真空蒸镀分为三个基本过程。

（1）被蒸发材料的加热蒸发。通过一定的加热方式，使被蒸发材料受热蒸发或升华，即由固态或液态转变为气态。

（2）气态原子或分子由蒸发源到衬底的输送。该过程主要受真空度、蒸发源衬底间距、被蒸发材料蒸气压影响。

（3）衬底表面的沉积过程。包括粒子与衬底表面的碰撞、粒子在衬底表面的吸附与解吸、表面迁移以及形核和生长等过程。

图 6-1 是真空蒸发镀膜设备的结构示意图。与溅射法相比，蒸镀法的显著特点之一是其较高的背底真空度。在较高的真空度下，不仅蒸发出来的物质原子或分子具有较长的平均自由程，可以直接沉积到衬底表面上，而且还可以确保所制备的薄膜具有较高的纯净程度。

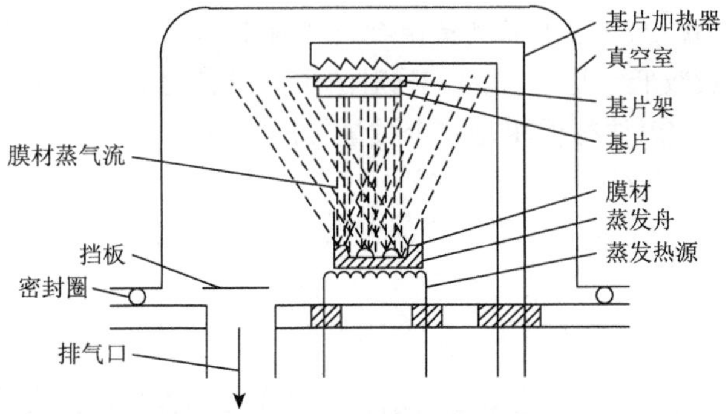

图 6-1　真空蒸发镀膜示意图

6.1.2　蒸发的分子动力学基础

在一定的温度下，处于液态或固态的元素都具有一定的平衡蒸气压。因此，当环境中元素的分压降低到其平衡蒸气压之下时，就会发生元素的净蒸发。当密闭容器内存在某种物质的凝聚相和气相时，气相蒸气压通常是温度的函数。在凝聚相和气相之间处于动态平衡时，从凝聚相表面不断向气相蒸发分子，同时也会有相当数量的气相分子返回到凝聚相表面。由于气相分子不断沉积于器壁与基片上，为保持热平衡，凝聚相不断向气相蒸发。从蒸发源蒸发出来的分子在向基片沉积的过程中，还不断与真空中残留的气体分子碰撞，使蒸发分子失去定向运动的动能，而不能沉积于基片上。真空中残留气体分子越多，即真空度越低，则沉积于基片上的分子越少。可见，从蒸发源发出的分子是否能全部到达基片，与真空中的残留气体有关。为了保证 80%～90%的蒸发元素到达基片，一般要求残留气体的平均自由程是蒸发源至基片距离的 5～10 倍。金属元素的单质多是以单个原子，有时也可能是以原子团的形式蒸发进入气相的。根据物质的蒸发特性，物质的蒸发情况又可划分为两种类型。第一种情况：即使温度达到物质的熔点，其平衡蒸气压也低于 10^{-1}Pa。在这种情况下，要想利用蒸发方法进行物理气相沉积，就需要将物质加热到其熔点以上。大多数金属的热蒸发属于这种情况。第二种情况：如 Cr、Ti、Mo、Fe、Si 等元素的单质，在低于熔点的温度下，其平衡蒸气压已经相对较高，可以直接利用其固态物质的升华现象，实现元素的气相沉积。

6.1.3　真空蒸发镀膜的纯度

薄膜的纯度是人们在制备薄膜材料时十分关心的问题。在真空蒸发镀膜的情况下，薄膜的纯度将取决于：①蒸发源物质的纯度；②加热装置、坩埚等可能造成的污染；③真空系统中残留的气体。前面两个因素的影响可以依靠使用高纯物质作为蒸发源以及改善蒸发装置的设计而得以避免，而后一个因素则需要从改善设备的真空条件入手来加以解决。沉积物中杂质的含量与残余气体的压强成正比，与薄膜的沉积速率成反比。要想制备高纯度的薄膜材料，一方面需要改善沉积的真空条件，另一方面需要提高物质的蒸发及沉积速率。由于真空蒸发方法易于做到上述两点，如薄膜的沉积速率可以达到 100nm/s，真空室压力可以低于 10^{-6}Pa，它可以制备出纯度极高的薄膜材料。与蒸镀法相比，溅射法制备的薄膜纯度一般较低。这是因为在溅射法中，薄膜的沉积速率一般要比蒸镀法低一个数量级以上，而真空度往往要相差 5 个数量级左右。

6.1.4　蒸发源

1. 蒸发源的组成

蒸发源一般有三种形式，如图 6-2 所示。一般而言，蒸发源应具备三个条件：能加热到平衡蒸气压在 1.33×10^{-2}～1.33Pa 时的蒸发温度；要求坩埚材料具有化学稳定性；能承载一定量的待蒸镀原料。应该指出，蒸发源的形状决定了蒸发所得镀层的均匀性。在物质蒸发的过程中，被蒸发原子的运动具有明显的方向性，并且蒸发原子运动的方向性对沉积薄膜的均匀性以及其微观组织都会产生影响。从理论上分析，蒸发源有两种类型，即点源和微面源。图 6-2 画出的自由蒸发源即相当于面蒸发源的情况。在蒸发沉积方法中经常使用的克努森盒型蒸发源，如图 6-2（a）所示，也相当于一个面蒸发源。它是在一个高温坩埚的上部开一个直径很小的小孔。在坩埚内，物质的蒸气压近似等于其平衡蒸气压；而在坩埚外，仍保持较高的真空度。与普通的面蒸发源相比，它具有较小的有效蒸发面积，因此它的蒸发速率较低。但同时其蒸发束流的方向性较好。最为重要的是，克努森盒的温度以及蒸发速率可以控制得极为准确。图 6-2（c）是以坩埚作为蒸发容器的蒸发源的一般情况，其蒸发速率的可控性介于克努森盒型和自由挥发型两种蒸发源之间。

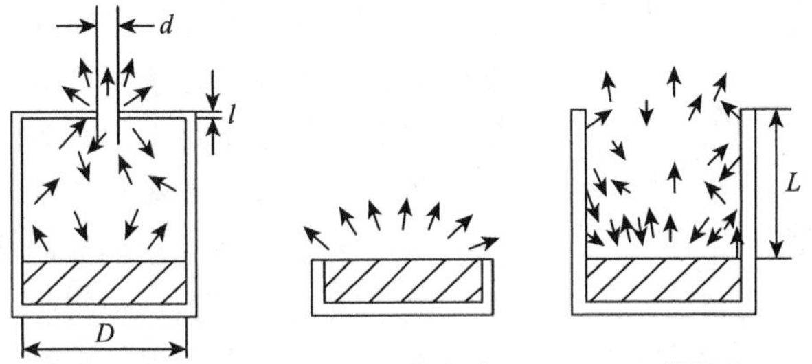

图 6-2　几种典型的蒸发源

2. 蒸发源的加热方式

真空中加热物质的方法主要有电阻加热法、电子束加热法、高频感应加热法、电弧加热法、激光加热法等几种。

1）电阻加热

应用最为普遍的一种蒸发加热装置是电阻式蒸发装置；对于加热用的电阻材料，要求其具有使用温度高、在高温下的蒸气压较低、不与被蒸发物质发生化学反应、无放气现象或造成其他污染、具有合适的电阻率等性质。这导致实际使用的电阻加热材料一般均是一些难熔金属，如 W、Mo、Ta 等。将钨丝制成各种等直径或不等直径的螺旋状，即可作为物质的电阻加热装置。在熔化以后，被蒸发物质或与钨丝形成较好的浸润，靠表面张力保持在螺旋状的钨丝中；或与钨丝完全不浸润，被钨丝的螺旋所支撑。显然，钨丝一方面起着加热器的作用，另一方面也起着支撑被蒸发物质的作用。对于不能使用钨丝装置加热的被蒸发物质，如一些材料的粉末等，可以考虑采用难熔金属板制成的舟状加热装置。选择加热装置需要考虑的问题之一是被蒸发物质与加热材料之间发生化学反应的可能性。很多物质会与难熔金属发生化学反应。在这种情况下，可以考虑使用表面涂一层 Al_2O_3 的热体。另外，还要防止被加热物质的放气过程可能引起的物质飞溅。应用各种材料，如高熔点氧化物、高温裂解 BN、石墨、难熔金属等制成的坩埚也可以作为蒸发容器。这时，对被蒸发物质的加热可以选取两种方法，即普通的电阻加热法和高频感应法。前者依靠缠于坩埚外的电阻丝实现加热，而后者依靠感应线圈在被加热的物质中或在坩埚中感生出感应电流来实现对蒸发物质的加热。显然，在后者的情况下，需要被加热的物质或坩埚本身具有一定的导电性。蒸发源材料的选择一般应满足以下要求：①蒸发温度下足够低的蒸气压，即蒸发源的熔点尽量高于蒸发温度；②高温下好的热稳定性，不发生高温蠕变；③高温下不与被蒸发材料反应；④对于不同的蒸发源，需要考虑其与被蒸发材料间的湿润关系，丝状蒸发源要求其与被蒸发材料间有良好的湿润性；⑤易于成形，要求做成易于薄膜材料蒸发的形状，且经济、耐用。电阻加热使用的蒸发源材料主要有 W、Mo、Nb 及石墨等，其优点是设备简单、操作方便；缺点是不能蒸发高熔点的薄膜材料，薄膜中会存在蒸发源材料的污染。

2）电子束加热

电阻加热装置的缺点之一是坩埚、加热元件以及各种支撑部件可能造成污染。另外，电阻加热法的加热功率或加热温度也有一定的限制。因此，电阻加热法不适用于高纯或难熔物质的蒸发。电子束加热法正好克服了电阻加热法的上述两个不足，已成为蒸发法高速沉积高纯物质薄膜的一种主要加热方法。如图 6-3 所示，在电子束加热装置中，被加热的物质放置于水冷坩埚中，电子束只轰击到其中很少的一部分物质，而其余的大部分物质在坩埚的冷却作用下一直处于很低的温度，即后者实际上变成了被蒸发物质的坩埚。因此，电子束加热方法可以做到避免坩埚材料的污染。在同一加热装置中可以安置多个坩埚，这使得人们可以同时或分别蒸发和沉积多种不同的物质。在图 6-3 所示的装置中，由加热的灯丝发射出的电子束受到数千伏偏置电压的加速，并经过横向布置的磁场偏转 270°后到达被轰击的坩埚处。磁场偏转法的使用可以避免灯丝材料的蒸发对沉积过程可能造成的污染。

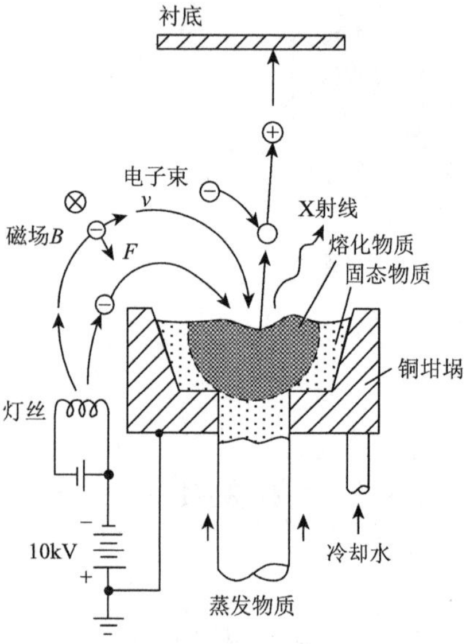

图 6-3　电子束加热装置示意图

电子束加热方法的一个缺点是电子束的绝大部分能量要被坩埚的水冷系统所带走，因而效率较低。另外，过高的加热功率会对整个薄膜沉积系统形成较强的热辐射。

3）高频感应加热

盛放材料的导电坩埚周围绕有高频线圈，当线圈中有高频电流时，坩埚中感应产生电流而升温，从而使材料受热气化。优点是可用大坩埚，蒸发面积大，速率高，蒸发温度易控制，操作简单。缺点是需配备昂贵的大功率电源。高频频率一般在 0.1MHz 至几兆赫，会对外界产生电磁干扰，需要进行电磁屏蔽。

4）电弧加热

与电子束加热方式相类似的一种加热方式是电弧加热法。被蒸发材料作为阴极，耐高温的钼杆作为阳极，端部呈尖状，在高真空下通电时，在两电极间有一定电压，使两电极间产生弧光放电，阴极材料蒸发。它也可以避免电阻加热材料或坩埚材料的污染，具有加热温度较高的特点，特别适用于熔点高，同时具有一定导电性的难熔金属、石墨等的蒸发。同时，这一方法所用的设备比电子束加热装置简单，因而是一种较为廉价的蒸发装置。但蒸发速率不易控制、重复性差。

5）激光加热

使用高功率的激光束作为能源进行薄膜蒸发沉积的方法称为激光蒸发沉积法。用激光束作为热源，使被蒸发材料气化，常用的有 CO_2、Ar 和红宝石等大功率激光器。显然，这种方法也具有加热温度高、可避免坩埚污染、材料的蒸发速率高、蒸发过程容易控制等特点。在实际应用中，多使用波长位于紫外波段的脉冲激光器作为蒸发的光源，如波长为 248m、脉冲宽度为 20ns 的 KrF 准分子激光器等。由于在蒸发过程中，高能激光光子可在瞬间将能量直接传递给被蒸发物质的原子，激光加热蒸发产生的粒子能量一般显著高于普通的蒸发方法。激光加热方法特别适用于蒸发那些成分比较复杂的合金或化合物材料，如近年来研究比较多的高温超导材料 $YBa_2Cu_3O_7$，以及铁电陶瓷、铁氧体薄膜等。这是因为高能量的激光束可以在较短的时间内将物质局部加热至极高的温度并产生物质的蒸发，在此过程中被蒸发出来的物质仍能保持其原来的元素比例。激光加热蒸发的优点是：激光束功率密度高，可加热到极高温度，适用于任何高熔点材料的蒸发；属于非接触加热，加热区域小，可以减小污染；温度高且加热迅速，有利于化合物材料的蒸发沉积，防止其分解和成分改变。缺点是：大功率激光器价格昂贵，制备成本高；存在容易产生微小的物质颗粒飞溅、影响薄膜均匀性等问题。

6.1.5　合金、化合物的蒸镀方法

当制备两种以上元素组成的化合物或合金薄膜时，仅使材料蒸发未必一定能获得与原物质同样成分的薄膜，此时需要通过控制原料组成来制作合金或化合物薄膜。对 SiO_2 和 B_2O_3 等氧化物而言，蒸发过程中相对成分难以改变，这类物质从蒸发源蒸发时，大部分是保持原物质分子状态蒸发的。然而，蒸发 ZnS、CdS、PdS 等硫化物时，这些物质的一部分或全部发生分解而飞溅，在蒸发物到达基片时又重新结合，只是大体上形成与原来组分相当的薄膜材料。实验结果也证实，这些物质的蒸镀膜与原来的薄膜材料并不完全相同。

1. 合金的蒸镀——闪蒸法和双蒸发源法

1）闪蒸蒸镀法

闪蒸蒸镀法就是把合金做成粉末或微细颗粒，在高温加热器或坩埚蒸发源中，使一个一个的颗粒瞬间完全蒸发。图 6-4 给出了闪蒸蒸镀法的示意图。

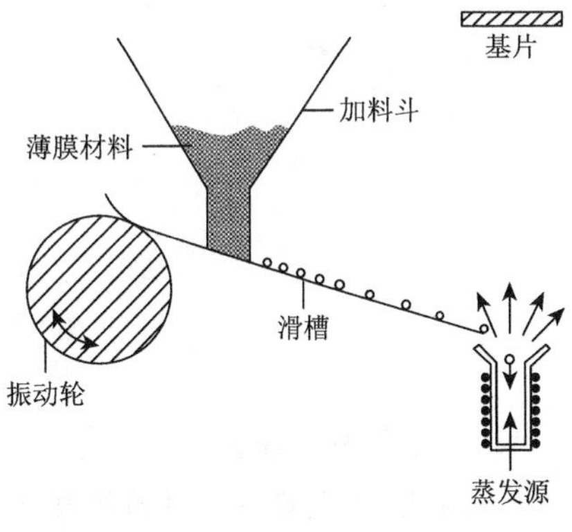

图 6-4　闪蒸蒸镀法的示意图

2）双蒸发源蒸镀法

双蒸发源蒸镀法就是把两种元素分别装入各自的蒸发源中，然后独立地控制各蒸发源的蒸发过程，该方法可以使到达基片的各种原子与所需要的薄膜组成相对应。控制蒸发源独立工作和设置隔板是关键技术，在各蒸发源发射的蒸发物到达基片前，绝对不能发生元素混合，如图 6-5 所示。

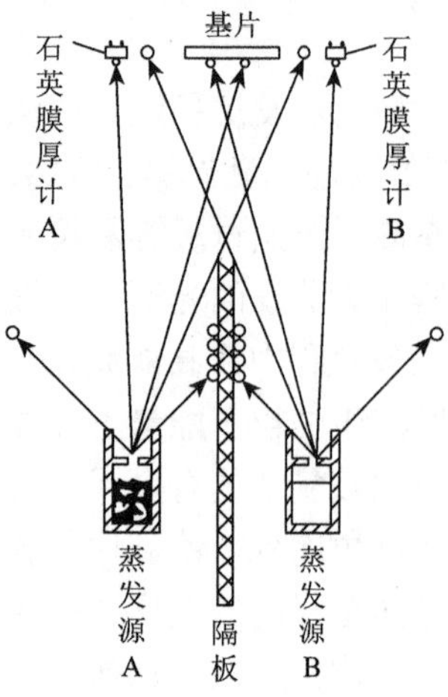

图 6-5　双蒸发源蒸镀法原理

2. 化合物蒸镀方法

化合物薄膜蒸镀方法主要有电阻加热法、反应蒸镀法、双蒸发源蒸镀法（三温度法和分子束外延法）。

1）反应蒸镀法

反应蒸镀即在充满活泼气体的气氛中蒸发固体材料，使两者在基片上进行反应而形成化合物薄膜。这种方法在制作高熔点化合物薄膜时经常被采用。例如，在空气或氧气中蒸发 SiO_2 来制备 SiO_2 薄膜；在氮气气氛中蒸发 Zr 制备 ZrN 薄膜；由 C_2H_4-Ti 系制备 TiC 薄膜等。图 6-6 是反应蒸镀 SiO_2 薄膜的原理，即在普通真空设备中引入 O_2。要准确地确定 SiO_2 的组成，可从氧气瓶引入 O_2，或对装有 Na_2O 粉末的坩埚进行加热，分解产生 O_2 在基片上进行反应。因为所制得的薄膜组成与晶体结构随气氛压力、蒸镀速率和基片温度三个参量而改变，所以必须适当控制三个参量，才能得到优良的 SiO_2 薄膜。

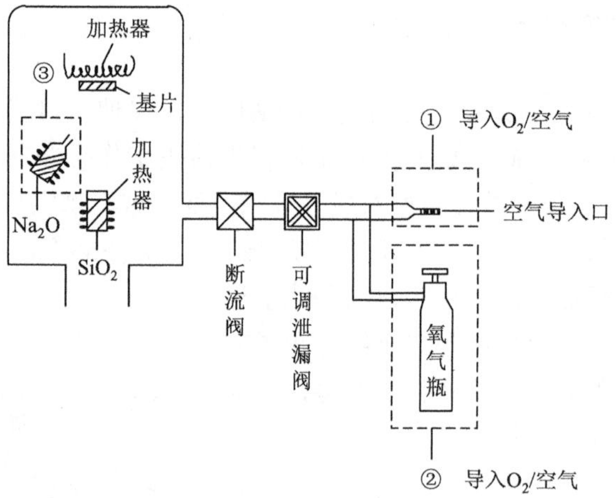

图 6-6　反应蒸镀 SiO_2 薄膜的原理

2）双蒸发源蒸镀

三温度法主要用于制备单晶半导体化合物薄膜。从原理上讲，就是双蒸发源蒸镀法。但也有区别，在制备薄膜时，必须同时控制基片和两个蒸发源的温度。三温度法是制备化合物半导体的一种基本方法，它实际上是在 V 族元素气氛中蒸镀III族元素，从这个意义上讲类似于反应蒸镀。图 6-7 就是典型的三温度法制备 GaAs 单晶薄膜的原理，实验中控制 Ga 蒸发源温度为 910℃，As 蒸发源温度为 295℃，基片温度为 425～450℃。

分子束外延法实际上为改进型的三温度法。当制备 $GaAs_xP_{1-x}$ 之类的三元混晶半导体化合物薄膜时，再加一蒸发源，即形成了四温度法。相应原理如图 6-8 所示。As 和 P 的蒸气压都很高，造成这些元素以气态存在于基片附近，As 和 P 的量难以控制。为了解决上述困难，就要设法使蒸发源发出的所有组成元素分子呈束状，而不构成整个腔体气氛，这就是分子束外延法的思想。

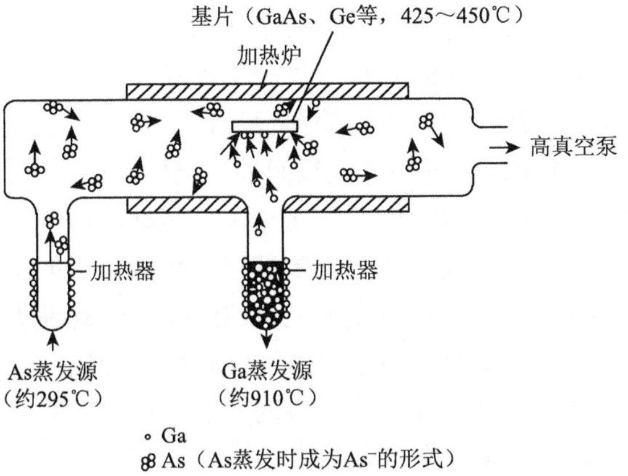

图 6-7　三温度法制备 GaAs 单晶薄膜原理

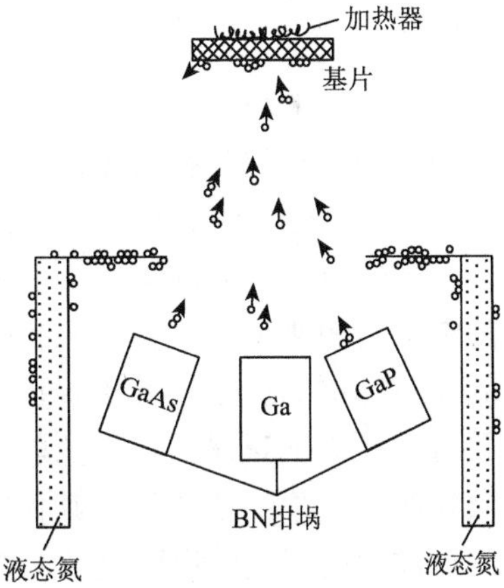

图 6-8　分子束外延法原理

6.2　物理气相沉积——溅射镀膜

薄膜物理气相沉积的第二大类方法是溅射法。溅射现象于 1842 年由 Grove 提出，1870 年开始将溅射现象用于薄膜的制备，但真正达到实用化却是在 1930 年以后。进入 20 世纪 70 年代，随着电子工业中半导体制造工艺的发展，需要制备复杂组成的合金。而用真空蒸镀的方法来制备合金膜或化合物薄膜，无法精确控制膜的成分。另外，蒸镀法很难提高蒸发原子的能量，从而使薄膜与基体结合良好。例如，加热温度为 1000℃时，蒸发原子平均动能只有 0.14eV 左右，导致蒸镀膜与基体附着强度较小；而溅射逸出的原子能量一般在 10eV 左右，为蒸镀原子能量的 100 倍以上，与基体的附着力远优于蒸镀法。随着磁控溅射方法的采用，溅射速率也相应提高了很多，溅射镀膜得到广泛应用。溅射镀膜与真空蒸发镀膜的区别是，前者以动量转换为主，后者以能量转换为主。

用高能粒子（大多数是由电场加速的正离子）撞击固体表面，在与固体表面的原子或分子进行能量交换后，从固体表面飞出原子或分子的现象称为溅射。入射离子与靶原子发生碰撞时把能量传给靶原子，在准弹性碰撞中，通过动量转移导致晶格的原子撞出，使表面粒子的能量足以克服结合能，逸出成为溅射粒子，在高压电场的加速作用下沉积到基底或工件表面形成薄膜的方法，称为溅射镀膜法。

溅射镀膜的特点是：①镀膜过程中无相变现象，使用的薄膜材料非常广泛；②沉积粒子能量大，并对衬底有清洗作用，薄膜附着性好；③薄膜密度高、杂质少；④膜厚可控性和重复性好；⑤可以制备大面积薄膜；⑥设备复杂，需要高压，沉积速率低。

在上述薄膜沉积的过程中，离子的产生过程与等离子体的产生或气体的放电现象密切相关，因而首先需要对气体放电这一物理现象有所了解，其后再详细介绍离子溅射以及薄膜的沉积过程。

6.2.1　气体放电理论

在讨论气体放电现象之前，先简要考察直流电场作用下物质的溅射现象。在图 6-9 所示的真空系统中，靶材是需要被溅射的材料，它作为阴极，相对于作为阳极并接地的真空室处于一定的负电位。沉积薄膜的衬底可以是接地的，也可以处于浮动电位或是处于一定的正、负电位。在对系统预抽真空以后，充入适当压力的惰性气体，例如，以氩气作为放电气体时，其压力范围一般处于 0.1～10Pa。在正、负电极间外加电压的作用下，电极间的气体原子将大量电离。电离过程使 Ar 原子电离为 Ar^+和可以独立运动的电子。其中的电子会加速飞向阳极；而带正电荷的 Ar^+则在电场的作用下加速飞向作为阴极的靶材，并在与靶材的撞击过程中释放出相应的能量。离子高速撞击靶材的结果之一是使大量的靶材表面原子获得相当高的能量，使其可以脱离靶材的束缚而飞向衬底。当然，在上述溅射的过程中，还伴随有其他粒子（包括二次电子等）从阴极的发射过程。相对而言，溅射过程比蒸发过程要复杂一些，其定量描述也困难一些。

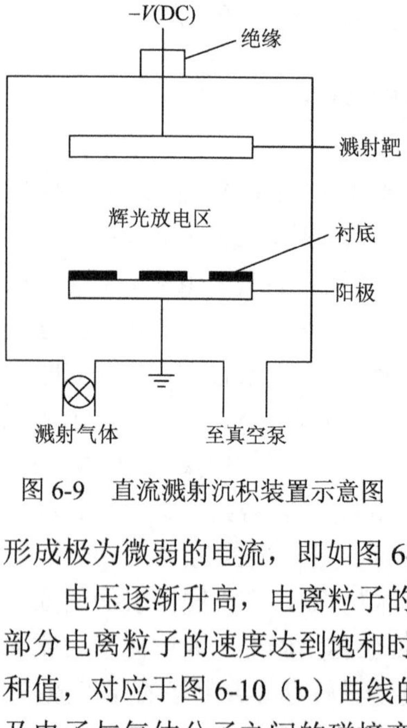

图 6-9　直流溅射沉积装置示意图

1. 气体的放电过程

由上面的介绍可知，气体放电是离子溅射过程的基础。下面简单讨论气体的放电过程。设有图 6-10 所示的一个直流气体放电体系。在阴阳两极之间由电动势为 E 的直流电源提供电压 V 和电流 I，并以电阻 R 作为限流电阻。在电路中，各参数之间应满足下述关系：

$$V = E - IR \tag{6-1}$$

使真空容器中氩气的压力保持为 1Pa，并逐渐提高两个电极之间的电压。在开始时，电极之间几乎没有电流通过，因为这时气体原子大多仍处于中性状态，只有极少量的电离粒子在电场的作用下做定向运动，形成极为微弱的电流，即如图 6-10（b）中曲线的开始阶段所示。

电压逐渐升高，电离粒子的运动速度也随之加快，即电流随电压上升而增加。当这部分电离粒子的速度达到饱和时，电流不再随电压升高而增加。此时，电流达到一个饱和值，对应于图 6-10（b）曲线的第一个垂直段。当电压继续升高时，离子与阴极之间以及电子与气体分子之间的碰撞变得重要起来。在碰撞趋于频繁的同时，外电路转移给电子与离子的能量也在逐渐增加。一方面，离子对于阴极的碰撞将使其产生二次电子发射；另一方面，电子能量也增加到足够高的水平，它们与气体分子的碰撞开始导致后者发生电离，如图 6-10（a）所示。这些过程均产生新的离子和电子，即碰撞过程使得离子和电子的数目迅速增加。这时，随着放电电流的迅速增加，电压的变化却不大。这一放电阶段称为汤森放电。

在汤森放电阶段的后期，放电开始进入电晕放电阶段。这时，在电场强度较高的电极尖端部位开始出现一些跳跃的电晕光斑。因此，这一阶段称为电晕放电。在汤森放电

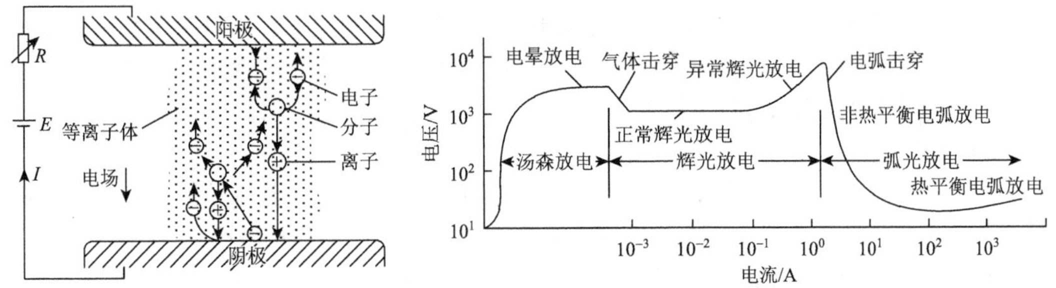

(a) 直流气体放电体系模型　　(b) 气体放电的伏安特性曲线

图 6-10　直流气体放电体系模型及伏安特性曲线

阶段之后，气体会突然发生放电击穿现象。这时，气体开始具备相当的导电能力。将这种具备了一定导电能力的气体称为等离子体。此时，电路中的电流大幅度增加，同时，放电电压却有所下降。这是由于这时的气体已被击穿，气体的电阻将随着气体电离度的增加而显著下降，放电区由原来只集中于阴极边缘和不规则处变成向整个电极表面扩展。在这一阶段，气体中导电粒子的数目大量增加，粒子碰撞过程伴随的能量转移也足够大，因此放电气体会发出明显的辉光。

电流的继续增加将使得辉光区域扩展到整个放电长度上，同时，辉光的亮度不断提高。当辉光放电区域充满了两极之间的整个空间之后，在放电电流继续增加的同时，放电电压又开始上升。这两个不同的辉光放电阶段常称为正常辉光放电和异常辉光放电阶段。异常辉光放电是一般薄膜溅射或其他薄膜制备方法经常采用的放电形式，因为它可以提供面积较大、分布较为均匀的等离子体，有利于实现大面积的均匀溅射和薄膜沉积。

随着电流的继续增加，放电电压将会突然大幅度下降，而电流强度会剧烈增加。这表明，等离子体自身的导电能力再一次迅速提高。此时，等离子体的分布区域发生急剧收缩，阴极表面开始出现很多小的（直径约 10μm）、孤立的电弧放电斑点。在阴极斑点内，电流的密度可以达到 10^8A/cm^2 的数量级。此时，气体放电开始进入弧光放电阶段。在弧光放电过程中，阴极斑点会产生大量焦耳热，并引起阴极表面局部温度大幅度升高。这不仅会导致阴极热电子发射能力的大幅度提高，还会导致阴极物质自身的热蒸发。与此相比，在阳极表面上，电流的分布并不像在阴极表面上那样集中。但即使如此，冷却不足也会造成放电斑点处温度过高和电极材料的蒸发。

2. 电离过程系数

溅射通常利用辉光放电时的正离子对阴极进行轰击。当作用于低压气体的电场强度超过某临界值时，将出现气体放电现象。气体放电时在放电空间会产生大量电子和阳离子，在极间的电场作用下它们将做迁移运动形成电流。低压气体放电是指电子获得电场能量，与中性气体原子碰撞引起电离的过程。Townsend 引入三个系数来分别表征放电管内存在的三个电离过程。

1）电子的电离系数 α

在电场作用下，电子获得一定能量，在向阳极运动的过程中与中性气体原子发生非弹性碰撞，使中性原子失去外层电子变成正离子和新的自由电子。这种现象会增殖而形成电子崩，电子电离系数就是表示自由电子经过单位距离，由于碰撞电离而增殖的自由电子数目或产生的电离数目。

2）正离子电离系数 β

正离子向阴极运动过程中，与中性分子碰撞而使分子电离。经单位距离由正离子碰撞产生的电离次数用 β 表示。与电子相比，正离子引起的电离作用较小。

3）二次电子发射系数 γ

击中阴极靶面的正离子使阴极逸出二次电子，称为二次电子发射。一般而言，气体的电离电位较高，阴极靶的电子逸出功较低时，系数 γ 也较大。二次电子的发射，增加了阴极附近的电子数量。

3. 辉光放电

当低压放电管外加电压超过点燃电压后，放电管能自持放电，并发出辉光，这种放电现象称为辉光放电。从阴极到阳极可将辉光放电分成三个区域，即阴极放电区、正柱区及阳极放电区三个部分。其中阴极放电区最复杂，可分成阿斯顿暗区、阴极辉光层、克鲁克斯暗区、负辉光区以及法拉第暗区几个部分，如图 6-11 所示。

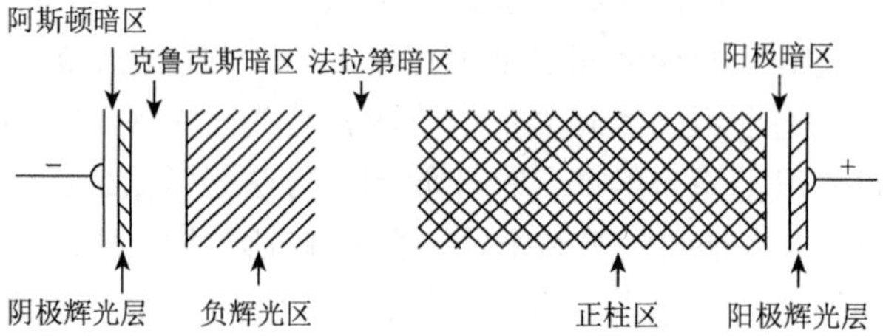

图 6-11　正常辉光放电的外貌示意

1）阿斯顿暗区

该区紧靠阴极表面一层，由于电子刚刚从阴极表面逸出，能量较小，还不足以使气体激发电离，所以不发光，但电子在该区可获得激发气体原子所必需的能量。

2）阴极辉光层

电子获得足够的能量后，能使气体原子激发而发光，形成阴极辉光层。

3）克鲁克斯暗区

随着电子在电场中获得的能量不断增加，气体原子产生大量电离，在该区域内电子的有效激发电离随之减小，发光变得微弱。该区域称为克鲁克斯暗区。

4）负辉光区

从阴极逸出的电子经过多次非弹性碰撞，大部分电子能量降低，加上阴极暗区电离产生大量电子进入这一区域，导致负空间电荷堆积而产生光能，形成负辉光区。

5）法拉第暗区

法拉第暗区即负辉光区至正柱区的中间过渡区。电子在该区内由于加速电场很小，继续维持其低能状态，发光强度较弱。

6）阳极暗区

阳极暗区是正柱区和阳极之间的区域，它是一个可有可无的区域，取决于外电路电流大小及阳极面积和形状等因素。

以上辉光放电区域虽然具有不同的特征，但紧密联系，其中阴极区最重要，当阴极和阳极之间距离缩短时，首先消失的是阳极区，接着是正柱区和法拉第暗区。若极间距进一步缩小，则不能保证原子的离子化，辉光放电终止。

4. 溅射机理

1）溅射蒸发论

蒸发论由 Hippel 于 1926 年提出，后由 Sommermeyer 于 1935 年进一步完善。基本思想是：溅射的发生是由于轰击离子将能量转移到靶上，在靶上产生局部高温区，使靶材从这些局部区域蒸发。按这一观点，溅射率是靶材升华热和轰击离子能量的函数，溅射原子成膜应该与蒸发成膜一样呈余弦函数分布。早期的实验数据支持这一理论。然而，进一步的实验证明，上述理论存在严重缺陷，主要有以下几点：①溅射粒子的分布并非符合余弦规律；②溅射量与入射离子质量和靶材原子质量之比有关；③溅射量取决于入射离子的方向。

2）动量转移理论

动量转移理论由 Stark 于 1908 年提出，Compton 于 1934 年完善。这种观点认为，轰击离子对靶材轰击时，与靶材原子发生了弹性碰撞，从而使靶材表面原子获得了动量而形成溅射原子。

5. 溅射的一般特性

1）溅射阈值

溅射阈值是指使靶材原子发生溅射的最小的入射离子能量，当入射离子能量小于溅射阈值时，就不能发生溅射现象。其值大小主要取决于溅射靶材料。周期表中同一周期的元素，溅射阈值随着原子序数增加而减小。对于大多数金属，溅射阈值为 10～20eV。

2）溅射率

溅射率是衡量溅射效率的重要参量，它表示正离子轰击靶阴极时，平均每个正离子能从靶阴极上打出的粒子数，又称溅射产额或溅射系数。

3）溅射粒子

溅射粒子指从靶材上被溅射下来的物质微粒。溅射粒子的状态多为单原子。溅射粒子的能量和速度也是描述溅射特性的重要物理参数。一般由蒸发源蒸发出来的原子的能量为 0.1eV 左右，溅射粒子的能量比蒸发原子能量大 1～2 个数量级，为 5～10eV。溅射中，由于溅射粒子是与高能量的入射离子交换动量而飞溅出来的，所以溅射粒子具有较大的能量，使得用溅射法制备的薄膜与基片之间有优良的附着性。

4）溅射粒子的角度分布

溅射粒子的角度分布与入射离子的方向有关，溅射粒子逸出的主要方向与晶体结构有关。

6.2.2　几种典型的溅射镀膜方法

根据材质的不同可以将溅射法使用的靶材分为纯金属、合金以及各种化合物等。一般来讲，金属与合金的靶材可以通过冶炼或粉末冶金的方法制备，其纯度及致密性较好；化合物靶材多采用粉末热压的方法制备，其纯度及致密性往往要逊于前者。

主要的溅射方法可以根据其特征分为四种：直流溅射、射频溅射、磁控溅射、反应溅射。另外，利用各种离子束源也可以实现薄膜的溅射沉积。

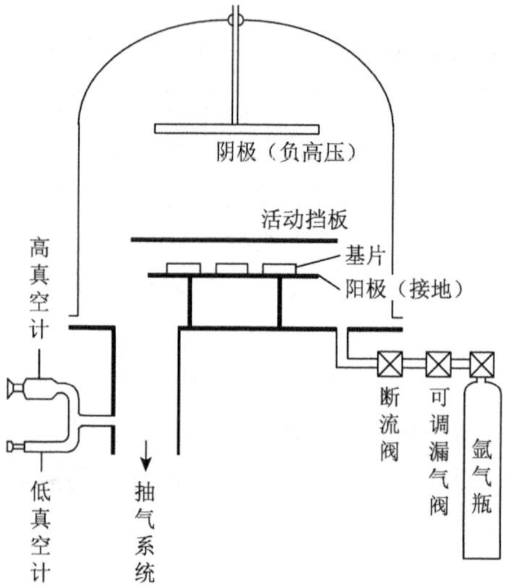

图 6-12　典型的二极直流溅射设备原理

1. 直流溅射

典型的二极直流溅射设备原理如图 6-12 所示，它由一对阴极和阳极组成的二极冷阴极辉光放电管组成。阴极相当于靶，阳极同时起支撑基片的作用。氩气压保持在 0.133～13.3Pa，附加直流电压在千伏数量级时，则在两极之间产生辉光放电，于是 Ar^+ 由于受到阴极位降而加速，轰击靶材表面，使靶材表面逸出原子，溅射出的粒子沉积于阳极处的基片上，形成与靶材组成相同的薄膜。

影响直流溅射成膜的主要参数有阴极位降、阴极电流、溅射气体压力等。随着溅射气压升高和两极间距的增加，从靶材表面向基片飞行中的溅射粒子因不断与气体分子或离子碰撞损失动能而不能到达基片。溅射的物质量正比于溅射装置所消耗的电功率，反比于气压和极间距。

二极直流溅射是溅射方法中最简单的，然而有很多缺点，其中最主要的是放电不够稳定，需要较高起辉电压，并且由于局部放电常会影响制膜质量。此外，二极直流溅射以靶材为阴极，所以不能对绝缘体进行溅射。

直流溅射与真空蒸镀相比有以下特点：

（1）直流溅射应用更广，对熔点高、蒸气压低的元素同样适用。

（2）直流溅射制备的薄膜膜层与基片的附着力比真空蒸镀薄膜更强。

（3）直流溅射只适用于溅射导体材料，不适用于绝缘材料，因此直流溅射只适用于制备金属薄膜，并且直流溅射的成膜速率较慢，约为真空蒸镀的 1/10。

2. 射频溅射

使用直流溅射方法可以很方便地溅射沉积各类合金薄膜，但这一方法的前提之一是靶材应具有较好的导电性。一定的溅射速率需要一定的工作电流，因此要用直流溅射方法溅射导电性较差的非金属靶材，就需要大幅度地提高直流溅射电源的电压，以弥补靶材导电性不足引起的电压降。因此，对于导电性很差的非金属材料溅射，需要一种新的溅射方法。

射频溅射是适用于各种金属和非金属材料的一种溅射沉积方法。在直流溅射设备的两电极之间接上交流电源。当交流电源的频率低于 50kHz 时，气体放电的情况与直流时相比没有什么根本的改变，气体中的离子仍可及时到达阴极完成放电过程。唯一的差别只是在交流的每半个周期后阴极和阳极的电位互相调换。这种电位极性的不断变化导致阴极溅射交替式地在两个电极上发生。

当频率超过 50kHz 以后，放电过程开始出现以下两个变化：第一，在两极之间等离子体中不断振荡运动的电子将可从高频电场中获得足够的能量，更有效地与气体分子发生碰撞并使后者发生电离；由电离过程产生的二次电子对于维持放电过程的相对重要性下降。因此，射频溅射可以在 1Pa 左右的低压下进行，沉积速率也因气体分子散射少而较二极直流溅射时为高。第二，高频电场可以经由其他阻抗形式耦合进入沉积室，而不必再要求电极一定是导体。因此，采用高频电源可使溅射过程摆脱对靶材导电性能的限制。

采用高频电压时，可以溅射绝缘体靶材。绝缘体靶表面上的离子和电子的交互撞击作用，使靶表面不会蓄积正电荷，因而同样可以维持辉光放电。一般而言，高频放电的点燃电压远低于直流或低频时的放电电压。一般来说，溅射法使用的高频电源的频率已属于射频的范围，其频率区间一般为 5～30MHz。国际上通常采用的射频频率多为美国联邦通信委员会（Federal Communications Commission，FCC）建议的 13.56MHz。

3. *磁控溅射*

相对于蒸发镀膜，一般的溅射沉积方法具有两个缺点：第一，溅射沉积薄膜的沉积速率较低，大约为 50nm/min，这个速率约为蒸镀速率的 1/10～1/5，因而大大限制了溅射技术的推广应用；第二，溅射所需的工作气压较高，否则电子的平均自由程太长，放电现象不易维持。这两个缺点的综合效果是气体分子对薄膜产生污染的可能性较高。因此，磁控溅射技术作为一种沉积速率较高、工作气体压力较低的溅射技术具有其独特的优越性。

在溅射装置中附加磁场，当磁场与电场正交时，垂直方向分布的磁力线可以将电子约束在靶材表面附近，延长其在等离子体中的运动轨迹，提高它参与气体分子碰撞和电离过程的概率。因此，在溅射装置中引入磁场，既可以降低溅射过程所需的气体压力，也可以在同样的电流和气压条件下显著提高溅射的效率和沉积的速率。

磁控溅射是通过在靶阴极表面引入磁场，利用磁场束缚和延长电子的运动路径，改变电子的运动方向，提高工作气体的电离率，有效利用电子的能量以增加溅射率的方法。

一般溅射镀膜的最大缺点是溅射速率较低和电子使基片温度升高。而磁控溅射正好弥补了这一缺点。与一般溅射相比，磁控溅射的不同之处是在靶表面设置一个平行于靶表面的横向磁场，此磁场是放置于靶内的磁体产生的。磁控溅射基本原理如图 6-13 所示，电子在电场的作用下加速飞向基片的过程中与氩原子发生碰撞，若电子具有足够大的能量（约 30eV），则电离出 Ar^+和另一个电子。电子飞向基体，Ar^+在电场 E 的作用下加速飞向阴极靶材并以高能量轰击靶表面，使靶材产生溅射。在溅射粒子中，靶原子或分子沉积在基体上形成薄膜。溅射出的二次电子一旦离开靶面，就同时受到电场和磁场作用。由物理学知识可知，处在电场 E 和磁场 B 正交作用下，电子的运动轨迹是以轮摆线的形式沿靶面运动的。二次电子在环形磁场的控制下，运动路径不仅很长，而且被磁场束缚在靠近靶表面的等离子体区域内，增加了同工作气体分子的碰撞概率，在该区内电离出大量的 Ar^+ 轰击靶材，从而实现了磁控溅射高速沉积的特点。二次电子每经过一次碰撞就损失一部分能量，经多次碰撞后，其能量逐渐降低成为低能电子，同时逐渐远离靶面，沿着磁力线在电场 E 的作用下到达基体。由于该电子的能量很低，传给基体的能量很少，也就不会使基体过热，因此基体的温度大大降低。

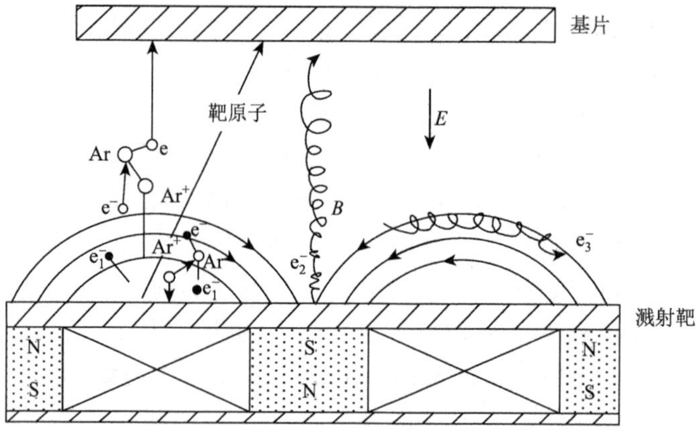

图 6-13　磁控溅射基本原理

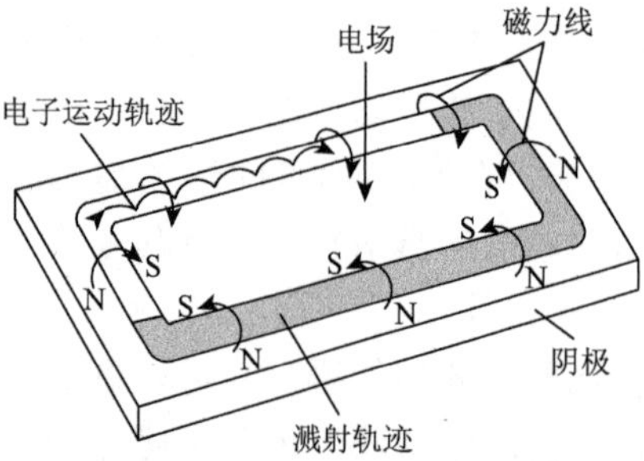

图 6-14　磁控溅射靶材表面的磁场及电子的运动轨迹

一般平面磁控溅射靶的磁场布置形式如图 6-14 所示。这种磁场设置的特点是在靶材的部分表面上方使磁场与电场方向垂直，从而将电子的轨迹限制到靶面的附近，提高了电子碰撞和电离的效率，且有效减少对作为阳极衬底的电子轰击，抑制衬底温度升高。实际的做法可将永久磁体或电磁线圈放置在靶的后方，从而造成磁力线先穿出靶面，然后变成与电场方向垂直，最终返回靶面的效果，即如图 6-14 中所示的磁力线方向那样。

在溅射过程中，由阴极发射出的电子在电场的作用下具有向阳极运动的趋势。但是，在垂直磁场的作用下，它的运动轨迹极其弯曲而重新返回靶面，就如同在电子束蒸发装置中电子束被磁场折向盛有被蒸发物质的坩埚一样。在与靶面平行的磁场作用下，这部分电子的运动轨迹将是一条摆线。因此，在靶面上将出现一条电子密度和原子电离概率极高，同时离子溅射概率极高的环形跑道状的溅射带。

磁控溅射方法典型的工作条件为：工作气压 0.5Pa、靶电压 600V、靶电流密度 20mA/cm^2、薄膜沉积速率 2μm/min。

目前，磁控溅射已成为应用最广泛的一种溅射沉积方法，其主要原因是磁控溅射法的沉积速率可以比其他溅射方法高出一个数量级。这一方面要归结于磁场中电子的电离效率较高，有效地提高了靶电流密度和溅射效率，而靶电压则因气体电离度的提高而大幅度下降。另一方面，还因为在较低气压下溅射原子被气体分子散射的概率较小。磁场有效地提高了电子与气体分子的碰撞概率，因而工作的气压可以降低到二极直流溅射气压的 1/20，即可由 10Pa 降低至 0.5Pa。这一方面将降低薄膜污染的可能性，另一方面也将提高入射到衬底表面原子的能量，后者可在很大程度上改善薄膜的质量。这些特性决定了磁控溅射具有沉积速率高、维持放电所需的靶电压低、电子对于衬底的轰击能量小、容易实现在塑料等衬底上的薄膜低温沉积等显著的特点。

但是，磁控溅射也存在对靶材的溅射不均匀、不适合铁磁性材料的溅射等缺点。

4. 反应溅射

制备化合物薄膜时，可以考虑直接使用化合物作为溅射的靶材。但在有些情况下，溅射时会发生气态或固态化合物分解的情况。这时，沉积得到的薄膜往往在化学成分上与靶材有很大的差别。电负性较强的元素含量一般会低于化合物正确的化学计量比。例如，在溅射 SnO_2、SiO_2 等氧化物薄膜时，经常会发生沉积产物中氧含量偏低的情况。

显然，发生上述现象的原因是在溅射环境中，相应元素的分压低于化合物形成所需要的平衡压力。因此，解决问题的办法可以是调整溅射室内的气体组成和压力，在通入氩气的同时通入相应的活性气体，从而抑制化合物的分解倾向。也可以采用纯金属作为溅射靶材，但要在工作气体中混入适量的活性气体，如 O_2、N_2、NH_3、CH_4、H_2S 等，使金属原子与活性气体在溅射沉积的同时生成所需的化合物。一般认为，化合物薄膜是在原子沉积的过程中，由溅射粒子与活性气体分子在衬底表面发生化学反应而形成的。这种在沉积的同时形成化合物的溅射技术称为反应溅射方法。利用这种方法不仅可以制备 Al_2O_3、SiO_2、In_2O_3、SnO_2 等氧化物，还可以制备其他的化合物，如 SiC、WC、TiC 等。

显然，通过控制反应溅射过程中活性气体的压力，得到的沉积产物可以是有一定固溶度的合金固溶体，也可以是化合物，甚至还可以是上述两相的混合物。例如，在含 N_2 的气氛中溅射 Ti，薄膜中可能出现的相包括 Ti、Ti_2N、TiN 以及它们的混合物。提高等离子体中活性气体 N_2 的分压，将有助于形成氮含量较高的化合物。

反应溅射装置中一般设有引入活性气体的入口，并且基片应预热到 500℃左右的温度。此外，要对溅射气体与活性气体的混合比例进行适当控制。通常情况下，对于二极直流溅射，氩气加上活性气体后的总压力为 1.3Pa，而在射频溅射时一般为 0.6Pa 左右。

6.2.3　离子成膜

离子成膜可分为离子镀、离子束沉积和离子注入。

1. 离子镀

离子镀是将真空蒸发与溅射结合的技术，是“辉光放电中的蒸发法”。即利用气体

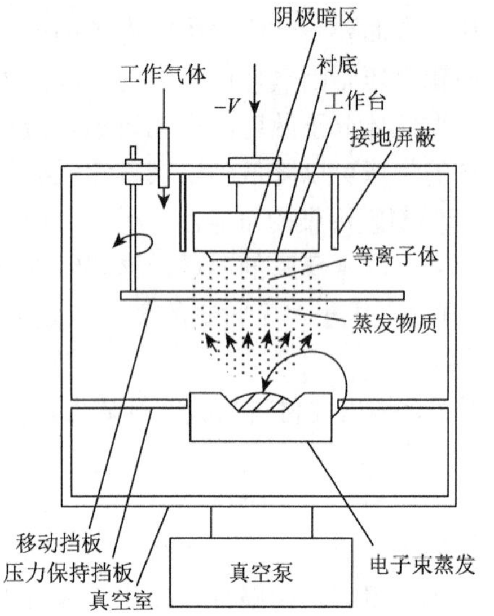

图 6-15　二极直流放电离子镀装置的示意图

放电产生等离子体，同时将膜层材料蒸发，一部分物质被离子化，一部分变为激发态的中性粒子。离子在电场作用下轰击衬底表面，起清洁作用，中性粒子沉积于衬底表面成膜。

离子镀的特点是：膜层附着性好，密度高，沉积温度相对较低，沉积速率大。

图 6-15 是其中比较有代表性的二极直流放电离子镀的示意图。这种方法使用电子束蒸发法提供沉积的物质，同时以衬底作为阴极、整个真空室作为阳极组成一个类似于二极直流溅射装置的系统。在沉积前和沉积中采用高能量的离子流对衬底和薄膜表面进行溅射处理。在这一技术中同时采用了蒸发和溅射两种手段，因而从装置的设计上，可以认为它就是由二极直流溅射以及电子束蒸发两部分结合而成的。

在沉积薄膜之前，先向真空室内充入 0.1～1.0Pa 压力的氩气。其次，在阴阳两极之间施加一定的电压，使气体发生辉光放电，产生等离子体。离子在 2～5kV 的电压下对衬底进行轰击，其作用是对衬底表面进行清理，溅射清除其表面的污染物。紧接着，在不间断离子轰击的情况下开始蒸发沉积过程，但要保证离子轰击产生的溅射速率低于蒸发沉积的速率。在这一过程中，蒸发源蒸发出来的粒子将与等离子体发生相互作用。由于惰性气体氩气的电离能比蒸发元素原子的电离能更高，在等离子体内将会发生氩离子与蒸发原子之间的电荷交换、蒸发原子发生部分电离的过程。含有相当数量离子的蒸发物质在两极之间加速，并带着相应的能量轰击衬底表面。在沉积层开始形成以后，离子轰击和溅射的过程可以持续下去，也可以周期性地进行。

离子镀的主要优点在于它所制备的薄膜与衬底之间具有良好的附着力，并且薄膜结构致密。这是因为在蒸发沉积之前以及沉积的同时用离子轰击衬底和薄膜表面，可以在薄膜与衬底之间形成粗糙洁净的界面，并形成均匀致密的薄膜结构和抑制柱状晶生长。前者可以提高薄膜与衬底间的附着力，而后者则可以提高薄膜的致密性、细化薄膜微观组织。离子镀的另一个优点是它可以提高薄膜对于复杂外形表面的覆盖能力，或称为薄膜沉积过程的绕射能力。离子镀具备这一特性的原因是：与纯粹的蒸发沉积相比，在离子镀进行的过程中，沉积原子将从与离子的碰撞中获得一定的能量，加上离子本身对薄膜的轰击，这些均会使得原子在沉积至衬底表面时具有更高的动能和迁移能力。

2. *离子束沉积*

按离子束功能，可分为一次离子束沉积（低能离子束沉积，又称离子束沉积，离子束由膜层材料离子组成）和二次离子束沉积（离子束溅射沉积）。离子束由惰性气体或反应气体的离子组成。低能离子束沉积是指固态物质的离子束直接打在衬底上沉积成膜，它要求的离子束能量低，在 100eV 左右。离子束溅射沉积是指用惰性气体产生的具较高能量的离子束轰击靶材，进行溅射沉积，设备组成为离子源、离子引出极、沉积室三部分，对于化合物，可用反应离子束溅射沉积。

图 6-16 是离子束溅射薄膜沉积装置的示意图。产生离子束的独立装置称为离子枪，它提供一定束流强度、一定能量（如 10～50mA、0.5～2.5keV）的氩离子流。离子束以一定的入射角度轰击靶材并溅射出其表层的原子，后者沉积到衬底表面即形成薄膜。在靶材不导电的情况下，需要在离子枪外或靶材的表面附近用直接对离子束提供电子的方法，中和离子束所携带的电荷。

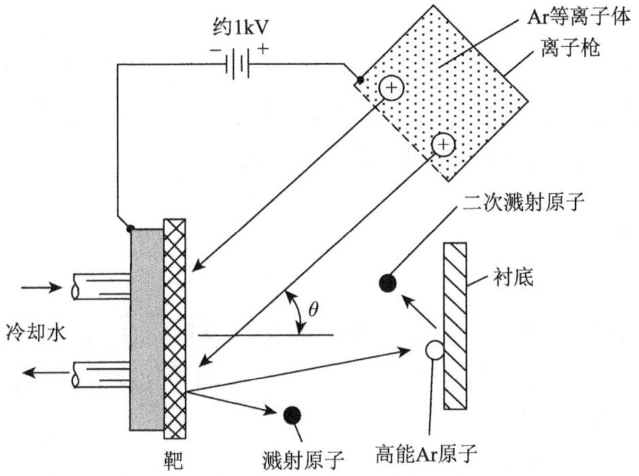

图 6-16　离子束溅射薄膜沉积装置的示意图

离子束溅射是在较高的真空度条件下进行的，因此它的显著特点之一是其气体杂质的污染小，容易提高薄膜的纯度。其次，离子束溅射做到了在衬底附近没有等离子体的存在，因此也就不会产生等离子体轰击导致衬底温度上升、电子和离子轰击损伤等一系列问题。再者，由于可以做到精确地控制离子束的能量、束流的大小与束流的方向，而且溅射出的原子可以不经过碰撞过程直接沉积为薄膜，因此离子束溅射方法很适合作为一种薄膜沉积的研究手段。离子束溅射方法的缺点是其装置过于复杂，薄膜的沉积速率较低，且设备的运行成本较高。

3. 离子注入

离子注入是指将大量高能离子注入衬底成膜。当衬底中注入的气体离子浓度接近衬底物质的原子密度时，因衬底固溶度的限制，注入离子与衬底元素发生化学反应，形成化合物薄膜。该方法要求的离子束能量高，为 20～400keV。

6.3　化学气相沉积

化学气相沉积（CVD）是与物理气相沉积（PVD）相联系但又截然不同的一类薄膜沉积技术。顾名思义，化学气相沉积技术是利用气态的先驱反应物，通过原子、分子间化学反应的途径生成固态薄膜的技术，与 PVD 时的情况不同，CVD 过程多是在相对较高的压力环境下进行的，因为较高的压力有助于提高薄膜的沉积速率。此时，气体的流动状态已处于黏滞流状态。气相分子的运动路径不再是直线，它在衬底上的沉积概率取决于气压、温度、气体组成、气体激发状态、薄膜表面状态等多个复杂因素的组合。这一特性决定了 CVD 薄膜可以均匀地涂覆在复杂零件的表面。

利用 CVD 方法，可以制备的薄膜种类范围很广，包括固体电子器件所需的各种薄膜、轴承和工具的耐磨涂层、发动机或核反应堆部件的高温防护涂层等。特别是在高质量的半导体晶体外延技术以及各种介电薄膜的制备中，大量使用了 CVD 技术。同时，这些实际应用又极大地促进了 CVD 技术的发展。

CVD 技术除可以用于各种高纯晶态、非晶态的金属、半导体、化合物薄膜的制备之外，还可以有效地控制薄膜的化学成分，具有高的生产效率和低的设备及运行成本，与其他相关工艺具有较好的相容性等，因而被广泛采用。

6.3.1　基本概念

CVD 是指利用流经衬底表面的气态物料的化学反应，生成固态物质，在衬底表面形成薄膜的方法。CVD 与 PVD 的区别就在于 CVD 依赖于化学反应生成固态薄膜。

1）化学气相沉积优缺点

（1）优点：设备操作简单；可通过气体原料流量的调节，在较大范围内控制产物组分，可制备梯度膜、多层单晶膜，并实现多层膜的微组装；薄膜晶体质量好，薄膜致密，膜层纯度高；适用于金属、非金属及合金等多种膜的制备；可在远低于熔点或分解温度下实现难熔物的沉积，且薄膜黏附性好；可获得平滑沉积表面，且易实现外延。

（2）缺点：反应温度相对较高，一般在 1000℃左右；反应气体及挥发性产物常有毒、易燃爆、有腐蚀性，须采取防护和防止环境污染的措施；局部成膜困难，沉积速率较低。

2）CVD 薄膜生长过程

一般认为 CVD 成膜有几个主要阶段：反应气体向衬底表面的输送扩散；反应气体在衬底表面的吸附；衬底表面气体间的化学反应，生成固态和气态产物；固态生成物粒子经表面扩散成膜，气态生成物由内向外扩散和表面解吸。

3）CVD 的分类

按沉积温度，可分为低温 CVD（200～500℃）、中温 CVD（500～1000℃）和高温 CVD（1000～1300℃）三种。按反应器内压力，可分为常压 CVD 和低压 CVD。按反应器壁的温度，可分为热壁式 CVD 和冷壁式 CVD。按反应时反应器中是否有气体的流入和流出，分流通式与封闭式两种。按反应激活方式，可分为普通 CVD、热激活 CVD、等离子体激活 CVD 等。

6.3.2　反应原理

应用 CVD 方法原则上可以制备各种材料的薄膜，如单质、氧化物、硅化物、氮化物等薄膜。根据要形成的薄膜，采用相应的化学反应及适当的外界条件，如温度、气体浓度、压力等参数，即可制备各种薄膜。CVD 技术所涉及的化学反应类型可以分为以下几类。

1）热分解反应

许多元素的氢化物、羟基化合物和有机金属化合物可以以气态存在，并且在适当的条件下会在衬底表面发生热分解反应和薄膜的沉淀。典型的热分解反应薄膜制备是外延生长多晶硅薄膜，如利用硅烷 SiH_4 在较低温度下分解，可以在基片上形成硅薄膜，还可以在硅膜中掺入其他元素，控制气体混合比，即可以控制掺杂浓度。相应的反应如下：

$$SiH_4 \longrightarrow Si + 2H_2 \tag{6-2}$$

$$PH_3 \xrightarrow{\triangle} P + \frac{3}{2}H_2 \tag{6-3}$$

$$B_2H_6 \xrightarrow{\triangle} 2B + 3H_2 \tag{6-4}$$

2）氢还原反应

另外一些元素的卤化物、羟基化合物、卤氧化物等虽然也可以以气态形式存在，但它们具有相当的热稳定性，因而需要采用适当的还原剂才能将这些元素置换、还原出来。如利用 H_2 还原 $SiCl_4$ 制备单晶硅薄膜，反应式如下：

$$SiCl_4 + 2H_2 \xrightarrow{\triangle} Si + 4HCl \tag{6-5}$$

各种氯化物还原反应有可能是可逆的，取决于反应系统的自由能，控制反应温度、氢与反应气的浓度比、压力等参数，对正反应进行是有利的。例如，利用 $FeCl_2$ 还原反应制备 α-Fe，就需要控制上述参数：

$$FeCl_2 + H_2 \xrightarrow{\triangle} Fe + 2HCl \tag{6-6}$$

3）氧化反应

氧化反应主要用于在基片表面生长氧化膜，如 SiO_2、Al_2O_3、TiO_2 等。使用的原料主要有卤化物、氯酸盐、氧化物或有机化合物等，这些化合物能与各种氧化剂进行反应。为了生成氧化硅薄膜，可以用硅烷或四氯化硅和氧反应，即

$$SiH_4 + O_2 \xrightarrow{\triangle} SiO_2 + 2H_2 \tag{6-7}$$

$$SiCl_4 + O_2 \xrightarrow{\triangle} SiO_2 + 2Cl_2 \tag{6-8}$$

为了形成氧化物，还可以采用加水反应，即

$$SiCl_4 + 2H_2O \xrightarrow{\triangle} SiO_2 + 4HCl \tag{6-9}$$

$$2AlCl_3 + 3H_2O \xrightarrow{\triangle} Al_2O_3 + 6HCl \tag{6-10}$$

4）置换反应

只要所需物质的反应先驱体可以以气态形式存在并且具有反应活性，就可以利用化学气相沉积的方法，将相应的元素通过置换反应沉积出来并形成其化合物，如各种碳化物、氮化物、硼化物的沉积。

$$SiCl_4 + CH_4 \xrightarrow{\triangle} SiC + 4HCl \tag{6-11}$$

$$TiCl_4 + CH_4 \xrightarrow{\triangle} TiC + 4HCl \tag{6-12}$$

5）歧化反应

某些元素具有多种气态化合物，其稳定性各不相同。外界条件的变化往往可以促使一种化合物转变为另一种稳定性较高的化合物。这时可以利用歧化反应实现薄膜的沉积，如

$$2GeI_2 \xrightleftharpoons{300\sim600℃} Ge + GeI_4 \tag{6-13}$$

就属于歧化反应。有些金属卤化物具有这类特性，即其中的金属元素往往可以两种不同的价态构成不同的化合物。提高温度有利于提高低价化合物的稳定性。例如，在上例中，GeI_2 和 GeI_4 中的 Ge 分别以 +2 价和 +4 价的形式存在，而提高温度有利于 GeI_2 的形成。根据上述特性可以调整反应室的温度，实现 Ge 的转移和沉积。具体的做法是在高温（600℃）下让 GeI_4 气体通过 Ge 而形成 GeI_2，然后在低温（300℃）下让后者在衬底上歧化反应生成 Ge。显然，为了实现上述反应，需要有目的地将反应室划分为高温区和低温区，以实现元素可控转移。

6）气相输运

当某一物质的升华温度不高时，也可以利用其升华和冷凝的可逆过程实现其气相的沉积。例如，利用 $2CdTe \longleftrightarrow 2Cd + Te_2$ 的反应，使处于较高温度的 CdTe 发生升华，并被气体夹带输运到处于较低温度的衬底上，发生冷凝沉积。显然，这种方法实际上利用的是升华这一物理现象。但是由于它在设备特点、物质传输以及反应的热力学或动力学分析方面与化学气相沉积过程相似，因而常放在化学气相沉积方法中一起进行讨论。

7）物理激励反应

利用外界物理条件使反应气体活化，促进化学气相沉积过程，或降低气相反应的温度，这种方法称为物理激励，主要方式如下。

（1）利用气体辉光放电，将反应气体等离子体化，从而使反应气体活化，降低反应温度。例如，制备 Si_3N_4 薄膜时，采用等离子体活化可使反应体系温度由 800℃降低至 300℃左右，相应的方法称为等离子体增强化学气相沉积（plasma-enhanced CVD，PECVD）。

（2）利用光激励反应，可以根据反应气体吸收波段选择光的辐射，或者利用其他感光性物质激励反应气体。例如，对于 SiH_4-O_2 反应体系，使用水银蒸气为感光物质，用紫外线辐射，其反应温度可降至 100℃左右，制备 SiO_2 薄膜；对于 SiH-NH_3 体系，同样用水银蒸气作为感光材料，经紫外线辐射，反应温度可降至 200℃，制备 Si_3N_4 薄膜。

（3）激光激励，同光照射激励一样，激光也可以使气体活化，从而制备各类薄膜。

6.3.3 影响 CVD 薄膜的主要参数

1. 反应体系成分

CVD 原料通常要求室温下为气体，或选用具有较高蒸气压的液体或固体等材料。在室温下蒸气压不高的材料也可以通过加热使之具有较高的蒸气压。

2. 气体的组成

气体成分是控制薄膜生长的主要因素之一。对于热分解反应制备单质材料薄膜，气

体的浓度控制关系到生长速率。例如，采用 SiH_4 热分解反应制备多晶硅，700℃时可获得最大的生长速率。加入稀释气体氧，可阻止热分解反应，使最大生长速率的温度升高到 850℃左右。当制备氧化物和氮化物薄膜时，必须适当过量地附加 O_2 及 NH_3 气体，才能保证反应进行。用氢还原的卤化物气体，由于反应的生成物中有强酸，其浓度控制不好，非但不能成膜，反而会出现腐蚀。可见，当 HX 浓度较高时，Si 的成膜速率降低，甚至为零。

3. 压力

CVD 制膜可采用封管法、开管法和减压法三种。其中，封管法是在石英玻璃管内预先放置好材料以便生成一定的薄膜。开管法是用气源气体向反应器内吹送成膜材料，保持在一个大气压的条件下成膜。由于气源充足，薄膜成长速率较大，但缺点是成膜的均匀性较差。减压法又称为低压 CVD，在减压条件下，随着气体供给量的增加，薄膜的生长速率也增加。

4. 温度

温度是影响 CVD 的主要因素。一般而言，随着温度升高，薄膜生长速率也会增加，但在一定温度后，生长增加缓慢。通常要根据原料气体成分及成膜要求设置 CVD 温度。CVD 温度大致可分为低温、中温和高温三类。其中，低温反应一般需要物理激励，如表 6-1 所示。

表 6-1　CVD 膜形成温度范围

成长温度		反应系统	薄膜
低温	室温～200℃	紫外线激励 CVD	SiO_2、Si_3N_4
	约 400℃	等离子体激励 CVD	SiO_2、Si_3N_4
	约 500℃	SiH_4-O_2	SiO_2
中温	约 800℃	SiH_4-NH_3	Si_3N_4
		SiH_4-CO_2-H_2	SiO_2
		$SiCl_4$-CO_2-H_2	SiO_2
		SiH_2Cl_2-NH_3	Si_3N_4
		SiH_4	多晶硅
高温	约 1200℃	SiH_4-H_2	Si 外延生长
		$SiCl_4$-H_2	
		SiH_2Cl_2-H_2	

6.3.4　CVD 设备

CVD 设备一般分为反应室、加热系统、气体控制系统和排气处理系统四部分，下面分别简要介绍。

1. 反应室

反应室设计的核心问题是使制得的薄膜尽可能均匀。由于 CVD 反应是在基片表面进行的，所以必须考虑如何控制气相中的反应，并能对基片表面充分供给反应气。此外，反应生成物还必须能方便放出。表 6-2 列出了各种 CVD 装置的反应室。

表 6-2　各种 CVD 装置的反应室

形式	加热方法	温度范围/℃	原理简图
水平型	板状加热方式 感应加热 红外辐射加热	约 500 约 1200	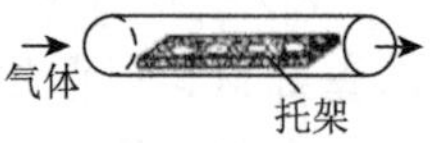
垂直型	板状加热方式 感应加热	约 500 约 1200	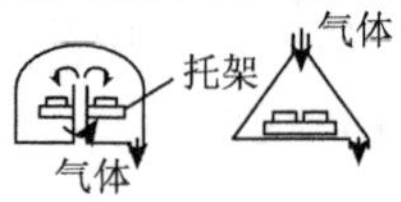
圆筒型	诱导加热 红外辐射加热	约 1200	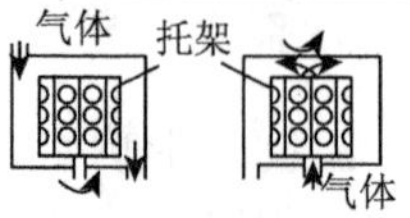
连绕型	板状加热方法 红外辐射加热	约 500	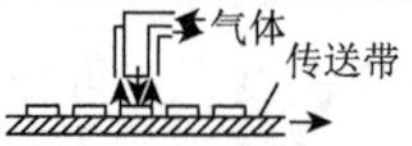
管状炉型	电阻加热（管式炉）	约 1000	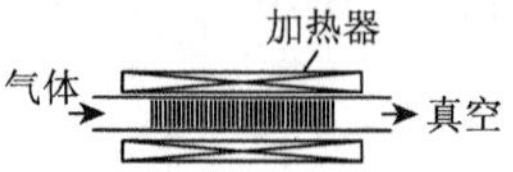

从表 6-2 可以看出，反应室有水平型、垂直型、圆筒型等几种。其中，水平型的生产量较高，但沿气流方向膜厚及浓度分布不太均匀；垂直型生产的膜均匀性较好，但产量不高；后来开发的圆筒型则兼顾了两者的优点。

2. 加热系统

CVD 基片的加热方法一般有表 6-3 所示的四类，常用的加热方法是电阻加热和高频感应加热。其中，高频感应加热一般是将基片放置在石墨架上，感应加热仅加热石墨，使基片保持与石墨同一温度。红外辐射加热是近年发展起来的一种加热方法，采用聚焦加热可以进一步强化热效应，使基片或托架局部迅速加热。激光束加热是一种非常有特色的加热方法，其特点是在基片上微小的局部使温度迅速升高，通过移动束斑来实现连续扫描加热。

3. 气体控制系统

在 CVD 反应体系中使用了多种气体，如原料气、氧化剂、还原剂、载气。为了制备优质薄膜，各种气体的配比应予以精确控制。目前，使用的监控元件主要有质量流量计和针形阀。

表 6-3　CVD 装置的加热方法

加热方法	原理图	应用
电阻加热	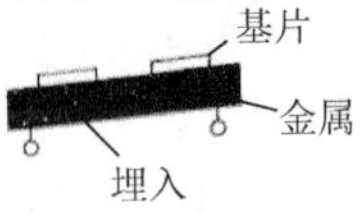 板状加热方式	低于 500℃的绝缘膜，等离子体
	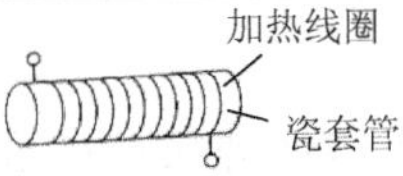 管状炉	各种绝缘膜，多线（低压 CVD）
高频感应加热	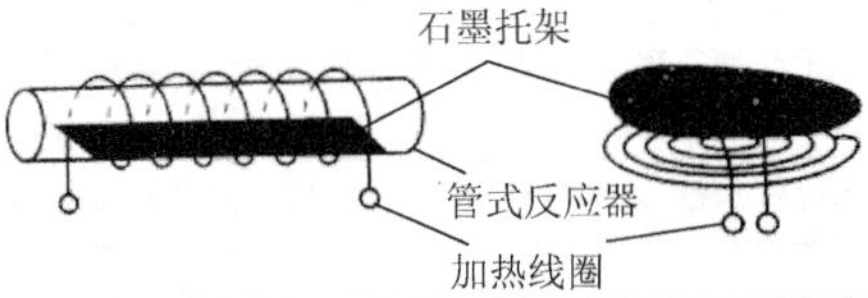	硅膜及其他
红外辐射加热（用灯加热）	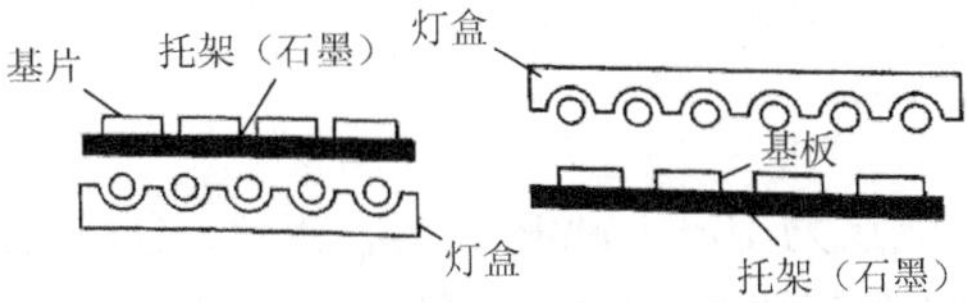	硅膜及其他
激光束加热		选择性 CVD

4. 排气处理系统

CVD 反应气体大多有毒性或强烈的腐蚀性，因此需要经过处理才可以排放。通常采用冷吸收，或通过淋水水洗，经过中和反应后排出。随着全球环境恶化，排气处理系统在先进 CVD 设备中已成为一个非常重要的组成部分。

6.3.5　CVD 装置

1. 流通式 CVD

此类系统在反应过程中存在气体的流入与排出。普通流通式 CVD 多在常压下进行，其装置基本组成为气体净化系统、气体测量与控制系统、反应器、尾气处理系统和抽真空系统。特点是：①能连续进行反应气供应和气态产物的排放，反应始终处于非平衡状态；②常以不参与反应的惰性气体为载体实现输运气态反应产物，可连续排出反应区；③反应进行的气压条件一般为 1atm（101325Pa）左右。

2. 封闭式 CVD

反应物、衬底及输运气体事先置入反应器，在反应进行过程中，反应器封闭，与外界无质量交换。反应器内存在两个不同的温区，物料由温度梯度推动，从反应器一端向另一端传递并沉积成膜。反应器内的反应平衡常数接近 1，反应器为热壁式。封闭式 CVD

的特点是：反应器内真空度的保持不需连续抽气，反应物尤其是生成物不易被外界污染；可用于高蒸气压物质的沉积；材料生长速率小，生产成本因反应器不能多次使用而较高。

3. 常压 CVD

反应器内压强近于大气压，其他条件与一般 CVD 相同，有流通式、封闭式两种反应器。两种常压 CVD 反应器的比较见表 6-4，多用于半导体集成电路制造。

表 6-4　两种常压 CVD 反应器的比较

反应器	特点
流通式常压反应器	沉积工艺参数容易控制，重复性好，适于批量生产，反应始终处于非平衡状态，废气能及时排出系统
封闭式常压反应器	外界气氛污染少，原料转化率高，但对温度、压力需严格控制，不适于批量生产

4. 低压 CVD

低压 CVD 的工作气压为 10～1000Pa，其特点是：①反应温度比常压 CVD 低；②载气用量少；③反应气体/载气比高；④低压有利于反应器加快反应及向衬底的扩散，因而生长速率大；⑤膜厚的均匀性比常压 CVD 高，膜的质量高。

低压 CVD 整个系统由气体的控制与测量、反应室、真空抽气系统三个子系统组成。低压 CVD 与常压 CVD 的性能比较如表 6-5 所示。

表 6-5　LPCVD（低压 CVD）与 NPCVD（常压 CVD）产品性能的比较

指标	LPCVD	NPCVD
质量	均匀性好，稳定	均匀性差，不稳定
温度/℃	高温：600～700；低温：<450	高温：600～1200；低温：200～500
生产效率	10	1
经济效益	生产成本降到 NPCVD 的 1/5 左右	1
操作	方便，简单	烦琐
氧化物杂层	无	有
单片均匀性/%	±（3～5）	±（8～10）
片与片均匀性/%	±5	±10
批与批均匀性/%	<±8	无法测量
晶粒结构	细而致密（≤0.1μm）	颗粒疏松
表面位错密度/cm^{-2}	≤6.5×10^{14}	10^{10}～10^{12}

5. 等离子体 CVD

在气体放电电离中，当电离产生的带电离子密度达到一定数值时，物质状态发生变化，产生新的物质状态，即等离子体。它有几个特性：首先是宏观电中性，等离子体内部正负电荷相等；其次，它是一种导电流体。等离子体的组成粒子有电子、离子、原子、分子及自由基。

将等离子体引入 CVD 技术是 20 世纪 70 年代才发展起来的新工艺。利用气体放电产生等离子体，其高温高能的电子与分子、原子碰撞，可以使分子、原子在低温下成为激发态，实现原子间在低温下的化合。

6.4　三束技术与薄膜制备

三束技术包括激光束、离子束和电子束技术，本节主要讨论激光束和离子束在薄膜制备中的应用。

6.4.1　分子束外延

分子束外延（molecular beam epitaxy，MBE）是在真空蒸发技术基础上改进而来的。在超高真空下，将各组成元素的分子束流以一个个分子的形式喷射到衬底表面，在适当的衬底温度等条件下外延沉积，如图 6-17 所示。其优点是可以生长极薄的单晶层，可以用于制备超晶格、量子点等。在固态微波器件、光电器件、超大规模集成电路等领域广泛应用。

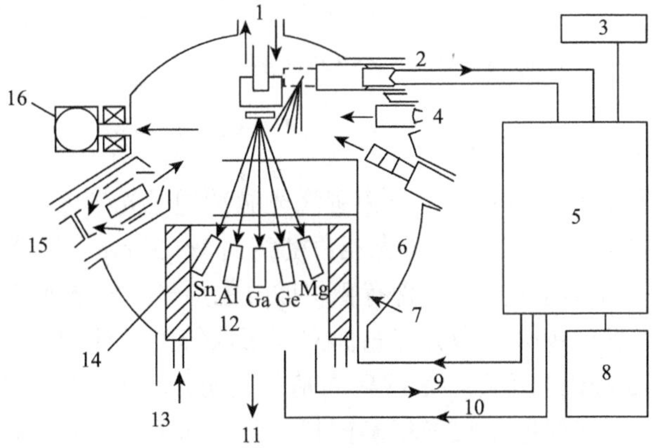

图 6-17　分子束外延置示意图

1-衬底架与加热器；2-四极质谱仪；3-打印机；4-电子枪；5-控制用计算机；6-离子溅射源；7-挡板开关；8-显示器；9-热电偶；10-加热器供电；11-超高真空泵；12-蒸发器；13-液氮冷却；14-蒸发室；15-俄歇电子能谱仪；16-反射电子衍射

MBE 的特点为：在超高真空下生长，薄膜所受污染小，膜生长过程和生长速率严格可控，膜的组分和掺杂浓度可通过源的变化迅速调整；生长速率低，可实现单原子层的控制生长；衬底温度低。

6.4.2　激光辐照分子束外延

1. 激光辐照分子束外延的基本原理

MBE 已有多年的研究历史。外延成膜过程在超高真空中实现束源流的原位单原子层外延生长，分子束由加热束源得到。然而，早期的分子束外延不易得到高熔点分子束，并且在低的分压下也不适合制备高熔点氧化物、超导薄膜、铁电薄膜、光学晶体及有机分子薄膜。

1983 年，Cheng 首先提出激光束外延概念，即将 MBE 系统中束源炉改换成激光靶，采用激光束辐照靶材，从而实现激光辐照分子束外延生长。1991 年，日本 Kanai 等提出了改进的激光分子束外延技术（L-MBE），是薄膜研究中的重大突破。

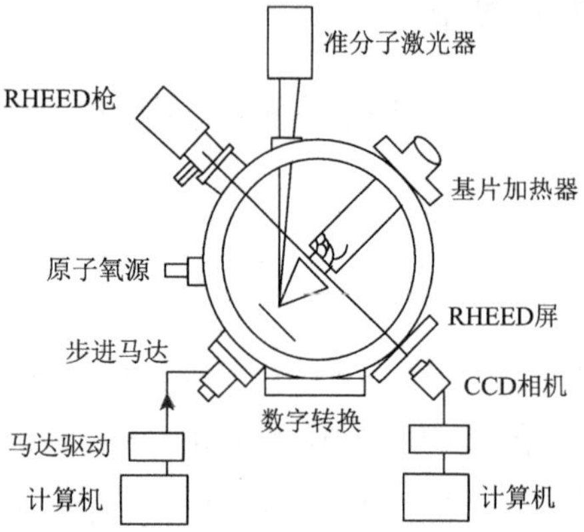

图 6-18　激光分子束外延系统示意

图 6-18 是计算机控制的激光分子束外延系统示意图。系统的主体是一个配有反射式高能电子衍射（reflection high energy electron diffraction，RHEED）仪、四极质谱仪和石英晶体测厚仪等原位监测的超高真空室（≤10^{-6}Pa）。脉冲激光源为准分子激光器，其脉冲宽度为 20～40ns，重复频率为 2～30Hz，脉冲能量大于 200mJ。真空室由生长室、进样室、涡轮分子泵、离子泵、升华泵等组成。生长室配有可旋转的靶托架和基片加热器。进样室内配有样品传递装置。靶托架上有 4 个靶盒，可根据需要随时换靶。加热器能使基片表面温度达到 850～900℃。整个 L-MBE 系统均可由计算机精确控制，并可实时进行数据采集与处理。

2. L-MBE 生长薄膜的基本过程

L-MBE 生长薄膜的基本过程是，一束强激光脉冲通过光学窗口进入生长室，入射到靶上，使靶材局部瞬间加热。当入射激光能量密度为 1～5J/cm^2 时，靶面上局部温度可达 700～3200K，从而使靶面熔融蒸发出含有靶材成分的原子、分子或分子团簇；这些原子、分子、分子团簇由于进一步吸收激光能量而立即形成等离子体羽辉。通常，羽辉中物质以极快的速度（约 10^5cm/s）沿靶面法线射向基片表面并沉积成膜，通过 RHEED 等的实时监测，实现在原子层或原胞层尺度精确控制膜层外延生长。若改换靶材、重复上述过程，就可以在同一基片上周期性地沉积成膜或超晶格。对于不同的膜系，可通过适当选择激光波长、光脉冲重复频率与能量密度、反应气体的气压、基片的温度和基片与靶材的距离等，得到合适的沉积速率及成膜条件，辅以恰当的热处理，则可以制备出高质量的外延薄膜。

3. L-MBE 生长薄膜的机理

L-MBE 方法的本质是在分子束外延条件下实现激光蒸镀，即在较低的气体分压下使激光羽辉中物质的平均自由程远大于靶与基片的距离，实现激光分子束外延生长薄膜。日本、美国等发达国家已开始对 L-MBE 方法成膜机理进行研究。

高质量的 L-MBE 膜的主要特征是它们的单相性、表面平滑性和界面完整性。这“三性”在很大程度上决定了外延薄膜的结构，也影响薄膜的性能。采用多种分析手段原位监测薄膜的生长过程，精确控制薄膜以原子层尺度外延，有利于对形膜动态机理进行研究。目前的研究结果表明，RHEED 条纹图案的清晰和尖锐程度反映了膜层表面的平滑性，条纹越清晰、尖锐，则膜层的表面越平滑。成膜过程中，基片温度、工作气压、沉积速率和基片表面的平整度等都能影响外延膜表面的平滑性。已经发现，在有些外延生长中 RHEED 强度随时间呈周期性振荡，表明膜系中存在原胞层的逐层生长结构，并且随着沉积膜厚的增加，膜的粗糙度增加。此外，RHEED 强度振荡也向人们暗示，成膜过程中存在晶格再造过程，即经过形核和表面扩散，膜层有从粗糙到平坦转变的生长过程。如果能结合成膜过程对激光羽辉物质进行实时光谱、质谱和物质粒子飞行速度与动能分布监测分析，将会更加深入地了解成膜的动态机理。

4. L-MBE 方法的技术特点

L-MBE 方法集中了 MBE 和 PVD 方法的优点，具有很大的技术优势，综合分析，有以下技术特点。

（1）可以原位生长与靶材成分相同的化学计量比的薄膜，即使靶材成分比较复杂，如果靶材包含 4 种、5 种或更多的元素，只要能形成致密的靶材，就能够制成高质量的 L-MBE 薄膜。

（2）可以实时原位精确控制原子层或原胞层尺度的外延膜生长，适合进行薄膜生长的人工设计和剪裁，从而有利于发展功能性的多层膜、超晶格。

（3）由于激光羽辉的方向性好，污染小，便于清洗处理，更适合在同一台设备上制备多种材料薄膜，如超导薄膜、各类光学薄膜、铁电薄膜、铁磁薄膜、金属薄膜、半导体薄膜，甚至是有机高分子薄膜等，特别有利于制备各种含有氧化物结构的薄膜。

（4）系统配有 RHEED 仪和光谱仪等实时监测分析仪器，便于深入研究激光与物质的相互作用动力学过程和成膜机理等物理问题。

5. L-MBE 方法应用举例

Frey 等用 L-MBE 方法在 $SiTiO_3$ 基片上以原胞层的精度制备了 $PrBa_2Cu_3O_7/YBa_2Cu_3O_7/PrBa_2Cu_3O_7$ 多层膜，获得了零电阻温度为 $T_C = 86K$ 的高温超导多层薄膜。主要工艺控制参数为生长气氛、基片温度、激光的加热温度等。表 6-6 是典型的参考工艺参数。

表 6-6　L-MBE 方法制备超导多层膜的工艺参数

基片温度/℃	激光加热温度/℃	氧分压/Pa
730～750	2000～3000	10^{-8}

6.4.3　准分子激光蒸镀方法

1. 准分子激光蒸镀原理及典型工艺

准分子激光频率处于紫外波段，许多材料，如金属、氧化物、陶瓷、玻璃、高分子、塑料等都可以吸收这一频率的激光。1987 年，美国贝尔实验室用准分子激光蒸发技术沉积高温超导薄膜。其原理类似于电子束蒸发法，主要区别是用激光束加热靶材。图 6-19 为准分子激光蒸发沉积系统示意图，系统主要包括准分子激光器、高真空腔、涡轮分子泵。

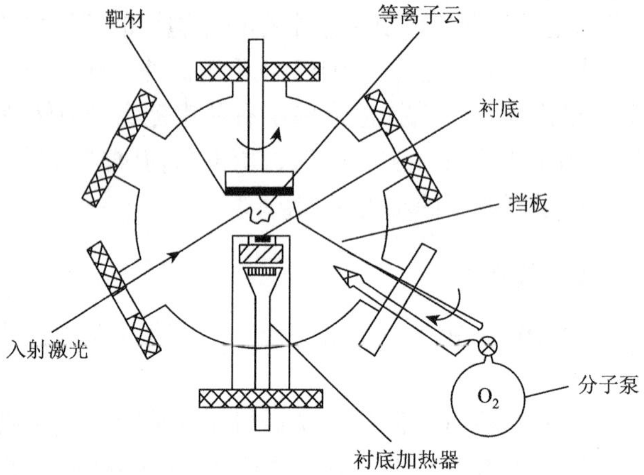

图 6-19　准分子激光蒸发沉积系统原理

准分子激光蒸镀主要过程是：激光束通过石英窗口入射到靶材表面，由于吸收能量，靶表面的温度在极短时间内升高到沸点以上，大量原子从靶面蒸发出来，以很高的速度直接喷射于衬底上凝结成膜。利用准分子激光蒸镀可以制备 $YBa_2Cu_3O_{7-x}$ 高温超导薄膜。

2. 准分子激光蒸镀的工艺特点

准分子激光蒸镀与传统的热蒸发和电子束蒸发相比具有许多优点，归纳起来有以下几点。

（1）激光辐照靶面时，只要入射激光的能量超过一定阈值，靶上各种元素就具有相同的脱出率，也就是说薄膜的组分与靶材一致，从而克服了多元化合物镀膜时成分不易控制的难点。

（2）蒸发粒子中含有大量处于激发态和电离态的原子、分子，基本上以等离子体的形式射向衬底。从靶面飞出的粒子具有很高的前向速度（约 3×10^5cm/s），大大增强了薄膜生长过程中原子之间的结合力，特别是氧原子的结合力。

（3）在激光蒸镀过程中，粒子的空间分布与传统的热蒸发不同。激光蒸镀中，绝大多数粒子都具有前向速度，即沿靶面的法线方向运动，与激光束入射角无关，所以只要衬底位于靶的正前方，就能得到组分正确且均匀的薄膜。

（4）激光蒸镀温度较高，而且能量集中，沉积速率快，通常情况下每秒可沉积数纳米薄膜。

（5）因为在激光蒸镀过程中，各种元素主要以活性离子的形式射向衬底，所以生长出的薄膜表面光洁度高。

3. 准分子激光蒸镀的动力学过程

虽然准分子激光蒸镀技术已广泛用于制备高温超导薄膜，但对其成膜机理还没有完全了解。事实上，激光蒸镀的成膜机理远比人们想象得要复杂。下面从动力学过程简要介绍激光蒸镀的机理。

1）激光束与靶的相互作用

光辐照靶面时产生的热效应，主要是由光子与靶材中载流子的相互作用引起的。

靶表面在准分子激光辐照下迅速加热，从靶面喷出的原子、分子由于进一步吸收激光能量会立即转变为等离子体。靶面附近产生的高压使处于激发态和电离态的原子、分子以极快的速度沿靶面法线方向向前运动，形成火焰状的等离子体云。如果靶是半导体、绝缘体或陶瓷，则激光的吸收取决于束线载流子。当激光光子能量大于靶材某带宽度时，同样有强吸收作用。此时，在激光辐射作用下，价电子跃迁到导带，自由光电子浓度逐渐增大，并将其能量迅速传递给晶格。

2）高温等离子体的形成

当入射激光能量被靶面吸收时，温度可达2000K以上。从靶面蒸发出的粒子中有中性原子、大量的电子和离子，在靶面法线方向向喷射出火焰。可以把准分子激光的蒸发过程在脉冲持续时间内看成一个准静态的动力学过程。靶表面的加热层很薄，所含热量也只占整个入射激光脉冲能量的很小一部分，因此认为入射激光能量全部用于靶物质的蒸发、电离或加速过程。若入射激光能量密度超过蒸发阈值，蒸发温度可以相当高，足以使更多的原子被激发和电离，导致等离子体进一步升温。但这种效应并不能无限制地进行下去，因为等离子体吸收的能量越多，入射到靶上的激光能量就越少，从而使蒸发率降低。这两种动态平衡决定了整个过程的动力学特征。此外，等离子体吸收能量后，会以很高的速度向前推移膨胀，其密度也随离开靶面的距离增加而急剧下降，最终将达到自匹配的准静态分布。这种过程可以用热扩散和气体动力学中的欧拉方程来描述。

3）等离子体的绝热膨胀过程

当激光脉冲停止后，蒸发粒子的数目将不再增加，也不能连续吸收能量。此时蒸发粒子的运动可以看作高温等离子体的绝热膨胀过程。实验发现，在膨胀过程中，等离子体的温度有所下降。因为各种离子的复合又会释放能量，所以等离子体温度下降并不剧烈。当各种原子、分子和离子喷射到加热衬底表面时，仍具有较大的动能，使得原子在衬底表面迁移并进入晶格位置。

6.4.4　等离子体法制膜技术

1. 等离子体增强化学气相沉积薄膜

20世纪70年代末至80年代初，低温低压下化学气相沉积金刚石薄膜获得突破性进展。最初，苏联科学家发现由碳化氢和氢的混合气体在低温、低压下沉积金刚石的过程中，利用气体激活技术（如催化、电荷放电或热丝等）可以产生高浓度的原子氢，从而可以有效抑制石墨的沉积，使金刚石薄膜沉积速率提高。此后，日、英、美等国广泛开展了化学气相沉积金刚石薄膜技术和应用研究。目前，已发展了高频等离子体增强 CVD、直流等离子体辅助 CVD、热丝辅助 CVD 和燃烧焰法等金刚石膜的沉积技术。

1）高频等离子体增强 CVD 技术

高频产生的等离子体激发或分解碳化氢和氢的混合物，从而完成沉积。图 6-20（a）给出的是筒状微波等离子体 CVD 系统。在这种技术中，矩形波导将微波限制在发生器与薄膜生长之间，衬底被微波辐射和等离子体加热。图 6-20（b）给出的是钟罩式微波等离子体增强 CVD 系统。该设备中增加了圆柱微波谐振腔，能独立对衬底进行温度控制，具有均匀和大面积沉积等特点。

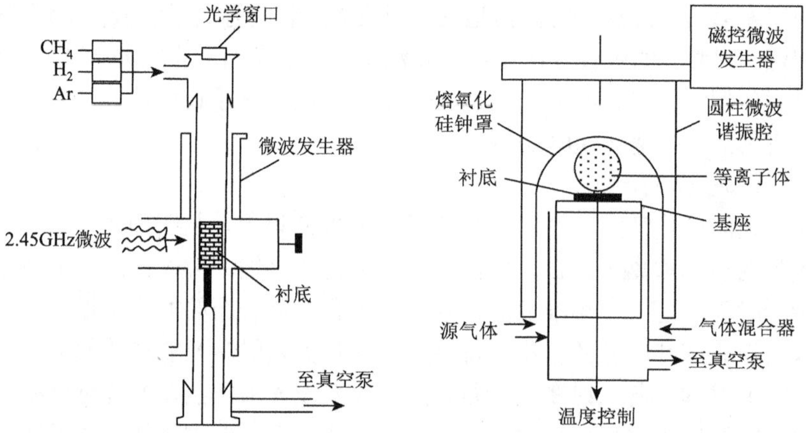

(a) 筒状微波等离子体CVD系统　　(b) 钟罩式微波等离子体增强CVD系统

图 6-20　等离子体增强 CVD 系统原理

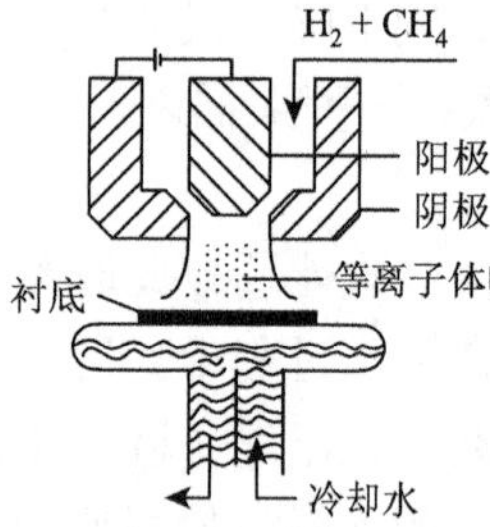

图 6-21　直流等离子体辅助 CVD

2）直流等离子体辅助 CVD 技术

直流等离子体辅助 CVD 也是近年来发展起来的一种 CVD 制膜技术。在这种技术中，由于碳化氢和氢气的混合物先进入圆柱状的两电极之间，电极中快速膨胀的气体由喷嘴直接喷向衬底，因而可以得到较高的沉积速率。图 6-21 所示的是直流等离子体辅助 CVD 的原理，表 6-7 所示的是典型的工艺参数。

表 6-7　直流等离子体辅助 CVD 典型的工艺参数

等离子体源	等离子体温度/℃	衬底温度/℃	混合气体 CH_4 体积分数 ψ/%	薄膜生长速率/(μm/h)
H_2	2000～3000	800～1100	0.1～2	1～5

2. 微波电子回旋共振等离子体辅助物理气相沉积法制膜

一般的蒸发镀膜原理是在真空室中加热膜料使之气化，然后气化原子直接沉积到基片上。这种工艺最大的缺点是膜层的附着力低，致密性很差。而采用弱等离子体介入蒸发镀膜，附着力和致密性都有很大改善，但仍然不能满足技术发展的要求。后来，有人研究开发了微波电子回旋共振（microwave electron cyclotron resonance，ECR）等离子体蒸发镀膜装置来实现蒸发镀，如图 6-22 所示。

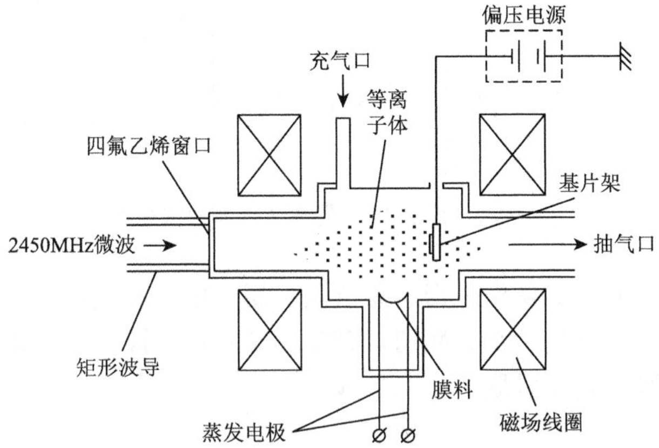

图 6-22　微波电子回旋共振（ECR）蒸发镀膜原理

微波电子回旋共振等离子体辅助物理气相沉积的主要过程是：一台磁控管发射机将 0～2kW 的微波功率通过标准波导管传输至磁镜的端部，经聚四氟乙烯窗口入射至真空室中。在适当磁场下，波与自由电子共振，被电子加速，自由电子与充入真空室的 Ar 原子碰撞，形成高密度等离子体。待蒸镀的膜料通过加热蒸发气化，进入 ECR 放电区，形成含膜料成分的等离子体。膜料离子被磁力线约束，在基片电压的作用下打上基片，形成被镀膜层。

3. 微波电子回旋共振等离子体溅射镀

蒸发镀膜具有一定的局限性，难以用于高熔点、低蒸气压材料和化合物薄膜的制作，溅射镀刚好弥补了蒸发镀的缺点。但是传统溅射镀技术仍存在不足，即在薄膜形成过程中，反应所需能量不能被恰当地选择和控制，特别是在金属和化合物薄膜形成过程中，经典溅射膜层形成速率慢。基于此，中国科学院等离子体物理研究所任兆杏等开发了微波 ECR 等离子体溅射镀新技术，实验系统如图 6-23 所示。该技术的基本过程如下：微波由矩形波导管输入，经石英窗口入射到作为微波共振腔的等离子体室，其周围的磁场线圈提供了 ECR 所需的磁场，使等离子体能在约 0.05Pa 气压下有效地吸收微波能量。溅射靶放置在等离子体流的引出口。在等离子室内充氩气，在样品室内充反应气体（O_2、N_2、CH_4 等），在溅射靶上加负偏置高压（0～1kV），使 Ar^+在负偏置高压的作用下轰击在靶上产生溅射。溅射出来的靶原子进入等离子体中，被做回旋运动的电子碰撞电离。离子在磁场的约束下，受到基片电场的加速，被吸收到基片表面。而 Ar 也同样以离子态打到基片。由于较高的电离度和离子轰击效应，增强了溅射和薄膜形成中的反应，因而该技术可以在低温下成膜，而且薄膜的性能远优于其他溅射镀和蒸发镀。

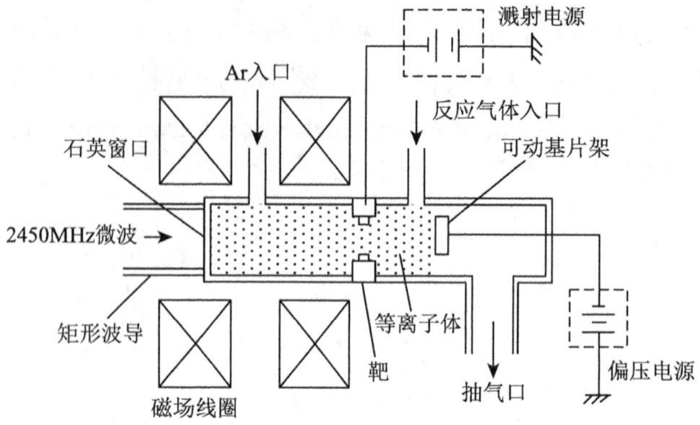

图 6-23　微波 ECR 等离子体溅射镀原理

通过调整工艺参数，如磁场位形、总气压、氩气压与氧气压的比例、微波功率、共振面位置、靶和基片之间的距离、靶压、靶流、基片自悬浮电位和靶材的成分，可以研究薄膜的性能和薄膜的表观质量。

6.4.5　离子束增强沉积表面改性技术

1）离子束增强沉积原理

离子束增强沉积又称为离子束辅助沉积，是一种将离子注入和薄膜沉积两者融为一体的材料表面改性和优化新技术。其主要思想是在衬底材料上沉积薄膜的同时，用十万到几十万电子伏特能量的离子束进行轰击，利用沉积原子和注入离子间一系列的物理和化学作用，在衬底上形成具有特定性能的化合物薄膜，从而达到提高膜强度和改善膜性能的目的。

离子束增强沉积具有以下几方面的突出优点。

（1）原子沉积和离子注入各参数可以精确地独立调节，分别选用不同的沉积和注入元素，可以获得多种不同组分和结构的合成膜。

（2）可以在较低的轰击能量下，连续生长数微米厚的组分均一的薄膜。

（3）可以在常温下生长各种薄膜，避免了高温处理时材料及精密工件尺寸的影响。

（4）薄膜生长时，在膜和衬底界面形成连续的混合层，使附着力大大增强。

2）离子束增强沉积的设备及应用

按工作方式来划分，离子束增强沉积可分为动态混合和静态混合两种方式。前者是指在沉积的同时，伴随一定能量和束流的离子束轰击，进行薄膜生长；后者是先沉积一层数纳米厚的薄膜，然后再进行离子轰击，如此重复多次生长薄膜。目前，较多采用低能离子束增强沉积，通过选择不同的沉积材料、轰击离子、轰击能量、离子/原子比率、不同的衬底温度及靶室真空度等参数，可以得到多种不同结构和组分的薄膜。离子束增强沉积材料表面改性和优化技术在许多领域已得到应用，使得原材料表面性能得到很大程度的改善。

6.5　液相反应沉积

通过液相中进行反应而沉积薄膜的方法为液相反应沉积，有多种液相反应沉积工艺。

6.5.1　液相外延技术

液相外延技术指从饱和溶液中，在单晶衬底上生长外延层的成膜方法。液相外延技术有倾斜法、浸渍法等多种方法。

液相外延法的优点是：生产设备简单；外延膜纯度高，生长速率快；重复性好，组分、厚度可精确控制，外延层位错密度比衬底低；操作安全，无有害气体。但对薄膜与衬底的晶格常数匹配要求较高。

6.5.2　化学镀

利用还原剂，在镀层物质的溶液中进行化学还原反应，在镀件的固-液界面上析出和沉积得到镀层。溶液中的金属离子被镀层表面催化，并因不断还原而沉积于衬底表面。化学镀中还原剂的电位比金属的电离电位低些。化学镀中常要求有自催化反应发生，即自催化化学镀。其特点是：可在复杂的镀件表面形成均匀的镀层；不需要导电电极；通过敏化处理活化，可直接在塑料、陶瓷、玻璃等非导体上镀膜；镀层孔隙率低；镀层具有特殊的物理、化学性质。

6.5.3　电化学沉积

1. 阳极氧化法

Al、Ti、V 等金属或合金在适当的电解液中作为阳极，以石墨或金属本身作为阴极，加一直流电压，阳极金属表面会形成稳定的氧化物薄膜，此过程称为阳极氧化，这种镀膜方法称为阳极氧化法。反应原理如下。

金属的氧化：

$$M + nH_2O \longrightarrow MO_n + 2nH^+ + 2ne^- \tag{6-14}$$

金属的溶解：

$$M \longrightarrow M^{2n+} + 2ne^- \tag{6-15}$$

氧化物的溶解：

$$MO_n + 2nH^+ \longrightarrow M^{2n+} + nH_2O \tag{6-16}$$

外加电场对薄膜的持续生长是必需的。

2. 电镀

电镀是利用电解反应，在处于阴极的衬底上进行镀膜的方法，又称湿式镀膜技术。

电镀时所用的电解液称为电镀液，有单盐和络盐两类。单盐使用安全，价格便宜，但膜层粗糙；络盐价格贵，毒性大，但膜层致密。

6.5.4 溶胶-凝胶法

用适当的溶剂将无机材料或高分子聚合物溶解，制成均质溶液，将干净的玻璃片或其他基片插入溶液，滴数滴溶液在基片上，用离心甩胶等方法涂覆于基体表面形成胶体膜，然后进行干燥处理，除去溶剂制得固体薄膜。这一制膜方法称为溶胶-凝胶法。它的优点有：成膜结构均匀，成分和膜厚易控制，能制备较大面积的膜，生产成本低，设备简单，周期短，易于工业化生产。应用广泛，是目前制备玻璃、氧化物、陶瓷及其他一些无机材料薄膜或纳米粉体行之有效的方法之一。此方法在氧化物敏感膜或功能陶瓷薄膜的制备领域中占重要地位。其缺点是对某些高分子材料难以选取适当的溶剂，并因在空气中操作，易受氧气的污染。

1. 溶胶-凝胶薄膜制备的原理

将金属醇盐或金属无机盐溶于溶剂（水或有机溶剂）中形成均匀的溶液，再加入各种添加剂，如催化剂、络合剂或螯合剂等，在合适的环境温度、湿度条件下，通过强烈搅拌，使之发生水解和缩聚反应，制得所需溶胶。在由溶胶转变为凝胶的过程中，由于溶剂的迅速蒸发和聚合物粒子在溶剂中溶解度不同，部分小粒子溶解，大粒子平均尺寸增加。同时，胶体粒子逐渐聚集长大为粒子簇，粒子簇经相互碰撞，最后相互连接成三维网络结构，从而完成由溶胶膜向凝胶膜的转化，即膜的胶凝化过程。

2. 溶胶-凝胶薄膜质量的影响因素

用溶胶-凝胶技术制备薄膜的过程分为溶胶的配制、凝胶的形成和薄膜的热处理三个阶段。每个阶段对薄膜的质量都有重要影响。

1）溶胶的配制及其稳定性

在用金属醇盐水解配制的溶胶中，反应的条件，如水和醇盐的物质的量之比、溶剂类型、温度、催化剂、螯合剂和 pH（酸、碱催化剂的浓度）等都对溶胶的质量有很大的影响。溶胶中的金属醇盐浓度和加水量是影响溶胶质量的主要因素，因而必须对其严格控制。通常要求涂膜溶胶膜黏度较小，稳定性较好，所以多采用较稀的溶胶，其浓度一般都低于 0.6mol/L。当溶胶中的加水量较多时，醇盐水解加快，胶凝速率增大，常常导致膜的表面质量不均匀甚至难以涂膜。因此，在配制溶胶时往往只加入少量的水，以控制溶胶在较长的时间内稳定。由于薄膜的制备往往需要多次反复涂膜，为了保证在重复涂膜过程中薄膜厚度的均匀性，必须要求溶胶的胶凝速率较缓慢。而影响溶胶胶凝速率的一个重要指标就是溶胶黏度的变化，所以通过控制溶胶的黏度，可以制备均匀的薄膜。

2）凝胶膜均匀性的控制

溶胶-凝胶薄膜的制备方法有浸渍提拉法、旋转镀膜法、喷涂法、简单刷涂法和倾斜基片法等，其中最常用的是浸渍提拉法和旋转镀膜法。在浸渍提拉法中，为了制备均匀薄膜，必须根据溶胶黏度的不同，选择不同的提拉速度。在提拉过程中，要求提拉速度稳定，同时基体在上升过程中基体和溶胶液面不能抖动，否则会造成薄膜厚度不均匀，薄膜出现彩虹现象，这也是实际生产中影响薄膜质量的主要原因。在用浸渍提拉法涂膜过程中，提拉速度是影响膜厚的关键因素。在较低的提拉速度下，湿液膜中线型聚合物分子有较多时间使分子取向排列平行于提拉方向，这样聚合物分子对液体回流的阻力较小，即聚合物分子形态对湿膜厚度影响较小，因此形成的膜较薄。对于较快的提拉速度，由于湿液膜中线型聚合物分子的取向来不及平行于提拉方向，一定程度上阻碍了液体的回流。因此，形成的膜较厚，薄膜质量较差，有时甚至产生裂纹和脱落现象。旋转镀膜法的速度控制一般根据溶胶中醇盐的浓度而定，当浓度为 0.25～0.5mol/L 时，通常用 2000～4000r/min 的旋转速度就可以获得均匀的薄膜，但旋转镀膜法不太适用于大面积镀膜。

3）热处理制度的控制

典型的溶胶-凝胶膜（如 SiO_2、Al_2O_3、$BaTiO_3$ 的玻璃膜和陶瓷膜）通常是由溶解于水或醇的金属醇盐制得的。在浸渍提拉法中，随着基体的提升，基体表面吸附一层溶胶膜，由于水和有机溶剂的挥发，溶胶膜迅速转为凝胶膜，此时膜与基体间的相互作用力很弱。在热处理过程中，基体与凝胶膜间可通过桥氧形成化学键，使其相互作用大大加强。

在热处理过程中，如果温度太高，薄膜中的某些元素就会挥发，使形成的薄膜成分偏离原来计算的化学计量比，这将影响薄膜的性能。通常高质量的薄膜必须有精确的化学计量比，因而在热处理中用较低的温度来制备高质量的薄膜，一直是人们追求的目标。同时，低热处理温度可以减小由于各层膜（多层膜）的膨胀不同所造成的应力而带来的微裂纹和薄膜与基体间物质的相互扩散所造成的污染。薄膜在热处理过程中，随着水和有机溶剂不断挥发，由于存在毛细管张力，凝胶内部将产生应力，导致凝胶体积收缩。如果升温速度过快，则薄膜易产生微裂纹，甚至脱落。采用慢速升温和慢速冷却，可以减小微裂纹和内应力的产生，但这在实际生产中会影响生产效率，因此在实际生产中要确定一个最佳的升温和冷却速率。

3. 溶胶-凝胶薄膜的应用

光学塑料具有质量轻、塑性好、价格低廉、易于加工成形等优点，已广泛应用于建筑材料、装饰材料、灯具、挡风玻璃、透镜、眼镜等方面。然而，光学塑料有耐划伤性差的致命弱点，从而严重制约光学塑料应用领域的扩展及其正常使用。溶胶-凝胶技术是一种湿化学反应方法，具有操作温度低、成分纯净、反应过程易于控制、溶胶易于成膜等优点，因而非常适于在塑料表面制备有机改性膜。选用合适的前驱体，可以得到外表为无机涂层、中间为有机涂层的复合涂层，因而既满足抗划伤性的需要，又能兼顾涂层与基体之间的紧密结合，提高基体的机械强度。

4. 溶胶-凝胶薄膜技术中存在的问题

虽然溶胶-凝胶薄膜已广泛应用于各个领域，但目前仍有诸多不利的因素制约其发展。

（1）尽管溶胶-凝胶技术简单，可低温合成，但由于大多数溶胶-凝胶技术采用金属醇盐为前驱体，因而不仅产品的成本较高，而且醇的回收使技术设备投资增加，同时大量有机物的存在也使安全性问题更为突出。

（2）虽然溶胶-凝胶技术易于在基体上大面积制备薄膜，但由于薄膜的均匀性受到诸多因素的影响，如何更好地控制薄膜的均匀性仍是制膜中的关键性问题。

（3）溶胶-凝胶薄膜制备技术尽管在很多领域得到广泛应用，但每次涂膜得到的厚度一般都较薄，要得到较厚的薄膜需多次反复涂膜。

（4）对溶胶-凝胶过程许多细节的理解还不全面，还需在反应机理、形核机理和产品质量的控制等方面进行深入研究。

思　考　题

6-1. 薄膜制备中需考虑的主要问题有哪些？

6-2. 简述物理气相沉积与化学气相沉积各有什么常用的制膜方法。

6-3. 真空蒸发镀膜方法常见的加热方式有哪些？

6-4. 分子束外延法的特点是什么？

6-5. 简述溅射镀膜的原理。

参 考 文 献

马景灵. 2016. 材料合成与制备. 北京：化学工业出版社.

唐伟忠. 2003. 薄膜材料制备原理、技术及应用. 北京：冶金工业出版社.

田民波，李正操. 2011. 薄膜技术与薄膜材料. 北京：清华大学出版社.

吴建生，张寿柏. 1966. 材料制备新技术. 上海：上海交通大学出版社.

徐洲，姚寿山. 2003. 材料加工原理. 北京：科学出版社.

周美玲，谢建新，朱宝泉. 2001. 材料工程基础. 北京：北京工业大学出版社.

第 7 章　微球制备技术

微球是指直径在数百纳米至微米级、形状为球形的高分子材料或无机材料。单分散微球即指粒子外形、大小均匀一致的微球，又称为均一尺寸的微球。单分散微球具有球形度好、尺寸小、比表面积大、吸附性强、官能团在表面富集以及表面反应能力强等性质。单分散微球可以是无机物，如二氧化硅（SiO_2），也可以是高聚物，如聚苯乙烯（polystyrene，PS）、聚甲基丙烯酸甲酯（polymethylmethacrylate，PMMA）等。功能微球的应用已从一般的工业领域发展到光电功能领域、生物化学领域等高尖端技术领域中，如可作为标准计量的基准，用作电镜、光学显微镜以及粒径测定仪校正的标准粒子；可用作高效液相色谱的填料；可用作催化剂载体，以提高催化活性及利用率；可用作液晶片之间的间隙保持剂，提高液晶显示的清晰度；可作为悬浮式生物芯片的载体，用于生物检测中；可作为色谱分离介质，用于生物制药的纯化中；可用作抗癌药物的载体，以实现药物的可控释放等。微球另一个极为重要的应用是经自组装后可作为有序结构体使用。其可经单组分自组装成为最密填充结构，结晶面之间的距离与特定光的波长接近，因此当相应波长的光进入该有序结构体后，会发生布拉格（Bragg）衍射，产生结构色和光子带隙，可用于发光材料、三维光子晶体及有序大孔材料的化学模板，在传感器、光过滤器、高效发光二极管、小型化波导、催化剂膜和分离等方面有广泛的应用前景。这种有序结构体还可作为直接观察三维实际空间的模型系统，用于研究结晶化、相转移、熔化及断裂等基础现象的机理。因而单分散功能微球的合成技术在学术研究和产业化应用上都具有很重要的意义。

7.1　SiO_2 微球的制备

Stöber 等提出的在醇介质中氨催化水解正硅酸乙酯（tetraethoxysilane，TEOS）制备单分散 SiO_2 微球的方法，已经成为人们普遍采用的一种方法并且不断发展。从目前合成 SiO_2 的原材料来看，主要有水玻璃和正硅酸酯类化合物。用这两种方法合成的 SiO_2 各有优缺点，采用正硅酸酯类化合物可以制备出高纯度的 SiO_2 微球，而且生产过程中可以对微球的粒径和形状进行较精确的控制。SiO_2 微球实质上是通过正硅酸之间的脱水缩合形成的。无论采用无机盐法还是有机盐法，实质都是先让原材料与其他物质反应，从而得到正硅酸的原始粒子。正硅酸原始粒子由于扩散而碰撞，从而发生脱水，生成 SiO_2，再在 SiO_2 的表面吸附未经反应的硅酸根离子而进一步生成 SiO_2。

1. 沉淀法

通过各种方法控制沉淀反应的速率，可以制备单分散 SiO_2 微球。一般可利用化学试剂的强制水解或配合物的分解来控制沉淀组分的浓度，如以水玻璃和盐酸为原料，在水浴中将温度控制在 50℃左右进行沉淀反应。得到的沉淀物用离心法洗涤去掉其中的 Cl^-，然后在干燥箱里干燥 12h，最后进行焙烧得到 50～60nm 的 SiO_2 微球。也可以利用某些掩蔽剂，如乙二胺四乙酸（ethylenediaminetetraacetic acid，EDTA）或柠檬酸等，与金属离子形成配合物，然后利用升温、调节 pH 等方法使配合物逐渐水解，控制金属离子有适当的过饱和度，使金属化合物沉淀的形核与生长阶段分离开，从而制备单分散的 SiO_2 微球。

2. 溶胶-凝胶法

溶胶-凝胶法由于其自身独有的特点成为当今制备超微颗粒的一种非常重要的方法。溶胶-凝胶法制备 SiO_2 微球是以无机盐或金属醇盐为前驱体，经水解缩合的过程，最后通过一定的后处理（陈化、干燥等）而形成均匀的 SiO_2 单分散微球。

3. 软模板法

软模板法是模拟生物矿化物中无机物在有机物调制下的合成过程，先形成有机物自组装聚集体，无机前驱体会在自组装聚集体与溶液相的界面处发生化学反应，在自组装聚集体模板的作用下形成无机/有机复合物，然后将有机模板去除即可得到 SiO_2 微球。

4. 经典的 Stöber 法

单分散 SiO_2 微球是由 Kolbe 于 1956 年首次合成的，1968 年 Stöber 和 Fink 重复 Kolbe 的实验，首次进行了较为系统的条件研究。通过调整参数（如 TEOS 的浓度和种类、溶剂的种类、氨以及水的浓度等）得到 0.05～2μm 的单分散球形颗粒，并指出 $NH_3·H_2O$ 在反应中的作用之一是作为催化剂，控制 SiO_2 球形颗粒形成的形貌。Stöber 法的主要优点是：①可以合成一定粒径范围的单分散 SiO_2 微球；②SiO_2 表面较易进行物理和化学改性，通过包覆各种材料使其表面功能化，从而弥补单一成分的不足，扩充 SiO_2 微球的应用范围。所以经典的 Stöber 法仍然是目前单分散 SiO_2 微球最常用的制备方法。

5. 改进的 Stöber 法

改进的 Stöber 法是将一定比例的水、乙醇、氨水溶液混合搅拌得到 A 溶液，一定比例的 TEOS、乙醇溶液配成 B 溶液，在设定温度的恒温水浴中，将 B 溶液滴入 A 溶液中，搅拌约 5h，使 TEOS 充分水解，得到 SiO_2 微球。

6. 播种法

Stöber 法缩合反应过程可分为核心形成和核心生长两个阶段。核心是在水解产物缩合度和浓度达到某一临界值后自发产生的。在不同的反应环境下，制备的颗粒粒径不同，这反映了在自发形核阶段，体系所形成的稳定核心密度不同。在相同初始 TEOS 浓度下，核心密度低者生长后粒径较大，密度高者生长后粒径较小。形核速率很快，且对反应条件十分敏感，这也是导致重复性不好的主要原因。因此，引入一种已知的外来核心作为种子，来代替自发产生的核心进行生长，是改善这一问题的有效途径。这种方法即为播种法。

7.1.1　Stöber 法

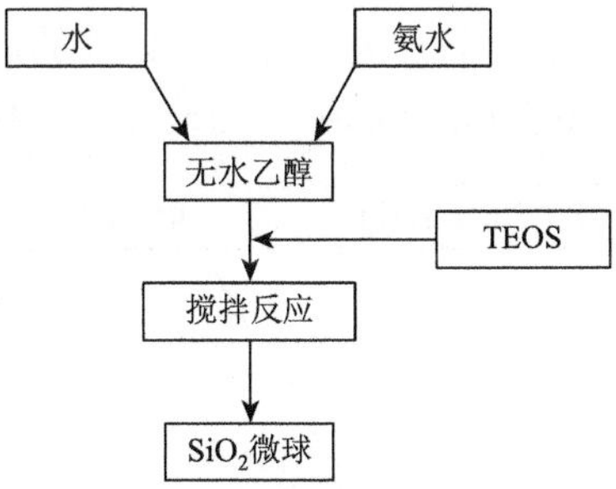

图 7-1　经典的 Stöber 法制备 SiO_2 微球的流程

经典的 Stöber 法一般是在 TEOS-水-碱-醇体系中，利用 TEOS 的水解缩合来进行制备。其中，碱作为催化剂和 pH 调节剂，醇作为溶剂。经典的 Stöber 法制备 SiO_2 微球的流程如图 7-1 所示。

对于单分散 SiO_2 球形颗粒的形核和生长，Gulari 和 Matsoukas 提出了单体添加模型。他们用动态光散射和拉曼光谱来研究氨催化下水解缩合形成单分散 SiO_2 球形颗粒的机理，并发现 TEOS 消耗的速率和胶粒生长的速率是一致的，由此得出水解反应是整个反应速率的控制步骤。他们认为活性 SiO_2 种子通过快速分步水解反应产生，晶核是由两个正硅酸单体 H_4SiO_4 缩合而成的，通过控制 TEOS 的加入量来控制晶核的生长。此外，Bogush 和 Zukoski 提出了亚颗粒团聚生长模型。Blaaderen 和 Vrij 提出了两步生长模型，即反应初期亚颗粒经过团聚生长，后期通过表面反应控制生长。

单分散 SiO_2 的合成体系中，主要组分为正硅酸烷基酯类、短链醇、一定浓度的氨和超纯水，下面以正硅酸乙酯为例来描述正硅酸烷基酯类水解和缩合反应的原理。

在反应过程中，碱性环境下，正硅酸乙酯的水解缩合反应分以下两步进行。

第一步：正硅酸乙酯水解形成羟基化的产物和相应的醇，其反应式为

$$Si(OCH_2CH_3)_4 + H_2O \longrightarrow Si(OH)_4 + C_2H_5OH \tag{7-1}$$

在上式的水解反应中，醇基官能团被—OH 所取代，然后通过下面的缩合反应，形成 Si—O—Si，同时生成水和醇。

第二步：正硅酸之间或者正硅酸与正硅酸乙酯之间发生缩合反应，其反应式为

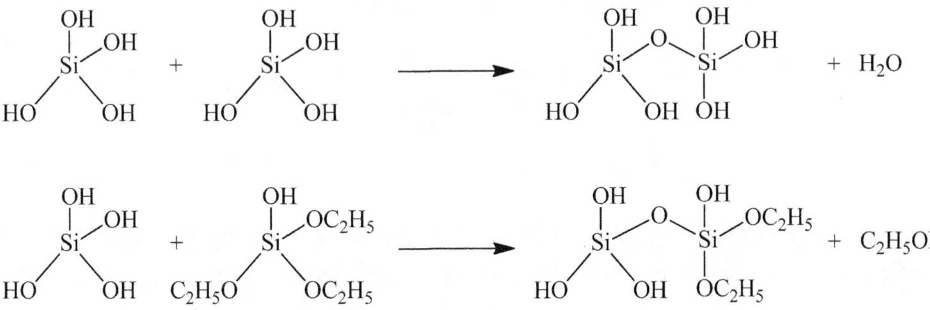

（7-2）

事实上，第一步和第二步的反应同时进行。颗粒的形貌特征与反应的过程密切相关，要形成球形形貌要求 SiO_2 晶核在生长的过程中各向同性，即晶核在体系中各方向的受力一致，沿各方向的生长速率一致，这就必须将 TEOS 与 OH^-在体系中先分散均匀后，再互相接触水解生成 H_4SiO_4 分子，H_4SiO_4 分子发生脱水缩合形成 SiO_2 微球前驱体。TEOS 和硅酸的水解表明，TEOS 的水解是反应的控制步骤，一旦制备体系中 TEOS 的供应量超

过其水解能力，将导致体系的单分散性被破坏。为了有效地控制单分散体系的形成过程，把握住水解和缩合的速度是首要条件，也就是说控制好 TEOS 和氨水的配比是关键。

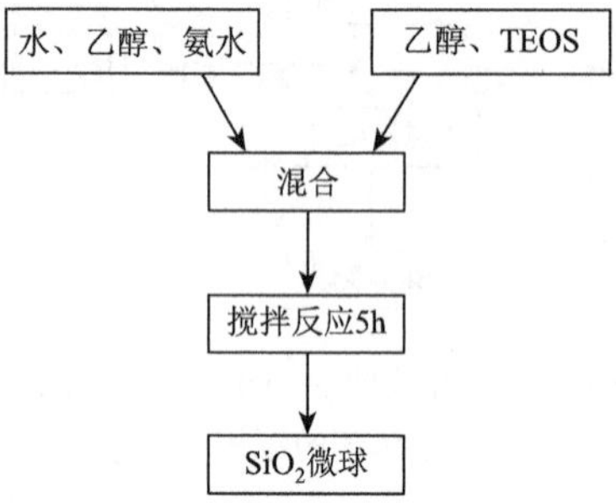

图 7-2 改进的 Stöber 法制备 SiO_2 微球的流程

催化剂的选择也直接影响微球的形貌，在酸性条件下制备出的溶胶通常认为具有缓慢缩聚的三维网络结构，而在碱性条件下制备出的溶胶一般为单分散的球形 SiO_2 胶体颗粒。实验过程中各种因素对 SiO_2 微球的粒径影响非常大，且经典的 Stöber 法在制备过程中，SiO_2 微球的初期形核很难控制，导致样品制备的重复性差。因此，通过对 Stöber 法进行改进，可以制备出更高质量的 SiO_2 微球，改进的 Stöber 法制备 SiO_2 微球流程如图 7-2 所示。先将水、乙醇、氨水溶液依次加入反应器中，搅拌约 5min，将 TEOS 和乙醇混合溶液缓慢滴加到反应器中，恒温反应约 5h，使 TEOS 充分水解，得到 SiO_2 胶体颗粒。

通过改进的 Stöber 法可制备 500nm 以下、粒径分布较好的 SiO_2 微球，但是要获得粒径分布更广的 SiO_2 微球，改进的 Stöber 法也难以达到。

7.1.2 播种法

播种法的基本原理是用已经制得的单分散性好、粒径小的 SiO_2 微球作为种子来代替自发产生的晶核进行生长，然后调节原料的配比，通过原料的缓慢添加来控制球体的生长，如图 7-3 所示。播种法的优点是：引入外来已知晶核作为种子，避免了反应初期爆发式的形核过程，因此制备的微球具有较好的可控性和重复性。

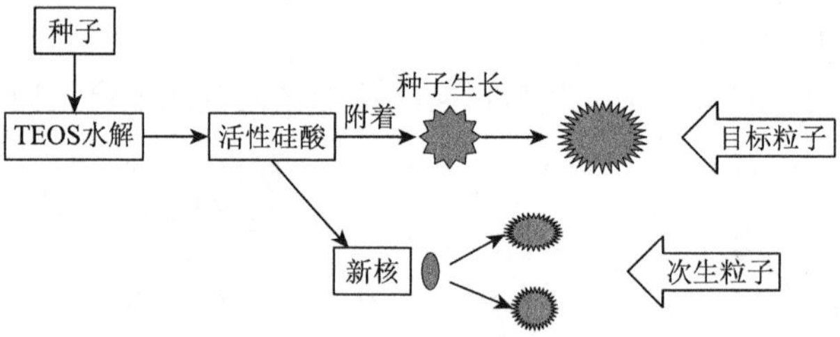

图 7-3 播种法生长过程示意图

在利用 TEOS 水解制备 SiO_2 的过程中，TEOS 在碱催化下剧烈水解，当产生的活性硅酸达到饱和时，种子开始生长。如果产生的活性硅酸迅速超过形核浓度，将会导致产品粒径分布较宽、呈多分散性。而且，种子的生长反应与次生粒子的生长反应并存。如果次生粒子的生长占主导，则会造成体系呈多分散性。为获得粒径均匀的 SiO_2 微球，必须保证活性硅酸的生成速率与其在种子中的消耗速率相近。

溶液达到过饱和时，种子开始生长。此时若活性硅酸的消耗速率与其生成速率相抵消，就不会有新核生成，只有种子的生长，生成的 SiO_2 微球粒径较为均匀。如果活性硅酸的生成速率大于消耗速率并超过体系的临界值（即形核浓度），则会导致新核的形成，这样制备的微球中既包括由种子生成的 SiO_2 粒子，又包括由新核生长得到的次生粒子，因此所得产品的粒径分布较宽。

采用播种法制备的 SiO_2 微球与 Stöber 法制备的 SiO_2 微球相比，粒径有所增加，但是要得到粒径更大的 SiO_2 微球，需要采用连续播种法来实现，其具体工艺可以通过如下方法进行控制。

1）固定种子数量，增加 TEOS 浓度

具体操作如下：在最优的配比下，加入一定量的 TEOS 制备一定尺寸的 SiO_2 微球后，不需要分离，再次加入一定量的 TEOS，在加入 TEOS 之前，要先补加 TEOS 水解所需的一定量的水，以保证体系中水的浓度平衡。待反应一段时间后，重复上面的操作。这样，后来加入的 TEOS 就会水解并生长在第一次生成的 SiO_2 微球上，因此不会增加体系中 SiO_2 微球的数量，只会增加微球的大小，投料间隔时间为 2～5h。体系中每次加入 TEOS 后，固含量的增加速度明显快于微球粒径的增加速度，也就是说，每次补加的 TEOS 对于体系固含量的贡献要明显大于其对微球尺寸的贡献，而且加入的次数越多，这一效应就越明显。

2）固定 TEOS 的浓度，降低种子数量

在一定的条件下加入一定量的 TEOS 制备一定尺寸的单分散 SiO_2 微球后，取出一部分乳液（约 30mL），将这部分乳液加入原来条件的溶液中，即对应量的乙醇、水和氨水，但不包括 TEOS，搅拌均匀后，再加入对应量的 TEOS 水解，使种子长大。待反应完全后再取出 30mL 乳液，重复上面的操作，就可以使种子逐渐长大。重复的次数和最终能得到的尺寸取决于具体的反应条件。可以通过公式计算出每步操作后微球的尺寸，由此得出体系中总的 TEOS 量没有变化，种子的数量每步却会减少，但 SiO_2 微球的粒径每次加完 TEOS 后都会增大。实际上，球的大小呈指数增加。

在实际的合成过程中，为了提高收率，常常将两种方法结合起来，即先制备出一种含有较小尺寸的单分散性好的 SiO_2 微球，然后用方法 2）来使 SiO_2 微球长大 1 倍左右，再用方法 1）来使微球的尺寸接近目标尺寸，并增加乳液中微球的固含量。

7.2　聚合物微球的制备

聚合物微球的制备方法主要有无皂乳液聚合法、分散聚合法、乳液聚合法、悬浮聚合法、微乳液聚合法、微小乳液聚合法（即一般所说的细乳液聚合）和种子聚合法等。表 7-1 对常用的聚合物微球制备方法进行了比较。这些不同的制备方法过程中都要经历核的生成和核的长大两个阶段，这两个阶段影响微球的粒径和微球的分散性。采用不同的工艺方法所制备出的微球粒径具有不同的尺寸和分布范围。其中，悬浮聚合法所得的微球粒径分布较宽，乳液聚合法所得的微球粒径较小。

表 7-1　聚合物微球主要制备方法的比较

名称	乳液聚合	分散聚合	悬浮聚合	无皂乳液聚合	种子聚合
单体分布	乳胶粒、胶束、介质	颗粒介质	颗粒介质	乳胶粒介质	颗粒介质
引发剂分布	介质	颗粒介质	颗粒	介质	颗粒

续表

名称	乳液聚合	分散聚合	悬浮聚合	无皂乳液聚合	种子聚合
分散剂	不需要	需要	需要	不需要	需要
乳化剂	需要	不需要	不需要	不需要	需要
粒径分散性	分布较窄	单分散	分布宽	单分散	单分散
粒径范围/μm	0.06～0.50	1～10	100～1000	0.5～1.0	1～20

7.2.1　无皂乳液聚合法

传统的乳液聚合法是以水为溶剂，在加入乳化剂的情况下，疏水性的单体在水溶性引发剂作用下进行的聚合反应，此法具有反应速率高、产物分子量高、聚合过程简单、可直接得到稳定乳液产物等特点。但是乳液聚合时所添加的乳化剂经常会对生成的聚合物造成不良的影响，粒子经常发生聚沉，影响使用性能，所以人们尽可能不使用乳化剂。后来发现在聚合时加入少量的亲水性单体来代替乳化剂，聚合反应也能快速进行。无皂乳液聚合法（surfactant-free polymerization）是在乳液聚合法的基础上发展起来的聚合技术。无皂乳液聚合的机理与均相形核机理相近。

无皂乳液聚合工艺是仅含很少量的乳化剂或者根本不含乳化剂的聚合反应的工艺。这种工艺具有以下特点：

（1）产物单分散性比较好，粒径比传统的乳液聚合法大，产物也更为稳定且其表面很“平整、干净”。

（2）一般以水为溶剂，不会造成太多的环境污染，产生影响的参数少，便于控制反应条件。

（3）避免了传统乳液聚合法中使用乳化剂所导致的一些缺点和弊端，例如，乳化剂不能完全从反应的聚合物中去除，影响产物纯度，乳化剂消耗量较多，对其进行后处理的过程会导致污染。

目前无皂乳液聚合工艺已经趋于稳定，然而应用此法所得到的乳液，聚合物的质量分数偏低，产率不高。

在无皂乳液聚合制备微球时，采用的单体主要有两种：一种是带有少量亲水基的单体或亲水性单体，如甲基丙烯酸、丙烯酰胺、丙烯酸等；另一种是疏水性单体，需要离子型的引发剂（如过硫酸钾、带有偶氮基团的羧酸盐等）引发反应。反应最终生成的聚合产物表面一般带有亲水基团或带有一定电荷的离子基团，能够稳定存在于溶液中，便于保存和应用。

无皂乳液聚合法制备 PMMA 微球的流程如图 7-4 所示。无皂乳液聚合法制备 PMMA 微球的主要工艺是：通过减压蒸馏将原料甲基丙烯酸甲酯（methylmethacrylate，MMA）单体中的阻聚剂除去。在氮气保护下设置磁力搅拌器的转速与温度，在三颈瓶中加入去离子水和适量 MMA 单体，通入氮气，加入适量引发剂，这时溶液由无色油状液体缓慢

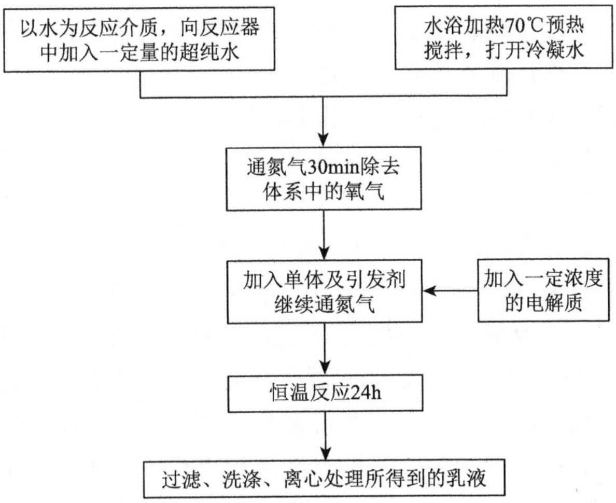

图 7-4　无皂乳液聚合法制备 PMMA 微球的工艺流程

转变为白色乳液，反应一定时间，停止加热，自然冷却至室温，即得 PMMA 微球乳液；然后对 PMMA 微球乳液进行离心，弃去上层清液，加入去离子水，超声重新分散沉淀，即可得到单分散的 PMMA 微球。维持体系的总体积和引发剂浓度不变，通过改变 MMA 的用量，可以调节所制备的 PMMA 微球的粒径。一般 PMMA 微球粒径随着单体浓度增加而增大。维持体系温度和单体浓度不变，改变引发剂浓度，也可以调控 PMMA 微球的粒径。通过调节 MMA 单体浓度、反应温度、引发剂加入量或利用播种法可以制备出各种不同粒径的 PMMA 微球，从而实现 PMMA 微球的粒径可控制备。

7.2.2　分散聚合法

20 世纪，英国科学家首创了分散聚合的工艺方法，这是一种非传统的聚合方法，只一步即可制备出粒径尺寸介于 0.1～10μm 的聚合物微球，而且具有单分散性。简单而言，该方法是一种将单体、引发剂及分散剂等物质溶于适当的溶剂中，体系在引发剂的作用下引发反应，生成的聚合产物在分散剂的作用下形成能够稳定地悬浮于溶剂中的颗粒的方法。分散剂主要是依靠其特殊的分子结构产生空间位阻作用而使粒子分散开。反应过程中，聚合前期发生在溶液中，后期当反应进行到一定程度时，链状聚合物达到一定长度（即临界链长）并从溶液中析出，形成稳定悬浮于介质的分散小颗粒。同时，聚合物增长的活性中心从溶剂中转换到小颗粒中，微球继续长大直至稳定。只要控制好稳定剂和溶剂，该方法既可以制备疏水性微球，也可以制备亲水性微球。乳液聚合、悬浮聚合、细乳液聚合、无皂液聚合等方法均不能得到粒径在数微米范围内的微球，而分散聚合能实现这一目标。因此，分散聚合受到人们的青睐，成为迅速发展的一种制备高分子微球和复合微球的方法。

分散聚合法的主要特点如下：

（1）一步就能制备出聚合物微球。

（2）能够产生粒径尺寸范围相对比较大（粒径为 0.1～10μm）、单分散性的聚合物微球。

（3）可以苯乙烯、二乙烯基苯、丙烯酸丁酯等单一的物质作为单体，也可由两种或三种不同的物质为共同单体制备聚合物微球。

（4）其生产工艺比较简单，无须复杂设备。

作为反应分散介质的溶剂要满足下述条件：第一，能够溶解反应的稳定剂及聚合单体等；第二，对其所制备的聚合物难溶；第三，黏度不大，不妨碍物质的顺利扩散且不会对反应造成不利影响。例如，在制备 PMMA 或者 PS 微球时，通过对甲醇、乙醇以及水性体系（甲醇/水和乙醇/水等）极性溶剂中的分散聚合的探讨，并经过大量研究，得出一条规律，即聚合物和反应溶剂溶解度之差越大，制备出微球粒径就越小。出于环保的考虑，研究者将制备 PS 和 PMMA 微球的反应介质由有机物改进为超临界二氧化碳，其最大的优点就是可以克服使用有机溶剂所带来的溶剂后处理问题。只要在临界条件下将 CO_2 释放，就可以得到粉体状的微球。该方法由于原料价格比较适中，而且工艺方便实用，在未来的生产中将会前景广阔，其应用价值也会超出想象。

在分散聚合体系中，经常用到的分散剂（有时也称为稳定剂）主要有聚乙二醇（polyethyleneglycol，PEG）、羟丙基纤维素（hydroxypropylcellulose，HPC）、聚乙烯吡咯烷酮（polyvinylpyrrolidone，PVP）、聚丙烯酸（polyacrylic acid，PAA）、聚乙烯醇（polyvinylalcohol）等。这些分散剂多数是由于具有较明显的空间位阻效应而发挥其稳定功能。

到目前为止，聚苯乙烯微球制备技术的关键问题主要有两个：一个是粒径的精确控制；另一个是对微球单分散性的控制，即使多分散性指数（polydispersity index，PDI）不超过 5%。通过分散聚合方法可以一步直接获得微米尺寸的 PS 微球，并且得到的微球粒径尺寸均一，此法操作简便、成本低、污染小，目前已成为制备单分散微米级 PS 微球的首选方法。分散聚合法制备 PS 微球的工艺流程如图 7-5 所示。

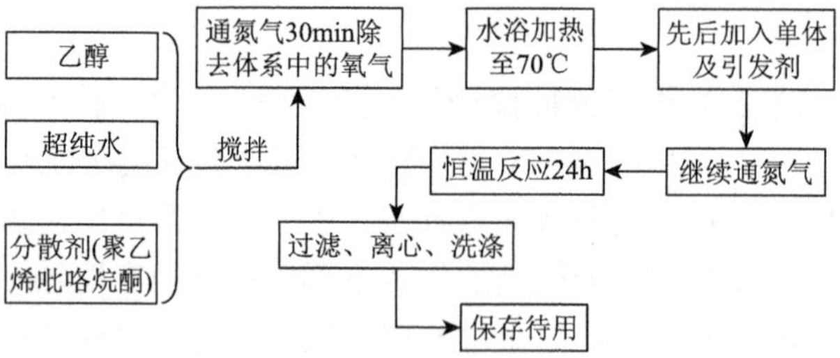

图 7-5　分散聚合法制备 PS 微球的工艺流程

7.2.3　悬浮聚合法

利用悬浮聚合（suspension polymerization）法可以制备数微米至数百微米的大微球。反应体系由疏水性单体、水、稳定剂以及疏水性引发剂构成。含有引发剂的单体油滴通常由机械搅拌方式制备，常用的分散剂有聚乙烯醇、聚乙烯吡咯烷酮、羟甲基纤维素等。

悬浮聚合法中形成的油滴较大，通常为微米级。因此，从水相捕捉自由基的概率非常小，因而不能使用水溶性引发剂。由于油滴尺寸很不均匀，在聚合期间不断地发生油滴间的合并和油滴的破裂。然而，这种方法比较简单，也能较容易地将各种功能性物质包埋在球内，因此悬浮聚合法仍然是一种常用的制备聚合物微球和无机/有机复合微球的方法。

7.2.4 沉淀聚合法

沉淀聚合与分散聚合的不同点是，沉淀聚合不使用稳定剂，靠添加一些与分散相有亲和作用的单体来使微球稳定。这种不同点与乳液聚合和无皂乳液聚合的不同点相似。使用沉淀聚合法可以得到直径大约1μm的亲水微球。

7.3 核壳结构微球的制备

随着材料制备方法和合成技术的进步，一些具有特殊结构和功能的新型材料引起人们的广泛关注。核壳结构材料（core shell structure materials）就是其中的一类新型复合材料，它是由不同内核物质和外壳物质组成的复合结构材料，通过在内核材料外面包覆不同成分、结构、尺寸的物质，形成包覆结构。这种包覆后的粒子，改变了核表面的性质，如电荷、极性、官能团等，提高了核的稳定性和分散性。同时，根据不同需要，可以形成不同类型的包覆层。由于核壳不同组分的复合，协调了各组分的特性，因此具有不同于核层和壳层单一材料的性质，开创了材料设计方面的新局面。根据不同需要，内核和外壳部分可以分别由多种材料组成，包括无机物、高分子、金属粒子等。广义的核壳材料不仅包括由相同或不同物质组成的具有核壳结构的复合材料，也包括空心粒子、微胶囊等。核壳材料外貌一般为圆形粒子，也有其他形状，如管状、正方体等。球形粒子具有形态上的均一性、较大的表面积等，因而具有独特的优越性。

人们从研究胶体科学起就开始研究用SiO_2包裹各种纳米晶体。有学者在实验室里用透射电子显微镜观察包裹后的形貌，直接证明了包裹的核壳结构，这使得对核壳粒子的研究前进了一大步。SiO_2胶体在液体介质中具有极高的稳定性，纳米核壳结构沉积过程及壳的厚度可控性好，壳体还具有化学惰性、透光性等。另外，SiO_2表面的硅醇基往往是聚合物吸附的场所，很多中极性、高极性的均聚物和共聚物都是通过氢键吸附的。SiO_2具有稳定性，尤其在水溶液中容易控制材料的沉积速率和反应进程，使其成为一种优良的壳层材料。用这种理想的低耗材料去调控材料的表面性质，可使这种表面结构能基本保留核层材料的物理完整性。此外，SiO_2及很多无机氧化物（如TiO_2）也常用作核体，与多种无机或有机材料复合形成核壳结构。核壳结构微球的制备方法多种多样，具有相同结构和成分的核壳材料可以用多种不同的方法制备，同一种方法也可以用于制备多种核壳材料。本节介绍一些常见的核壳结构微球的制备工艺。

7.3.1 SiO_2/有机物核壳结构微球的制备工艺

有机物表面包覆是利用有机物分子中的官能团在颗粒表面发生吸附或发生化学反应，从而对颗粒表面进行包覆，使颗粒表面产生新的功能层的做法。SiO_2粒子表面存在一定数量的羟基，这就使有机高分子极易在其表面吸附，并为接枝聚合和醇化提供场所。有机分子包覆在 SiO_2 粒子表面，其在溶剂中舒展开的碳链阻止其他颗粒相互靠近，以达到更好的分散效果，并且还可根据使用需要改变表面的性能，即由亲水憎油变为憎水亲油，这样就能使纳米粒子与有机相相溶，从而使颗粒在有机相中达到较好的分散效果，阻止进一步团聚。用巯基硅烷、乙基硅烷偶联剂对 SiO_2 进行表面处理后，SiO_2 粒子表面羟基数目大量减少，疏水性增加。用二氯亚砜和 SiO_2 反应将—Cl 基团引入 SiO_2 表面，再与叔丁基过氧化氢反应引入—O—O—基团，利用其分解为自由基，引发甲基丙烯酸甲酯的聚合反应而使 SiO_2 接枝改性。还可先用带官能团的酸、醇、异氰酸酯等和颗粒表面羟基反应，如多元羧酸、多元醇、多异氰酸酯或含有双键的这些物质，再利用接枝上的官能团进行聚合反应而扩链。

前已述及，高分子微球的基本制备方法有悬浮聚合法、细乳液聚合法、乳液聚合法和分散聚合法等。这些方法是制备有机/无机复合微球的基础。悬浮聚合法和细乳液聚合法的形核场所在液滴内，而其他方法的形核场所不在液滴内。因此，前者适合包覆无机粒子，而后面几种方法必须采用一定的策略才能进行无机粒子的包覆。

在乳液聚合过程中，由于强烈的搅拌和乳化剂的稳定作用，无机纳米粒子和反应单体都可以被分散成纳米尺度的粒子，在含有无机粒子和增溶单体的胶束之中发生聚合反应，当聚合物粒子增加到一定程度时，就包覆在无机粒子的表面，形成有机/无机纳米复合微球。该方法就是在无机纳米粒子存在时制备微球的直接方法。然而，在直接方法中，由于无机粒子表面一般是亲水的，而聚合物及其单体是亲油的，两者之间相互作用形成复合乳胶粒的困难很大。为此，一般先将无机纳米粒子进行表面改性，使其从亲水变成亲油，再实现包覆。例如，用聚合物包覆纳米 SiO_2 粒子时，先利用 SiO_2 表面的羟基，用带有双键的有机硅氧烷对 SiO_2 进行表面改性，即与羟基缩合，这样 SiO_2 的表面就由亲水变为亲油，同时表面又带有双键，可以与其他单体共聚，这就可以实现对 SiO_2 的包覆，得到 SiO_2/聚合物复合微球。

除了采用对无机粒子先表面改性后包覆的方法之外，也可以利用一些特殊的乳化剂与无机粒子之间的作用，代替事先对无机粒子的改性。用于乳液聚合的乳化剂有阴离子、阳离子、非离子以及两性型。因此，在选用乳化剂时，要考虑无机粒子表面的带电情况，选择与无机粒子表面有吸引作用而不是排斥作用的乳化剂。

与乳液聚合不同的是，分散聚合和沉淀聚合初始体系是均相，无机粒子均匀地分散在体系中，随着聚合的进行，聚合物在体系溶剂中的溶解度降低，从均相析出而被吸附在无机颗粒表面，无机颗粒表面的聚合物进一步吸收单体而聚合，最终将无机颗粒包埋。该方法中关键的一步是要使无机颗粒与聚合物有较好的亲和性，而且无机颗粒在有机溶剂中的分散性要好。

7.3.2　SiO_2/无机物核壳结构微球的制备工艺

无机物为壳层的核壳微球，壳层以 SiO_2、TiO_2、ZrO_2、SnO_2、CdS 和铁的氧化物等为多。无机表面包覆就是将无机化合物或金属粒子通过一定方法在 SiO_2 表面沉积，形成包覆膜，或者形成核壳复合颗粒，以达到改善表面性能的目的。无机化合物在 SiO_2 微球上沉积成膜而不是自身形核，只要溶液条件控制得当，是完全可行的。通过表面包覆可使纳米粒子的某些表面性质介于包覆物与被包覆物之间。为了得到优良的综合性能，尝试采用多种包覆剂对纳米粒子进行改性，如 SiO_2-Al_2O_3、SnO_2-ZrO_2-SiO_2-Al_2O_3 等。包覆层的厚度可以通过调节被包覆颗粒的大小、反应时间、浆料浓度以及表面活性剂的浓度来控制。

铝（$Al(OH)_3$，Al_2O_3）包覆膜的形成可以是在 SiO_2 酸性浆液中加入浓硫酸铝溶液，再加入碱或者氨水，使 $Al(OH)_3$ 或 Al_2O_3 沉淀。Al_2O_3 具有亲油性，有助于提高无机氧化物微球在有机介质中的分散性。铝包覆膜除了能在 SiO_2 粒子表面形成保护层，隔绝其与有机介质的直接接触外，还能反射部分紫外线。钛（TiO_2）包覆一般可与铝包覆同时进行，钛包覆膜的特点是包覆膜厚度基本均匀，且是连续的，结构致密，无定形水合氧化硅以羟基形式牢固键合到 SiO_2 表面。钛和铝的复合包覆膜在无机处理中，只采用一种金属的水合乳化物或氢氧化物作为包覆剂时，对 SiO_2 抗粉化性能和保光性的提高非常有限。混合包覆膜是在同一种酸性或碱性条件下，用中和法同时将两种或两种以上的包覆剂沉积到 SiO_2 粒子表面。

制备无机物包覆核壳材料的方法有多种，有原位合成法、表面沉积法、层层自组装法等。这些方法都基于下面两种思路：一是以无机醇盐前驱体为壳物质源，通过控制水解，在模板表面沉积制备核壳材料；二是使核与壳层物质带上不同性质的电荷，通过层层自组装技术，多次吸附沉积来制备核壳。根据模板粒子的属性，通常分为硬模板和软模板。硬模板是指一些具有相对刚性结构、形态为硬性的粒子，如无机颗粒、金属粒子和聚合物微粒等。软模板通常指嵌段共聚物、囊泡、胶束、液滴等。

7.3.3　SiO_2/金属微粒核壳结构微球的制备工艺

由于金属纳米粒子具有独特的光学和电子性质，其制备和表征长期以来一直是非常活跃的研究领域。这些金属纳米粒子可广泛地应用于生物标记、表面增强拉曼光谱、太阳能电池、电致发光薄膜、非线性光学开关以及高密度信息存储设备等。作为金属纳米粒子制备的一个非常重要的分支，在胶体微球表面沉积或包覆功能性的金属纳米粒子也越来越引起人们的重视。

Au 和 Ag 等贵金属纳米微粒的化学稳定性远优于其他金属纳米微粒，是近几年在免疫、荧光标记等生物领域的一个热门研究方向。金属/SiO_2 核壳复合粒子表面存在大量金属纳米粒子，具有很大的比表面积，能够增大光信号强度，可以用于表面增强拉曼光谱、非线性光学器件及加快催化反应器的反应速率等。

迄今，人们已开发多种在胶体微球表面或内部包覆和沉积 Au 或 Ag 纳米粒子的技术，典型的技术有无电极电镀法、超声化学沉积法、光化学法、静电吸附法和离子交换法等。然而，这些方法在控制金属纳米粒子的尺寸和调控金属纳米粒子的包覆程度等方面都存在一定的局限性。银镜反应不仅可以广泛应用于在各种各样的平面基底上镀 Ag 以制备镜子，也可应用于在胶体微球表面制备 Ag 纳米粒子。

由于 SiO_2 粒子表面带有大量的羟基，而且胶粒表面带负电荷，在反应过程中，根据异性电荷吸附原理，带正电荷的 Ag^+会不断往 SiO_2胶粒表面聚集，使 SiO_2胶粒表面富含 Ag^+。随着反应的进行，部分 Ag^+与—OH 反应生成氧化银；$Ag(NH_3)^{2+}$原位还原生成的单质 Ag。由于 SiO_2的存在，不易均相形核，倾向于异相形核，从而可以在 SiO_2胶粒表面形核，并生长成 Ag 纳米粒子包覆在 SiO_2胶粒表面。通过超声辐射可以使溶液中的各种粒子均匀分布，防止 Ag 纳米粒子及 SiO_2胶粒团聚，有利于在 SiO_2胶粒表面形成纳米晶。另外，超声作用产生的能量还有可能破坏 Si—O—Si 键，从而形成 Si—O—Ag 键，使 Ag 纳米粒子与 SiO_2胶粒的结合更加牢固。Ag/SiO_2复合微球的制备流程如图 7-6 所示。

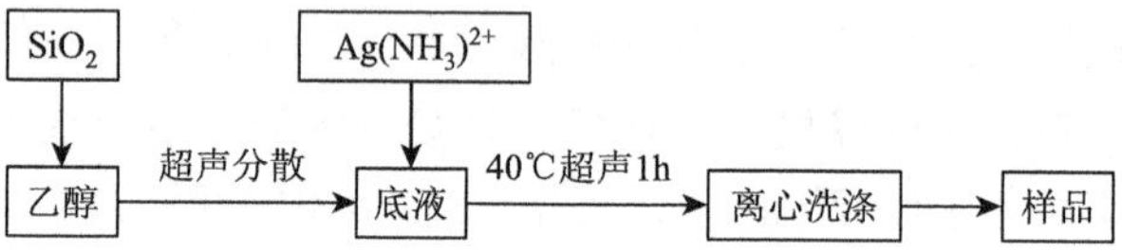

图 7-6　Ag/SiO_2复合微球的制备流程图

通常人们希望微球表面完全被金属纳米粒子所覆盖，但粒子会各自生长，使得表面变得粗糙，电荷降低，导致包覆层生长缓慢或不能继续生长，包覆到一定程度新沉积出的原子将单独形核形成纳米粒子，而且体系稳定性下降。

7.4　空心微球的制备

空心微球是指一类具有内部空腔的材料。其特殊的空心结构，能够容纳大量的客体分子或者尺寸较大的分子，使其具有密度低、比表面积大、稳定性高和具有表面渗透性等特点，因此在生物化学、催化学、材料科学等领域具有特殊的应用前景。例如，作为药物载体、细胞和酶的保护层、燃料分散剂、药物输送导弹、人造细胞、电学组件等。空心微球一般可以通过将相应的核壳结构材料去核而得到。

目前，聚合/溶胶-凝胶法、乳液/界面聚合方法、喷雾-干燥法、表面活性聚合法等许多方法都可以用来制备聚合物或者无机物空心微球。空心微球的制备是利用单分散的无机物或高分子聚合物微（纳）米粒子作为模板，利用各种方法在其表面包覆一种或多种化学材料，从而得到核壳材料。再通过煅烧或选择合适的溶剂用萃取方法除去模板，便可以得到形状规则的空心材料。硬模板法制备核壳材料的关键是针对不同模板进行表面改性或表面修饰，以增强核、壳两种材料之间的结合力，使壳材料能较稳定地包覆在核的表面。或是在含有模板材料的溶液中，加入合适的稳定剂，使壳材料小聚集体能够沉积在核表面，而不是自身在溶液里凝聚成粒子。

7.4.1　硬模板法

硬模板法，即用一定形状的硬颗粒做模板，通过反应或表面包覆一层壳层物质，再去掉模板得到空心微球。这是制备空心微球结构最直接有效的方法。制备过程主要包含四个步骤（图 7-7）：①模板制备；②修饰模板表面，改善其性能；③采用各种方法将欲制备的材料或其前驱体覆盖在模板上，经后续处理后形成结构紧密的壳层；④有选择性地除去模板以形成空心结构。常用的硬模板包括分散的硅粒子和聚合乳液胶粒。模板粒子需要具备的颗粒粒径范围窄，容易去掉。

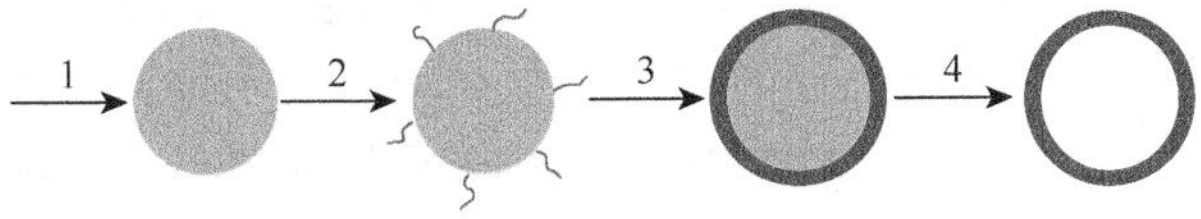

图 7-7　硬模板法制备空心微球的示意图

1. *层层自组装法*

层层自组装（layer-by-layer，LBL）法是以胶体微粒为模板，利用带相反电荷的聚电解质的静电吸附作用，在胶体微粒的液-固界面上，交替沉积形成多层膜，去核后得到大量组成可控的空心微球，这种方法得到的空心微球的壁厚可以通过多次沉积来控制。

LBL 方法的主要优点是具有多样性，可以控制壳层厚度和成分，并且可在胶体粒子表面制备多层单一物质或两种物质交替沉积的壳，在生物方面有重要应用。除此之外，LBL 技术也广泛用于制备无机和复合材料的中空结构，包括 SiO_2 沸石、TiO_2、SnO_2、Au、磁性 Fe_3O_4、碳纳米管等。LBL 技术不仅可以制备纳米颗粒，也可以用来制备超薄纳米薄片。

利用 LBL 技术制备纳米颗粒已经开展了大量的研究，胶体模板上的聚电解质的多层结构可以作为溶胶-凝胶法制备原位结构的无机壳层材料的反应器。例如，空心半球结构的金属氧化物（如 $LiNbO_3$）已经可以由前驱体（$LiNb(OC_2H_5)_6$）在聚电解质壳层结构里经过渗透，然后水解、缩合，最后经煅烧而制得。

图 7-8 是用 LBL 法制备纯聚电解质胶囊和聚电解质-无机纳米粒子杂化或纯无机纳米粒子胶囊的过程：先将胶体粒子的悬浮液加入过量的、与其表面电荷极性相反的聚电解质溶液中，利用静电相互吸引作用在胶体粒子表面吸附一层带相反电荷的聚电解质层（图（a）①或图（b）①）。通过离心、洗涤除去过量的聚电解质。然后选择另外一种带相反电荷的聚电解质溶液（图（a）②）或无机纳米粒子溶胶（图（b）②），重复上述过程，使电解质或无机纳米粒子在胶粒子表面交替吸附，反复多次可以形成多层膜结构。当这种在粒子表面的层层自组装完成后，采用合适的有机溶剂溶解（图（a）③或图（b）③）或高温煅烧（图（b）④）的方法除去核，即可得到纳米空心胶囊。

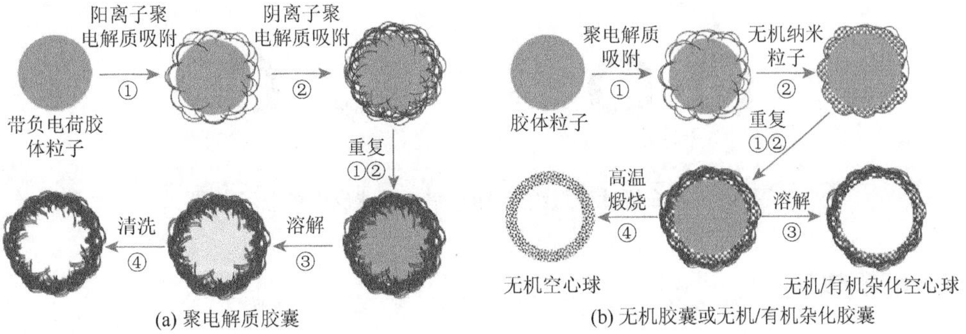

图 7-8　LBL 辅助沉积制备纳米空心微球工艺图

LBL 法制备空心微球，球壳内径可由模板颗粒的大小控制，并且壳层材料可以按任意组成和结构进行可控自组装，因而可以制备单一无机壳层材料，也可以制备无机/无机、无机/有机等复合壳层材料的空心微球。同时壳层厚度可由组装包覆的层数决定，克服了沉积和表面反应法中壳层厚度不均的缺点。因此，LBL 法的应用越来越广泛。但是它仍然存在一些缺点：①不适合制备直径小于 200nm 的空心结构。②制备多层空心结构时，LBL 法显得单调且繁杂。③与其他方法相比，用这种方法制备的无机混合空心结构材料的机械强度不够，制备的聚合腔体结构物只有在溶液中才比较稳定，经干燥后结构容易坍塌而破坏。

2. 化学沉淀法

化学沉淀法结合硬模板法也常用于合成壳层材料。这种方法就是利用壳层材料或前驱体与内核模板粒子之间的化学或静电引力作用发生沉淀，形成包覆层，再经过后处理过程（通常都是烧结）除去模板，从而得到空心壳层结构。

用化学沉淀法也已可以制备出金属氧化物空心球（如 SiO_2、TiO_2、ZrO_2）。这种方法主要是控制金属醇盐前驱体在混有模板颗粒时的水解作用，然后再除去模板得到空心球。这个过程成功的关键是控制好水解速率，这种方法要想合成光滑的外壳层需要严格控制反应条件，尤其是制备 TiO_2 空心球时。

以水溶性的过氧化钛复合物（peroxo-titanium complex，PTC）为前驱体，以聚苯乙烯（polystyrene，PS）球为模板，在水溶液中直接制备锐钛矿型纳米 TiO_2 空心球。反应机理如图 7-9 所示：当负电荷的 PTC 前驱体溶液加入十六烷基三甲基溴化铵（hexadecyl-trimethylammonium bromide，CTAB）后，表面有正电荷 PS 模板球分散液，由于静电作用，迅速在 PS 微球表面吸附一层 PTC；当体系加热回流开始后，首先发生 PS 模板的溶解过程，由于过氧化物的降解，PS 逐渐分解并扩散溶出；随着加热回流过程的进行，过氧根离子逐渐分解，壳层 TiO_2 逐渐晶化。

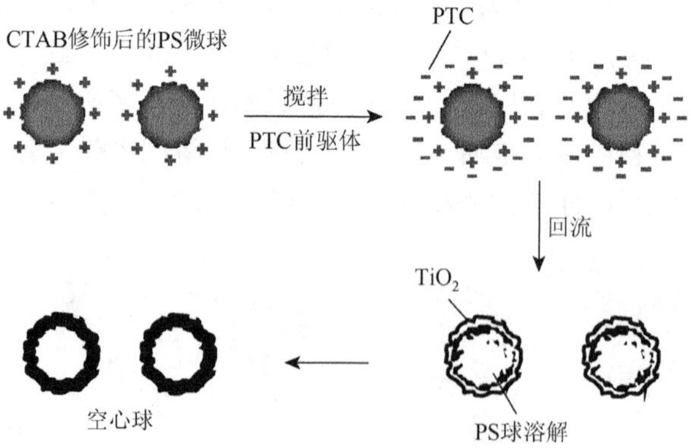

图 7-9　合成锐钛矿型纳米 TiO_2 空心微球反应机理示意图

7.4.2　软模板法

软模板法一般是利用乳液液滴、嵌段共聚物胶束、囊泡、气泡等为模板，通过两相界面反应在界面层生成壳层材料的方法。软模板法在中空壳层材料制备领域已引起广泛关注。常用的软模板包括乳液、表面活性剂和其他的一些多分子胶束、聚合物囊泡、气泡等。表面活性剂分子可以在选择性溶剂中自组装形成各种形状的胶束，包括球形、棒状、囊泡状等。因此，表面活性剂分子自组装和乳液模板法可以利用表面活性剂形成的球形胶束为模板，通过静电作用在模板表面吸附一层或多层无机物质，然后通过氧化或光降解等方法去掉核，得到空心微球。

例如，利用表面活性剂 CTAB 形成的单室囊泡和多室囊泡作为软模板制备出 Cu_2O 空心微球结构，其制备原理如图 7-10 所示。

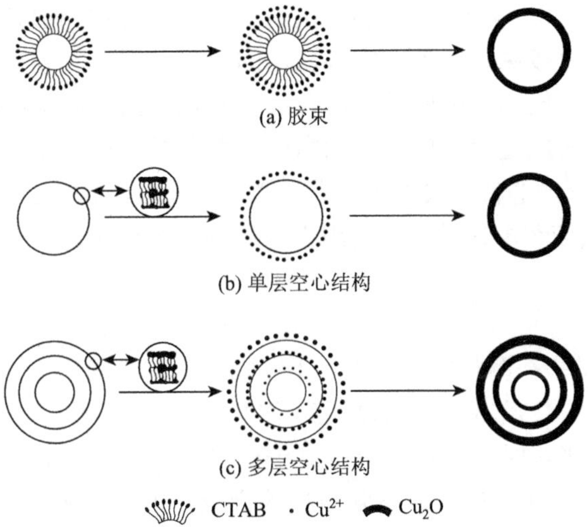

图 7-10　以 CTAB 为模板制备空心微球结构原理图

气泡也可以用作合成空心微球的模板，分散在液体基质中的气泡能用于创造稳定的乳状液与泡沫。其合成原理主要是在合成反应过程中有气体产生，在溶液环境中形成微纳米气泡，目标生成物在微纳米气泡上沉积，形成空心结构。制备过程可以概括为图 7-11 中的三个步骤：形成分散性好的纳米颗粒与气泡，纳米颗粒吸附聚集在气-液表面，纳米颗粒在气泡周围形成紧密的外壳。固体微粒在气泡周围吸附聚集是一个复杂过程，受很多因素影响，如微粒的表面性质、尺寸大小、静电相互作用以及流体力学条件等。

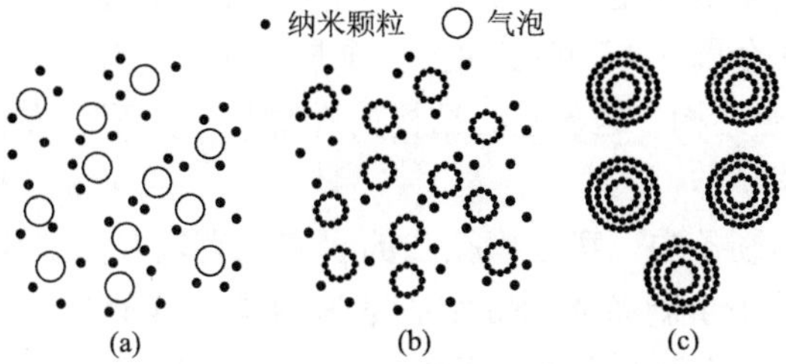

图 7-11　气泡模板法制备空心微球的示意图

软模板法合成空心微球实验方法简单，条件温和，因此可以避免在硬模板合成过程中较复杂的多步操作。然而，软模板法制备的空心微球的形态均匀性不是很理想，并且需要使用大量有机溶剂制备反胶束或反相微乳液，易造成环境污染。此外，软模板法的产率较低，不适合大规模或较大量的生产应用。

7.4.3 牺牲模板法

在牺牲模板法中，作为模板的粒子在整个反应过程中既可作为制备壳材料的模板，又可作为一种反应物参与生成壳材料的反应。这样，在壳材料围绕模板生长的同时，其模板自身将被不断消耗，最后就可以通过控制反应的程度得到核壳材料或者空心的壳材料。牺牲模板的大小可以直接决定制备的空心微球的形状和尺寸。因为这种方法在制备过程中不需要去除模板，一般也不需要额外的表面功能化，而且壳层结构的形成可通过化学反应来完成。因此，合成过程简单且更加高效，尤其是当模板在形成壳层结构的过程中被完全消耗时。这些新颖的特性大大地促进了牺牲模板法合成空心结构的研究。一般柯肯德尔（Kirkendall）效应和电化学置换可用来解释牺牲模板法合成空心微球的基本原理。

1. Kirkendall 效应

Kirkendall 效应是指在两相的界面上，不同物质的扩散速率不同，向一个方向流动的大量粒子会造成大量空位反方向流动以达到平衡，这些空位优先在界面聚集形成孔隙。当把球状粒子做到纳米级时，这种现象就会由于曲率和界面能的作用而变得更加复杂。因此，Kirkendall 效应可用于空心微纳米结构的合成。如果核物质的扩散通量大于壳层物质的扩散通量（$J_{核} > J_{壳}$），则可以得到内部空心结构；相反，若核物质的扩散通量小于壳层物质的扩散通量（$J_{核} < J_{壳}$），则得到表面壳层有缺陷或孔洞的壳核结构。

Kirkendall 效应的优点之一就是合成产物能保持前驱体的外观形貌。应用 Kirkendall 效应，已经合成了很多以金属纳米晶体为核心的空心纳米微球。

2. 电化学置换

电化学置换过程包含两个基本的电化学反应：提供电子的金属发生氧化反应（阴极反应）和接受电子的金属离子发生还原反应（阳极反应），即 $n\text{S} + s\text{N}^{n+} \longrightarrow n\text{S}^{s+} + s\text{N}$。由于这种方法易于实施且成本不高，可以在制备不同形状和尺度的金属空心纳米结构材料中发挥重要作用。典型反应是还原性较弱的金属（B）盐被还原性较强的金属（A）纳米晶体还原，并沉积在金属（A）的表面上。金属（A）被消耗完后，通过控制条件就可以得到金属（B）的空心结构。这种空心结构的孔隙尺寸和形状在很大程度上取决于牺牲模板（A）的纳米晶体。

在空心纳米微球的制备中，牺牲模板法的研究已有较多的成果。例如，无定形的 Se 胶体作为牺牲模板已经用于制备 Ag_2Se 空心纳米微球和其他半导体材料。反应在乙二醇中进行，这样可以充分利用 Se 的高反应活性，形成 Se@Ag_2Se 核壳结构的纳米微球，壳层厚度是由反应物的相对含量来决定的。没有反应的 Se 核能够被有选择地溶解在联氨溶液中，而且 $Se@Ag_2Se$ 微球通过简单的阳离子交换就能被轻易地转变成 Se@MSe（M = Zn，Cd，Pb）。除去 Se 核以后，就得到 ZnSe、CdSe 和 PbSe 空心纳米微球。

在牺牲模板法中，还出现一种便利的一锅合成法。一锅合成法可将多步反应或多次操作置于一锅内进行，这样就不需要再分离中间产物，因而具有高效、高选择性、条件温和等特点，是一种清洁的合成技术。

7.4.4　自由模板法

自由模板法在制备空心微球的过程中不需引入模板，有多种方法。第一种是在制备过程中添加部分液体，液体通过表面张力分散成小液滴，小液滴在加热过程中表面水分蒸发。当液滴温度升高时，水分迅速蒸发完全，而固体扩散返回液滴内部的速率滞后，就会在液滴中心形成空隙。与牺牲模板法相比，自由模板法不能制备多壳层空心球，且所制备的空心球表面不如牺牲模板法规则和光滑。

除了上述方法，奥斯特瓦尔德（Ostwald）熟化理论（也叫第二相粒子粗化）已广泛用于合成多种材料的空心结构。Ostwald 熟化理论是于 1896 年提出的一个自发过程理论，是指在晶体生长过程中，较小颗粒由于具有较大的化学位而不稳定，必然被较大颗粒湮灭的现象。也就是小颗粒溶解，大颗粒长大。小粒子吉布斯自由能高于大粒子，使得小粒子周围的母相组元浓度高于大粒子周围的母相组元浓度。母相组元浓度梯度导致组元向低浓度区扩散，从而为大粒子继续吸收过饱和组元而继续长大提供物质基础，而使得小粒子溶解，大粒子则依靠摄取小粒子的质量继续长大。这个过程的驱动力是粒子总表面积降低导致总表面自由能降低。

思　考　题

7-1. 经典的 Stöber 法制备 SiO_2 微球的主要工艺过程是什么？

7-2. 分散聚合法制备聚苯乙烯的工艺特点是什么？

7-3. 聚甲基丙烯酸甲酯（PMMA）微球的制备过程包括哪些合成反应？

7-4. SiO_2/金属微粒核壳结构微球制备工艺原理是什么？

7-5. 椭球的制备技术有哪些？

7-6. 软模板法和硬模板法制备空心微球的各自特点是什么？

参 考 文 献

董鹏. 1998. 由硅溶胶生长单分散颗粒的研究. 物理化学学报，14（2）：109-114.

李垚，赵九蓬. 2017. 新型功能材料制备原理与工艺. 哈尔滨：哈尔滨工业大学出版社.

李玉彩，朱晓丽，孔祥正. 2011. 沉淀聚合制备交联 PMMA 微球//2011 年全国高分子学术论文报告会，大连.

刘琨，杨景辉，陈雪梅. 2006. 单分散微米级 PMMA 微球的制备. 塑料工业，34：4-6.

任琳. 2010. 悬浮聚合法制备磁性 PMMA 微球的研究. 企业技术开发，29（19）：43，57.

滕领贞，成志秀，宋春桥，等. 2015. 悬浮乳液聚合在制备 PMMA 微球中的应用. 信息记录材料，16（1）：24-27.

杨景辉，张蔚，汪中进. 2014. 两步分散聚合法制备高交联 PMMA 微球. 塑料工业，42（5）：21-24.

郑玉婴. 2018. 聚合物微球分散聚合法制备、结构及性能. 北京：科学出版社.

第 8 章　多孔材料制备技术

科学技术的发展和新型科研领域的探索，推动了人们对各种传统材料及功能材料的深入了解与研究。同时，这些材料的深入探索也在不断地改变人类对社会与自然的认知，为人类社会的发展与进步提供坚实的物质基础。在众多的纳米材料中，多孔材料在材料学、化学及物理学等领域一直备受关注，随着其研究的不断深入和发展成熟，已经成为跨学科的研究热点之一，其在石油化工、生物技术、环境治理、信息技术等重大科研以及工业生产领域内都有重要的应用。

8.1　多孔材料概述

多孔材料是指含有微孔、介孔或者大孔等孔结构的材料。与其他材料相比，多孔材料具备相对密度低、比强度高、比表面积大、隔声、隔热、渗透性好等优点，广泛应用于各个领域。自然界中存在很多多孔材料，如竹子、蜂窝、六角形细胞、肺泡等。合理设计和模仿自然界中存在的多孔结构材料，早已成为一个重要的研究课题。多年来，人们使用不同的方法合成不同种类的多孔材料，如分子筛、多孔碳材料、多孔金属材料、多孔金属氧化物以及多孔聚合物材料等。

通常情况下，根据孔径尺寸大小，多孔材料可分为三类：微孔材料（孔径小于 2μm）、介孔材料（孔径为 2～50μm）和大孔材料（孔径大于 50μm）。很多多孔材料不只含有一种孔结构，通常含有微孔、介孔和大孔中的两种或者三种。其中，微孔和介孔可以有效地提高材料比表面积，为吸附或者化学反应提供更多的活性位点，而大孔和孔径较大的介孔有利于大分子的通过。研究最多的是由微孔、介孔和大孔结构组成的纳米多级孔材料，这种材料通常具有比表面积和孔隙率较大、易扩散、易塑、稳定性高、晶粒尺寸可控、化学组分可控以及形貌多样性等优点。不同孔结构之间可通过协同效应产生更优异的性能，例如更有利于药物和生物蛋白质的负载及缓释，在光子晶体、催化、吸附分离、传感器、电池材料等领域也有广泛的应用前景。因此，很多人致力于开发新颖的合成方法制备新型多级孔材料，使材料具有更优异的性能和更广阔的应用领域。

研究表明，三维多孔材料可以提供相当大的比表面积和孔容，不仅有利于电子在纳米催化剂表面转移，更有利于反应物在材料中进行传输。例如，在碳材料中，含有多级孔结构的石墨烯材料通常具有优异的导电性、电催化性能等，其特殊的孔结构和多种孔结构的组合使多孔石墨烯材料在电化学储能和能量转移器件中具有较高的能量密度以及倍率特性等。因此，怎样合理调节多孔材料的尺寸、形貌、组分和结构以提高多孔材料的性能及应用价值，对多孔材料的发展起着至关重要的作用。

纳米科技逐渐渗透到相变储能和催化领域，纳米多孔材料（如介孔二氧化硅分子筛、金属-有机骨架材料和多孔过渡金属氧化物等）因具有较大的比表面积、较强的吸附特性以及较多的不饱和位点等，可以实现活性组分与多孔载体的协同作用。诸多典型纳米多孔材料丰富了纳米材料的范畴，同时纳米多孔材料的表面修饰及精细合成也为其应用领域的扩展提供了新的途径。因此，基于纳米多孔材料的改性成为未来纳米多孔材料应用研究的核心思路和发展趋势。

8.2　多孔材料的形成机理

由于多孔材料的电子、光学、磁性、催化和力学性能取决于材料的本征性质，而这些本征性质和材料的种类与物相等密切相关，通过调控材料的晶型、结构等可以在一定程度上提高材料的性能，除此之外提高材料的比表面积、孔径分布和孔容等也是提高材料性能的一种有效方法。因此，可通过设计不同孔结构和特殊形貌来提高材料的性能。通常来讲，制备多孔材料的方法主要包括模板法、乳液法以及喷雾热分解方法等。模板法是制备形貌均一、孔径分布均一的多孔材料最有效的方法。模板法是利用多孔材料作为模板剂，通过一定的技术将目标材料负载在模板上，然后经过退火、腐蚀或者溶解等方法将最初的模板剂移除，最终制得与模板剂形貌和尺寸类似的纳米多孔材料。按照使用的模板剂不同，主要分为乳酸聚合物模板法、生物模板法、胶晶模板法以及多孔氧化铝模板法等。

在使用模板法合成多孔材料的过程中，主要涉及以下三个主要组分：在组装过程中起导向作用的模板剂、为反应提供场所的溶剂和用来生成孔壁的物种。多孔材料的合成需要这三个组分中任何两个组分之间具有较强的相互作用。其中，模板剂与物种（包括有机物和无机物）之间的相互作用是多孔纳米材料合成的主要影响因素，是不同多孔材料合成过程中存在的共同点。这种相互作用通常包括静电作用力、氢键作用以及配位键相互作用等。

对于不同的反应体系，模板剂和物种之间的相互作用不同，可以得到不同结构的反应产物。例如，Antonelli 等采用有机胺作为模板剂合成的多孔 TiO_2 材料表现为虫洞状孔结构。多孔 TiO_2 结构的形成是由于电中性的胺与钛低聚物之间的氢键作用引起的。由于钛源的反应速率快，难以控制其水解和缩合速率，因此得到的介孔 TiO_2 呈现出虫洞般的有序结构，而不是有序的介孔结构。对于超分子自组装模板剂和无机物种的水解及缩合，溶剂起着重要的作用。Yang 等第一次采用协同自组装过程制备介孔 TiO_2，非水系溶液（乙醇）中通过四氯化钛作为前驱体，三嵌段共聚物 P123（聚环氧乙烷-聚环氧丙烷-聚环氧乙烷三嵌段共聚物）作为模板剂，使用常用的溶剂蒸发自组装方法制备介孔二氧化钛，由于反应过程是在无水体系中进行的，水解和缩合速率降低，前驱体模板剂之间通过弱配位键作用相互结合，最终形成具有大比表面积和孔分布的六边形或者六方形介孔 TiO_2 材料。

在水溶液中，钛源极易水解生成大块颗粒状的 TiO_2，不利于在模板剂表面水解成固定结构的多孔材料。但是在酸性醇溶液中，钛源水解速率明显降低。因此，可以通过调节不同溶液和表面活性剂等来控制纳米材料的形貌。例如，在酸性四氢呋喃溶液中，具有三个不同化学单元的不对称三嵌段共聚物自组装成聚合物胶束，铂（2, 4-戊二醇）与聚苯乙烯核之间具有强疏水相互作用，异丙醇钛与聚乙烯基吡啶壳之间具有静电相互作用力，能够直接合成介孔 Pt 纳米颗粒修饰的介孔 TiO_2 材料。

对于使用模板剂合成多孔材料的反应，针对使用反应体系不同合成有序介孔材料，提出了以下几种反应机理：液晶模板机理、协同作用机理、电荷密度匹配机理和广义液晶模板机理等。

8.2.1 液晶模板机理

液晶模板机理最早是由 Mobil 公司为了解释 M41S（MCM-41 和 MCM-48）系列分子筛的合成机理提出的，如图 8-1 所示。该机理认为具有两性基团的表面活性剂在水等溶剂中形成胶束，胶束的形状取决于溶剂以及表面活性剂的浓度等。加入无机或者聚合物单体与胶束之间通过非共价键相互作用，沉淀或者聚集在胶束之间或者孔隙内，进一步聚合固化形成无机物或者有机聚合物。该机理的依据是高分辨电子显微镜成像和 XRD 结果与表面活性剂在水中生成的溶致液晶的相应实验结果非常类似。也就是说，液晶模板机理是基于合成产物和表面活性剂溶致液晶相之间具有相似的空间对称性而提出的，可以认为介孔分子筛的合成是以表面活性剂的不同溶致液晶相为模板。目前，液晶模板机理也用于解释其他多孔材料的合成机理，如合成介孔金属材料。使用这种方法合成多孔材料需要特殊的实验条件，如高浓度的非离子表面活性剂，表面活性剂的高含量增加了前驱体溶液的黏性。

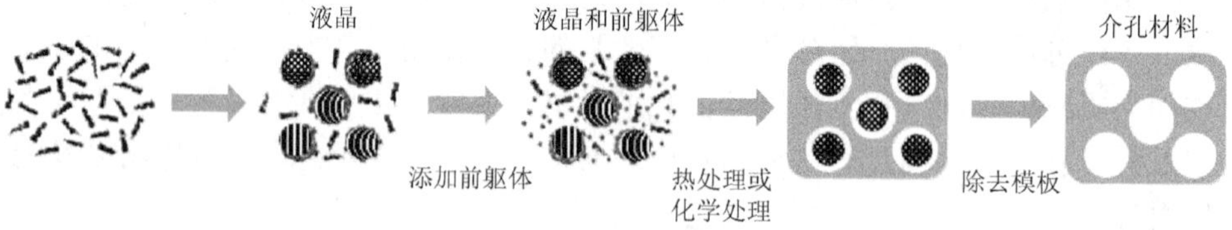

图 8-1　利用液晶模板作用合成纳米多孔材料的形成过程

液晶模板机理可解释表面活性剂浓度及反应温度等因素对产物结构的微区相转变规律，可利用表面活性胶束的有效堆积参数与不同溶致液晶相结构之间的关系，指导如何利用不同结构的表面活性剂或加入助剂来设计合成不同结构的介孔分子筛等。但是考虑到表面活性剂的液晶相对溶液的性质非常敏感，Mobil 公司的 Kresge 等又提出另外一种可能的途径：硅物种的加入导致它们与表面活性剂胶束一起，通过自组装作用形成六方有序结构。但是，随着人们对介孔材料研究的深入，液晶模板机理的适用性受到限制。由于表面活性剂在水溶液中生成液晶相需要较高的浓度（例如，CTAB 在 28%以上可以生成六方相，生成立方相则需要约 80%以上），而实际上 MCM-41 在很低的表面活性剂浓度下就能得到（如 2%），即使合成立方相的 MCM-48 也无须具有非常高的表面活性剂浓度。而且 MCM-41 可在模板剂胶束不能稳定存在的温度（>170℃）下形成。此外，在水溶液中不能形成胶束的短链表面活性剂作为模板剂仍可合成 MCM-41 或类 MCM-41 材料。因此，液晶模板机理很快就被否定了。

8.2.2　协同作用机理

液晶模板机理简单直观，却无法解释所有合成纳米多孔材料的实验现象，如在不同浓度的小分子前驱体溶液、不同的离子表面活性剂等条件下，可以得到不同形貌的胶束等自组装化合物。如图 8-2 所示，协同作用机理认为，在合成有序介孔材料时，介观结构是通过前驱体和表面活性剂的共同作用组装形成的。与液晶模板机理不同的是，无机（或者有机）小分子和表面活性剂一起分散到溶液中，这些无机（或者有机）小分子通过分子间的相互作用力聚集在一起，这些相互作用力来自离子表面活性剂和水解的溶胶-凝胶前驱体之间的静电作用力、氢键作用或配位键相互作用等。随着反应的继续进行，这些杂化前驱体-表面活性剂簇凝聚自组装成纳米复合物，最终形成该前驱体包围的液晶相，并且此模板材料可以从溶液中析出。通过解释协同作用机理的过程可以发现，无机或者有机前驱体的凝聚速率小于表面活性剂的自组装速率，如果其凝聚过程在形成液晶相之前发生，就会析出没有模板剂的前驱体，最后导致形成无序的结构材料。协同作用机理有助于解释介孔分子筛合成中的诸多实验现象，具有一定的普遍性，同时还可以用于一些非硅介孔材料的合成。值得一提的是，利用该机理，Stucky 等首次在酸性条件下实现了氧化硅介孔分子筛的合成，如 SBA-1、SBA-3、SBA-15 和 SBA-16 等。

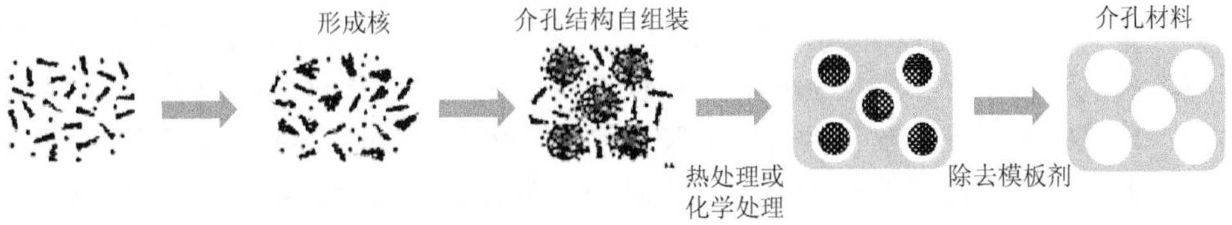

图 8-2　利用协同作用合成纳米多孔材料的形成过程

无机物通过库仑力与模板剂相互作用，在模板剂外表面包覆 2 或 3 层原子层的无机物，然后自发地聚集在一起堆积成具有一定形貌的结构，同时伴随着无机盐的水解、缩合，经过一定时间后，无机物种在模板剂表面完全水解形成无机物/模板剂复合物。通过化学刻蚀等方法除去模板剂后即可得到多孔材料。利用无机物与模板剂的相互作用制备多孔材料最早是在形成 MCM-41 过程中提出的。

8.2.3　电荷密度匹配机理

Monnier 等在液晶模板模型基础上提出了“电荷密度匹配机理”，该机理主张有机离子、无机离子在界面处的电荷匹配。他们认为在 MCM-41 材料的合成过程中，溶液中首先形成由阳离子表面活性剂和阴离子硅源通过静电作用力而形成的层状相，当硅源物种开始在界面沉积、聚集收缩时，无机相的负电荷密度下降。为了保证与表面活性剂之间的电荷密度平衡，带正电表面活性剂亲水端的有效占据面积增加，以达到电荷密度相匹配，从而使层状结构发生弯曲，层状介孔结构转变为六方相的介孔结构。利用这个机理可以用来合成六方晶型介孔磷酸盐氧钒材料（$VOPO_4 \cdot zH_2O$）、碲钒等材料。

除上述反应机理之外，还有学者提出了其他机理。例如，Huo 等在液晶模板机理的基础上提出了广义模板机理并归纳出 7 种不同类型的无机物与表面活性剂基团之间的相互作用方式，从而将液晶模板机理推广到非硅成分组成的介孔材料的合成中。他们认为，首先表面活性剂分子与无机前驱体之间靠协同模板作用形核形成液晶相，然后进一步缩合形成介孔结构。再如，硅酸盐片迭机理是由层状聚硅酸盐为前驱体制备介孔无机固体材料。单层聚硅酸盐与烷基三甲基化胺溶液形成 Kanemite 季铵盐嵌入物，焙烧后可以得到介孔无机固体材料。但是，这些机理只可用于解释在特殊条件下合成某些特殊的介孔材料，不具备普遍意义。目前，最为经典和最被普遍接受的机理仍然是液晶模板机理和协同作用机理。在协同作用机理中，无机或者有机前驱体的凝聚速率和表面活性剂的自组装速率对于合成介孔材料起重要作用，如果无机或者有机前驱体的凝聚速率小于表面活性剂的自组装速率，则可以形成有序的介孔材料。与此相反，如果无机或者有机前驱体的凝聚速率大于表面活性剂的自组装速率，则生成无序的多孔材料。因此，可以通过控制无机或者有机前驱体的凝聚速率和表面活性剂的自组装速率来得到不同孔结构（如多级孔）的材料。

8.3 多孔材料制备方法

模板法（templating method）是最常用、最有效的合成多孔结构材料的方法。模板法中常用的模板剂通常包括硬模板剂和软模板剂，模板剂的结构和性能严重影响多孔材料的性质。其中硬模板剂主要包括自组装胶体晶体、多孔硅或者 SiO_2、分子筛、多孔氧化铝、碳纳米管，以及经过特殊处理的多孔高分子薄膜等。除此之外，三维含孔结构材料也广泛应用于合成具有可控多孔结构和形貌的金属、金属氧化物、碳和其他多孔材料。通过采用液晶体系，开发出了软模板法合成多孔材料。软模板剂则包括表面活性剂、聚合物、生物分子及其他有机物质等。

利用各种不同的模板和沉积过程有助于合成具有良好结构的多孔材料。但是对传统的模板剂来讲，在表面或者多孔模板剂中铸造其他材料，首先需要使用表面活性剂进行表面官能团化，这样在一定程度上增加了合成步骤、耗时以及成本。在使用模板法合成多孔材料的过程中，超分子自组装在其中起着重要的作用。一方面超分子自组装的化合物可以作为模板剂来合成多孔材料；另一方面可以在模板剂表面发生超分子自组装过程，经过碳化、除模板剂等过程用来合成多孔碳材料等。

在驱动力作用下，超分子自组装是分子间自发组合形成的一类结构明确、稳定、具有某种特定功能或性能的分子聚集体或超分子结构的过程。超分子组装构筑的驱动力包括氢键作用、配位键作用、π-π 键相互作用、电荷转移、分子识别、范德瓦耳斯力、亲水/疏水作用等。这类聚集体一般指同种或异种分子间的长程组织，具有特殊的结构和功能，并且具有可逆的性质。这种可逆性经常由于协同效应及热力学转变而加强，却往往因为分子识别导向的合成及交联而丧失，成为自发的而且不可逆的组装。超分子自组装体系可以将分子的流动性和有序性结合起来，并且在宏观水平上表现出良好的组织能力和功能。超分子自组装与分子周围的物理化学环境有密切关系，分子之间不同的作用力或者能量的变化会导致形成不同结构形貌的自组装结构，并且超分子组装体形成的驱动力往往不是单一的，多数情况下是以某一种作用力为主，几种作用力协同作用的结果。因此，可通过调节超分子周围的环境和不同分子之间的作用力，来研究分子如何通过协同效应组装成稳定的超分子结构。

通过超分子自组装过程形成的超分子自组装模板剂，是由带有丰富官能团的小分子化合物通过氢键、范德瓦耳斯力或者其他非共价键之间相互作用形成的表面具有确定结构的材料。通常这种模板剂表面带有丰富的官能团，有利于金属或者金属氧化物的前驱体在其表面进行水解等反应形成复合结构。采用超分子自组装模板剂合成多孔材料是利用无机（或者有机）前驱体和模板剂之间的静电力、氢键、配位键等相互作用实现的。由于超分子自组装模板剂的弱相互作用，可以使用透析等方法除去模板剂，得到空心或者多孔结构材料。赵东元课题组用超分子 F127、酚醛树脂和正硅酸四丁酯自组装后形成介孔聚合物/SiO_2 纳米复合材料，在氮气保护下，经过 900℃煅烧后形成介孔 C/SiO_2 复合材料，如果用 HF 溶液腐蚀掉 SiO_2，可以得到介孔碳材料；如果在 500℃下煅烧除去碳材料，可以得到介孔 SiO_2 材料。

为了合成具有多孔结构的碳材料，目前一般使用小分子有机物在模板剂表面发生自组装聚合反应，经过碳化、去模板剂等过程得到含有微孔、介孔或者大孔的碳材料。此时，要使自组装的材料能够稳定存在，必须满足以下两个条件：第一，要有足够的非共价键存在以保持体系的稳定；第二，分子之间这种以非共价键结合的作用力要大于它们与溶剂或者其他材料之间的相互作用力，以保证聚集体在碳化等过程中不会被解离成小分子化合物而挥发。

使用纳米 $CaCO_3$ 作为模板剂，首先将嵌段共聚物 PS-b-PVP-b-PEO 溶解于 THF 溶液中，使用铂（Ⅱ）2, 4-戊二酮作为疏水性 Pt 源溶解于含有聚合物的 THF 溶液中，滴加一定量的 HCl 溶液后产生胶束。在此过程中，负载亲水性阳离子的聚合物聚（丙烯胺盐酸盐）/聚苯胺作为碳源，在氮气气氛下 600℃恒温 3h 碳化后，用稀盐酸除去模板剂得到多孔碳材料。寻找反应条件温和、易于操作、一步就能完成多孔材料和孔结构的合成与组装的化学方法，对多孔材料的工业化生产和应用具有重大意义。Liu 等以双表面活性剂为软模板合成了粒径可调的氮掺杂介孔碳球，可调的主要参数有：颗粒尺寸范围 40～750nm，比表面积范围 67～1295m^2/g，孔体积范围 0.05～0.84cm^3/g。实验发现，氮掺杂介孔碳球的颗粒尺寸大约在 150nm 时，展现出最高的催化活性，他们认为该合成策略可应用于其他杂原子掺杂的碳球制备。

在使用超分子自组装反应制备多孔材料过程中，常用到的合成方法有溶胶-凝胶法、热分解法、直接合成法、水热法、溶剂热法、电化学沉积法和原子层沉积法等。

8.3.1　溶胶-凝胶法

溶胶-凝胶法是一种广泛应用在科学和工程中的湿化学技术。前驱体，如金属醇盐和金属盐类形成的化学溶液（溶胶），用于随后的凝胶化过程。首先，前驱体水解，在随后的缩合反应中，透明溶液开始成为任意一种网络聚合物或分离的胶体粒子网络（凝胶）。相当多的氧化物，如 Al、Si、Ti、Zn 和 Zr 的氧化物可以通过溶胶-凝胶反应过程制备。例如，Zhou 等用三嵌段共聚物 P123 自组装复合物作为模板剂，使用乙二胺包覆后，经过 700℃燃烧得到介孔 TiO_2 材料，然后在 500℃中进行 H_2 还原可以得到介孔黑色 TiO_2 材料。

除此之外，溶胶-凝胶反应模板法可以用来合成复合结构材料，除去模板剂后即可得到多孔材料。Eckert 等采用溶胶-凝胶法制备 $GaPO_4$-SiO_2 复合物，首先将一定量的硝酸镓加入正硅酸四乙酯的异丙醇溶液中，然后溶解于一定量的水中，使用 2mol/L 的氨水或者 1mol/L 的硝酸调节溶液的 pH 至 1.35。搅拌 12h 后得到的澄清溶液涂在表面平坦的载体上然后置于 50℃下进行凝胶化形成散装透明干凝胶。首先将干凝胶置于 100℃或者 200℃下加热 12h 后转移到石英容器中，在 650℃下煅烧几小时即可得到 $GaPO_4$-SiO_2 复合物，除去 SiO_2 后即可得到多孔 $GaPO_4$ 材料。

使用溶胶-凝胶法最重要的一步是要控制原料的水解和缩聚速率，防止水解过快形成纳米颗粒聚集体，或者缩聚过快形成块状缩聚体。$M(OR)_x$ 形式的过渡金属醇盐，如 $Ti(OR)_4$、$Zr(OR)_4$ 等，通常不稳定，极易发生水解。通过控制一些反应条件，如 pH、温度和溶剂等，可降低前驱体的水解速率。Yan 等采用溶胶-凝胶和蒸发诱导自组装的方法，使用三嵌段共聚物 P123 作为模板剂制备介孔 $Ce_{1-x}Zr_xO_2$ 材料。在酸性条件下（通常 pH 小于 4），过渡金属醇盐 $M(OR)_x$ 中的 OR 基团很容易被 H^+ 质子化，因此金属 M 变成亲电性，和 H_2O 结合形成水解的物质，如 $M(OH)_z(OR)_{x-z}$，随后这些物种发生缩合。在酸性条件下，Seok 等使用三嵌段共聚物 F127 作为模板牺牲剂，1, 3, 5-三甲苯胺作为溶胀剂制备介孔 TiO_2 材料，其孔径的大小取决于 1, 3, 5-三甲苯胺的加入量。

有些有机化合物不包含羟基、氨基或者羧基官能团，不能通过氢键或者静电力与硅源发生自组装，因而不能用作合成介孔硅的模板剂。Chen 等发现有机物可以和乙醇/水的混合溶液形成均质相溶液，在质量分数为 5%的氨水中，有机物可以和硅源结合生成介孔硅。通过研究合成介孔硅的过程中模板剂的种类、模板剂的用量以及氨水的浓度对介孔硅孔径的影响发现，孔径和模板剂分子尺寸的大小无直接关系，但是可以通过调节模板剂的浓度得到不同孔径尺寸的介孔硅。当氨水的浓度为 5%时，硅源形成凝胶的时间较短，此时模板剂的聚集体充当孔的填充剂被形成的三维 SiO_2 材料捕获，如图 8-3 所示。

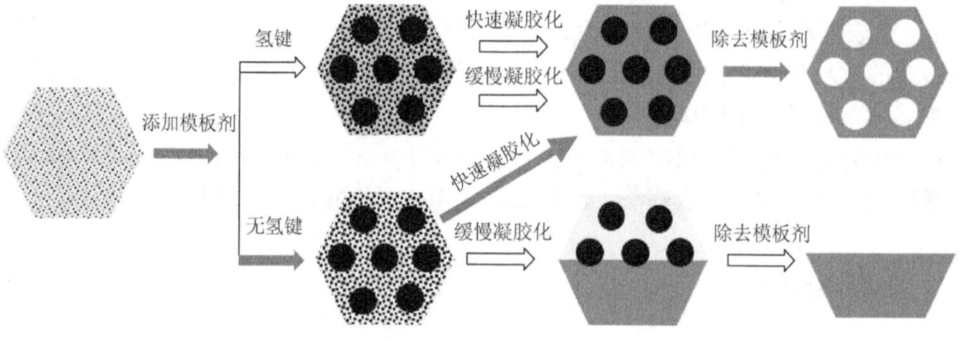

图 8-3　使用简单有机物作为模板剂合成介孔 SiO_2 的机理图

除此之外，低温（低于 10℃）条件也可以降低反应速率。例如，在使用 $TiCl_4$ 等极易水解的前驱体时，通常将其在冰浴中分散到溶剂中，抑制其水解。一般来讲，在水解反应发生之前，金属醇盐通常溶解在溶剂中，这是因为稀释可以降低水解反应和缩合速率。由于过渡金属的配位数较高，通过烷氧基桥发生协同反应，通过降低反应速率形成稳定凝胶。因此，使用低极性溶剂（如二噁烷和四氢呋喃等）等有利于降低水解的反应速率和减少水解产物的聚集。

8.3.2 热分解法

热分解法是以有机化合物为模板剂合成金属氧化物（或者纯金属）/有机模板剂复合物，经过适当高温的煅烧除去模板剂，得到金属氧化物和纯金属多孔材料的一种方法。一般来讲，制备多孔金属氧化物需要在空气气氛中煅烧，制备纯金属多孔碳材料需要在氮气等惰性气氛中煅烧。

若以二氧化硅为模板合成金属氧化物介孔材料，采用的前驱体通常是金属硝酸盐，因此可以直接在空气中焙烧使硝酸盐分解成氧化物。在该过程中，金属氧化物在某一区域形核后，周围大部分的前驱体迁移聚集到该处，并进一步晶化形成连续的纳米线。制备介孔碳材料或其他对氧化气氛敏感的物质以及以碳为模板合成时，通常在惰性气体的保护下进行热处理。

赵东元等利用三嵌段共聚物 F127 的易分解性，使用 F127 的自组装聚合物作为模板剂合成介孔碳膜。把树脂/表面活性剂的前驱体旋涂在经过预处理的硅晶片上，蒸发掉溶剂，在硅片上形成 F127 三嵌段共聚物和酚醛树脂的薄膜，F127 聚合成球状被酚醛树脂包围。在惰性气体保护下，三嵌段共聚物 F127 在 300～400℃下分解生成 CO_2 等气体，然后在 600℃下，酚醛树脂碳化生成多孔碳材料。最后使用一定浓度的 KOH 溶液除去硅片基底。F127、P123 等超分子自组装化合物在加热条件下容易热分解生成 CO_2 等气体，因此经常用来合成多孔无机材料，最常见的是合成分子筛 SBA-15、多孔金属氧化物、多孔金属以及碳材料等。除此之外，还可以通过热分解前驱体得到多孔材料，例如，可通过微乳液方法制备出棒状 MnC_2O_4 前驱体，然后在高温下热分解前驱体 MnC_2O_4 直接得到多孔 Mn_2O_3 纳米棒。

使用聚环氧乙烷-聚环氧丙烷-聚环氧乙烷三嵌段共聚物 P123 作为结构导向剂，可制备介孔 Ta_2O_5 晶体材料。首先将 P123 溶解于乙醇中，加入 $TaCl_5$ 后继续搅拌一段时间，然后置于室温下一周自然晾干得到透明胶体，先将透明胶体置于 250℃下保持 12h，此时发生的反应是聚合物的分解和 $TaCl_5$ 缩合形成 Ta_2O_5 材料。研磨后置于更高温度煅烧即可得到介孔 Ta_2O_5 晶体材料。由此可以看出，使用自组装化合物作为模板剂，结合热分解方法，可以直接制备出多孔材料。

8.3.3 直接合成法

纳米铸造（nanocasting）是模板法最早的合成方法，通常用于在具有高比表面积和热稳定性的纳米多孔 MgO 膜上沉积制备多孔材料。纳米铸造法合成纳米多孔材料包括以下几个步骤（图 8-4）：第一步，制备多孔模板剂/表面活性剂复合材料；第二步，通过燃烧、萃取或者其他技术得到多孔模板剂；第三步，使用浸渍法、化学气相沉积法等方法中的一种或者两种方法组合，在模板剂的空隙中填充碳源；第四步，碳化碳源；第五步，通过 HF 等腐蚀的方法除去模板剂。虽然使用这种方法能更好地控制产物的形貌，但是得到的多孔材料孔径分布大于模板剂的孔径分布，制备过程复杂费时、成本高，不适合大规模工业化生产和商业化应用。

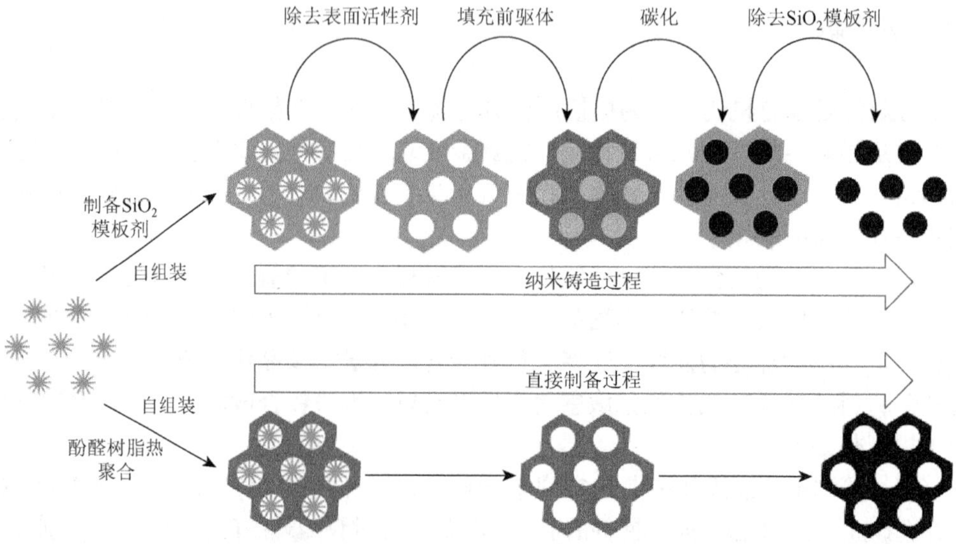

图 8-4　纳米铸造方法和使用三嵌段共聚物直接合成法制备有序介孔碳材料

在合成二氧化硅的初期可引入金属前驱体，在去除表面活性剂的同时将其转化为金属氧化物，大部分情况下，该方法得到的是高分散的纳米颗粒，很难生成连续的纳米线阵列。但也有特例，在合成二氧化硅初期引入的金属前驱体在较高的温度下容易迁移聚集，进一步生长晶化形成连续的纳米线，因此可一步合成有序的介观结构材料。

Baker 等采用直接合成法，使用 SBA-15 作为模板剂直接合成有序介孔 ZrO_2 材料，虽然制备出的 ZrO_2 材料和 SBA-15 模板剂的结构一致，但是由于在合成过程中形成 Zr—O—Si，因此很难制备出纯 ZrO_2 材料。得到的 ZrO_2 材料含有稳定的单斜晶型和亚稳四方相。亚稳四方相 ZrO_2 材料的形成是由于颗粒的收缩和表面含有的 Si 原子层，抑制了 ZrO_2 粒子的烧结，阻碍晶体生长，从而导致形成的晶体尺寸小于临界尺寸。

为了减少反应步骤，降低成本，制备出稳定性好、结构明确、性能优异的多孔材料，戴胜、赵东元等通过共聚物分子或者碳源自组装方法直接合成多孔碳材料。与传统铸造法相比，利用自组装纳米材料直接合成多孔材料具有很多优势，制备过程简单（图 8-4），主要包括以下几步：第一步，酚醛树脂和三嵌段共聚物表面活性剂等自组装成三维多孔结构；第二步，除去表面活性剂，孔的尺寸、形貌和拓扑结构取决于剩余多孔自组装聚合物的尺寸和结构；第三步，碳化多孔组装聚合物得到多孔碳材料。这种通过使用软模板方法直接合成的多孔碳材料具有更好的机械稳定性。

合成过程取决于温度、溶剂的类型和离子强度等，通过调节这些因素可以得到具有不同结构和表面性能的多孔材料。Jiang 等使用琼脂糖凝胶培养基作为模板剂在碱性条件下发生反应生成琼脂糖凝胶线和 $ZrO(OH)_2 \cdot xH_2O$ 复合物，在高温下燃烧即可得到 ZrO_2 材料。在制备多孔材料的过程中，所使用的合成方法往往不是单一的，通常要结合其他合成方法。

Wheatley 等使用大环化合物作为结构导向剂合成微孔分子筛材料，在制备过程中，结合了溶剂热法、溶胶-凝胶法等方法，通过调控反应中不同的大环化合物、pH、溶剂、反应温度、浓度等因素制备出不同形貌的分子筛材料。

自组装形成的具有特殊结构和稳定性的超分子聚集体，经过碳化等过程可直接得到多孔材料。由于二聚氰胺和柠檬酸表面均带有丰富的官能团，两种组分在溶液中容易发生自组装生成结构稳定的超分子聚集体。例如，Chen 等利用二聚氰胺和柠檬酸作为单体在水溶液中发生自组装产生自组装化合物，然后在高温下煅烧即得到具有高比表面积的纳米多孔材料。使用超分子自组装化合物作为前驱体，煅烧后直接制备多孔材料，操作过程简单，成本低，适用于大规模的工业化生产。

8.3.4　沉积法

沉积法包括电化学沉积法（electrochemical deposition）和化学气相沉积法（CVD），是一种通过外加电压或者化学反应等在模板剂表面沉积其他材料，除去模板剂后得到相应的多孔材料的制备方法。这种方法经常用来合成多孔薄膜。Ren 等用沉积法制备聚多巴胺-聚磺苯乙烯（polydopamine-sulfonated polystyrene，PDA-CPS）纳米材料。首先，通过超分子自组装过程制备聚苯乙烯-硅烷改性聚醚（polystyrene-polypropylene oxide，PS-MS）模板剂，模板剂表面经过磺化以后，在模板剂表面沉积 PDA 形成 PDA@SPS-MS 复合材料；然后经过自组装过程成膜；最后通过腐蚀的方法除去模板剂即可得到空心 PDA-CPS 材料。

在制备多孔材料过程中，往往结合使用多种方法。例如，Hu 等通过热分解聚二甲基硅氧烷（polydimethylsiloxane，PDMS）橡胶直接制备 SiO_2 纳米管。在升温过程中，PDMS 橡胶在惰性气体下分解成挥发性环状低聚物，低聚物在空气氛围中氧化，形成的气相二氧化硅在 AAO 模板剂上形核，然后均匀生长。形成的二氧化硅纳米管的直径和长度主要取决于 AAO 模板剂的孔尺寸，而二氧化硅纳米管的壁厚则是由 PDMS 橡胶的初始浓度决定的。

除上述方法之外，水热法、溶剂热法、均匀沉淀法等也常用来制备多孔材料。水热法或溶剂热法通常是指将原料和模板剂混合在水或有机溶剂中，然后置于聚四氟乙烯反应釜中，在高温、高压下进行反应，自然冷却后，使用 HF 等除去模板剂，制备所需的多孔材料。Han 等首先在碱性乙二醇单甲基醚中，使用钛酸四丁酯作为钛源制备出钛氢氧化物，制备出的钛氢氧化物和 Sr 源混合后，在碱性溶液中使用水热法在 200℃下保持 2h，自然冷却至室温，经过洗涤除去产生的 $SrCO_3$，干燥后即可得到介孔 $SrTiO_3$ 球。$SrTiO_3$ 纳米晶颗粒在 $Na_2SiO_3 \cdot 9H_2O$ 存在的条件下发生自组装生成介孔 $SrTiO_3$ 球。水热或者溶剂热法通常用以制备少量的多孔材料，比较难实现大规模的工业化生产。

思 考 题

8-1. 多孔材料按孔径可以分为哪几类？

8-2. 介孔材料的形成机理有哪些？

8-3. 多孔材料可以应用在哪些方面？

8-4. 在使用超分子自组装反应过程制备多孔材料的过程中，常用到的合成方法有哪些？

8-5. 简述溶胶-凝胶法制备介孔黑色 TiO_2 材料的制备工艺。

参 考 文 献

陈永. 2010. 多孔材料制备与表征. 合肥：中国科学技术大学出版社.

方寅. 2013. 纳米尺寸介孔碳材料的合成、性质与应用. 上海：复旦大学.

韩丽娜. 2019. 功能多孔材料的控制制备及其电化学性能研究. 北京：冶金工业出版社.

李垚，赵九蓬. 2017. 新型功能材料制备原理与工艺. 哈尔滨：哈尔滨工业大学出版社.

Liu P S，Chen G F. 2014. Porous Materials：Processing and Applications（多孔材料：制备·应用·表征）. 北京：清华大学出版社.

Abdolahi Sadatlu M A，Mozaffari N. 2016. Synthesis of mesoporous TiO_2 structures through P123 copolymer as the structural directing agent and assessment of their performance in dye-sensitized solar cells. Solar Energy，133：24-34.

Antonelli D M. 1999. Synthesis of phosphorus-free mesoporous titania via templating with amine surfactants. Microporous and Mesoporous Materials，30（2-3）：315-319.

Bastakoti B P，Torad N L，Yamauchi Y. 2014. Polymeric micelle assembly for the direct synthesis of platinμm decorated mesoporous TiO_2 toward highly selective sensing of acetaldehyde. ACS Applied Materials &Interfaces，6（2）：854-860.

Cheng F，Wang H，Zhu Z，et al. 2011. Porous $LiMn_2O_4$ nanorods with durable high-rate capability for rechargeable Li-ion batteries. Energy & Environmental Science，4（9）：3668-3675.

Claesson M，Frost R，Svedhem S，et al. 2011. Pore spanning lipid bilayers on mesoporous silica having varying pore size. Langmuir，27（14）：8974-8982.

Draenert A，Marquardt K，Iner I，et al. 2011. Ischaemia-reperfusion injury in orthotopic mouse lung transplants a scanning electron microscopy study. International Journal of Experimental Pathology，92（1）：18-25.

Feng D，Lv Y，Wu Z，et al. 2011. Free-standing mesoporous carbon thin films with highly ordered pore architectures for nanodevices. Journal of the American Chemical Society，133（38）：15148-15156.

Guo L，Hagiwara H，Ida S，et al. 2013. One-pot soft-templating method to synthesize crystalline mesoporous tantalum oxid and its photocatalytic activity for overall water splitting. ACS Applied Materials & Interfaces，5（21）：11080-11086.

Hu Y，Ge J，Yin Y. 2009. PDMS rubber as a single-source precursor for templated growth of silica nanotubes. Chemical Communications，（8）：914-916.

Huo Q，Margolese D I，Stucky G D. 1996. Surfactant control of phases in the synthesis of mesoporous silica-based materials. Chemistry of Materials，8（5）：1147-1160.

Li R，Cao A，Zhang Y，et al. 2014. Formation of nitrogen-doped mesoporous graphitic carbon with the help of melamine. ACS Applied Materials &Interfaces，6（23）：20574-20578.

Liang C，Dai S. 2006. Synthesis of mesoporous carbon materials via enhanced hydrogen-bonding interaction. Journal of the American Chemical Society，128（16）：5316-5317.

Liu B，Baker R T. 2008. Factors affecting the preparation of ordered mesoporous ZrO_2 using the replica method. Journal of Materials Chemistry，18（43）：5200-5207.

Liu R，Shi Y，Wan Y，et al. 2006. Triconstituent Co-assembly to ordered mesostructured polymer-silica and carbon-silica nanocomposites and large-pore mesoporous carbons with high surface areas. Journal of the American Chemical Society，128（35）：11652-11662.

Ren J，Doerenkamp C，Eckert H. 2016. High surface area mesoporous $GaPO_4$-SiO_2 sol-gel glasses：Structural investigation by advanced solid-state NMR. The Journal of Physical Chemistry C，120（3）：1758-1769.

Sarkar A，Jeon N J，Noh J H，et al. 2014. Well-organized mesoporous TiO_2 photoelectrodes by block copolymer-induced sol-gel assembly for inorganic-organic hybrid perovskite solar cells. The Journal of Physical Chemistry C，118（30）：16688-16693.

Shi J，Zhang W，Wang X，et al. 2013. Exploring th segregating and mineralinzation-inducing capacities of cationic hydrophilic polymers for preparation of robust，multifunctional mesoporous hybrid microcapsules. ACS Applied Materials &Interfaces，5（11）：5174-5185.

Sun X，Zhang Y，Song P，et al. 2013. Fluorine-doped carbon blacks：Highly efficient metal-free electrocatalysts for oxygen reduction reaction. ACS Catalysis，3（8）：1726-1729.

Wang Z，Li C，Xu J，et al. 2015. Bioadhesive microporous architectures by self-assembling polydopamine microcapsules for biomedical application. Chemistry of Materials，27（3）：848-856.

Wright R A，Morris R E，Wheatley P S. 2007. Synthesis of microporous materials using macrocycles as stucture directing agents. Dalton Transactions，（46）：5359-5368.

Yang D，Li Y，Wang Y，et al. 2014. Bioinspired synthesis of mesoporous ZrO_2 nanomaterials with elevated defluoridation performance in agarose gels. RSC Advances，4（91）：49811-49818.

Yang H，Jiang P. 2010. Large-scale colloidal self-assembly by doctor blade coating. Langmuir，26（16）：13173-13182.

Yang P，Zhao D，Margolese D I，et al. 1998. Generalized syntheses of large-pore mesoporous metal oxides with semicrystalline frameworks. Nature，396（6707）：152-155.

Yuan Q，Liu Q，Song W G，et al. 2007. Ordered mesoporous $Ce_{1-x}Zr_xO_2$ solid solutions with crystalline walls. Journal of the American Chemical Society，129（21）：6698-6699.

Zhang F，Meng Y，Gu D，et al. 2005. A facile aqueous route to synthesize highly ordered mesoporous polymers and carbon frameworks with Ia3-d bicontinuous cubic structure. Journal of the American Chemical Society，127（39）：13508-13509.

Zhang Y，Xu G，Wei X，et al. 2012. Hydrothermal synthesis，characterization and formation mechanism of self-assembled mesoporous $SrTiO_3$ spheres assisted with $Na_2SO_3 \cdot 9H_2O$. CrystEngComm，14（10）：3702-3707.

Zhuang L，Ma B，Chen S，et al. 2015. Fast synthesis of mesoporous silica materials via simple organic compounds templated sol-gel route in the absence of hydrogen bond. Microporous and Mesoporous Materials，213：22-29.